Python
クローリング&スクレイピング

データ収集・解析のための
実践開発ガイド

加藤耕太［著］

技術評論社

自由に生きることを教えてくれた友に

はじめに

　Webサイトから効率よくデータを収集して活用したい、Webサイトでの定型的な処理を自動化したい、そんな時に役立つのがクローリング・スクレイピングです。
　Webページを取得したり、そこからデータを抽出したりといった個々の作業は、難しいものではありません。
　しかし、様々なWebサイトから思い通りにデータを得るには幅広い知識が必要です。
　APIを使ってスマートにデータを収集できる場合もあれば、ブラウザーとにらめっこしながらの泥臭い作業が必要になる場合もあります。
　対象のWebサイトに合わせて適切な手法を選択できるよう、本書では様々なWebサイトの実例を用いて解説しています。

　筆者は単調な繰り返し作業が苦手で、作業を自動化するプログラムを書くことがよくあります。
　Webサイトからデータを収集するクローラーもその1つです。
　1ファイルだけの簡単なクローラーから、複数のWebサイトのデータを日々収集するクローラーまで、色々なものを作成・運用してきました。
　本書の解説はこれらの経験に基づいています。

　Web上には大量のデータが公開されており、アイデア次第で様々な応用が考えられます。
　強力なライブラリを持つPythonを使うと、アイデアをすぐに形にできます。
　参考となる活用例も多く掲載しています。
　本書を片手に、ぜひ面白いアイデアを実現してみてください。

謝辞

本書の執筆にあたって、多くの方々にご助力いただきました。

貴重な時間を割いて草稿をレビューしていただいた皆様に感謝いたします。
mozurin氏、takuya_1st氏、稲田直哉氏、越智修司(ponpoko1968)氏、折居直輝氏、野嶽俊則氏、吉村晴香氏、米山英謙氏(50音順)。
レビュアーの皆様の有益なアドバイスのお陰で、正確かつわかりやすく、有用な内容になったと確信しています。ありがとうございました。

いつもSkypeでチャットしているメンバーには、色々と相談に乗っていただき感謝いたします。
気軽に相談できる場の存在が執筆の大きな助けとなりました。

他にも多くの友人・同僚から励ましの言葉をいただきました。
1つ1つの言葉が執筆を進める力になりました。
皆様にこの場を借りてお礼申し上げます。

最後に、長きに渡る執筆を支えてくれた家族に心から感謝します。
妻の加藤槙子には図版の作成や文章のチェックまで協力してもらいました。
息子は家族にたくさんの笑顔をもたらしてくれました。
本当にありがとう。

加藤 耕太

Contents 目次

はじめに iv

第 1 章 クローリング・スクレイピングとは何か

1.1 本書が取り扱う領域 2
- 1.1.1 クローリングとスクレイピング 3
- 1.1.2 クローリング・スクレイピングと Python 3
- 1.1.3 本書が対象とするプラットフォーム 4
- 1.1.4 本書の構成 4

1.2 Wget によるクローリング 5
- 1.2.1 Wget とは 5
- 1.2.2 Wget の使い方 6
- 1.2.3 実際のサイトのクローリング 8

1.3 Unix コマンドによるスクレイピング 11
- 1.3.1 Unix コマンドの基礎知識 11
- 1.3.2 テキスト処理に役立つ Unix コマンド 13
- 1.3.3 正規表現 15

1.4 gihyo.jp のスクレイピング 17
- 1.4.1 電子書籍の総数を取得する 17
  - column 正規表現における欲張り型のマッチ 21
- 1.4.2 書籍名の一覧を取得する 22

1.5 まとめ 24

第2章 Pythonではじめるクローリング・スクレイピング

2.1 Pythonを使うメリット　26
- 2.1.1 言語自体の特性　26
- 2.1.2 強力なサードパーティライブラリの存在　27
- 2.1.3 スクレイピング後の処理との親和性　27

2.2 Pythonのインストールと実行　27
- 2.2.1 Python 2 と Python 3　27
- 2.2.2 パッケージマネージャーによる Python 3 のインストール　28
- 2.2.3 仮想環境 (venv) の使用　28
- 2.2.4 インタラクティブシェルの使用　31

2.3 Pythonの基礎知識　32
- 2.3.1 スクリプトファイルの実行と構成　32
- 2.3.2 基本的なデータ構造　34
- 2.3.3 制御構造と関数・クラス定義　38
- 2.3.4 組み込み関数　41
- 2.3.5 モジュール　42

2.4 Webページを取得する　43
- 2.4.1 urllib による Web ページの取得　43
- 2.4.2 文字コードの扱い　44

2.5 Webページからデータを抜き出す　47
- 2.5.1 正規表現によるスクレイピング　47
  - column search() と match()　49
- 2.5.2 XML (RSS) のスクレイピング　50

2.6 データを保存する　52
- 2.6.1 CSV 形式での保存　53
- 2.6.2 JSON 形式での保存　56
- 2.6.3 データベース (SQLite 3) への保存　57

2.7 Pythonによるスクレイピングの流れ　59

2.8 まとめ　62

第3章 強力なライブラリの活用

3.1 ライブラリのインストール　64
3.1.1 pipによるインストール　64

3.2 Webページを簡単に取得する　65

3.3 HTMLのスクレイピング　67
3.3.1 XPathとCSSセレクター　68
3.3.2 lxmlによるスクレイピング　69
3.3.3 Beautiful Soupによるスクレイピング　72
column pyqueryによるスクレイピング　75

3.4 RSSのスクレイピング　76

3.5 データベースに保存する　78
3.5.1 MySQLへのデータの保存　78
column Python Database API 2.0　82
3.5.2 MongoDBへのデータの保存　83

3.6 クローラーとURL　87
3.6.1 URLの基礎知識　87
3.6.2 パーマリンクとリンク構造のパターン　89
3.6.3 再実行を考慮したデータの設計　91

3.7 Pythonによるクローラーの作成　92
3.7.1 一覧ページからパーマリンク一覧を抜き出す　93
3.7.2 詳細ページからスクレイピングする　95
3.7.3 詳細ページをクロールする　98
3.7.4 スクレイピングしたデータを保存する　99

3.8 まとめ　102

第 4 章

実用のためのメソッド

4.1 クローラーの分類　　　　　　　　　　　　　　　　　　　　　　　　104
4.1.1 状態を持つかどうかによる分類　　　　　　　　　　　　　　　104
4.1.2 JavaScriptを解釈するかどうかによる分類　　　　　　　　　　106
4.1.3 不特定多数のサイトを対象とするかどうかによる分類　　　　　107

4.2 クローラー作成にあたっての注意　　　　　　　　　　　　　　　　107
4.2.1 著作権と利用規約　　　　　　　　　　　　　　　　　　　　　107
4.2.2 robots.txtによるクローラーへの指示　　　　　　　　　　　　109
4.2.3 XMLサイトマップ　　　　　　　　　　　　　　　　　　　　　111
4.2.4 クロール先の負荷　　　　　　　　　　　　　　　　　　　　　113
4.2.5 連絡先の明示　　　　　　　　　　　　　　　　　　　　　　　114
4.2.6 ステータスコードとエラー処理　　　　　　　　　　　　　　　114

4.3 繰り返しの実行を前提とした設計　　　　　　　　　　　　　　　　118
4.3.1 更新されたデータだけを取得する　　　　　　　　　　　　　　118
column プロキシサーバーでのキャッシュ　　　　　　　　　　　　120

4.4 クロール先の変化に対応する　　　　　　　　　　　　　　　　　　121
4.4.1 変化を検知する　　　　　　　　　　　　　　　　　　　　　　121
4.4.2 変化を通知する　　　　　　　　　　　　　　　　　　　　　　123

4.5 まとめ　　　　　　　　　　　　　　　　　　　　　　　　　　　　124

第 5 章

クローリング・スクレイピングの実践とデータの活用

5.1 データセットの取得と活用　　　　　　　　　　　　　　　　　　　126
5.1.1 Wikipediaのデータセットのダウンロード　　　　　　　　　　126
5.1.2 自然言語処理技術を用いた頻出単語の抽出　　　　　　　　　　130

5.2 APIによるデータの収集と活用　　　　　　　　　　　　　　　　　135
5.2.1 Twitterからのデータの収集　　　　　　　　　　　　　　　　136

	5.2.2	Amazon の商品情報の収集	143
	5.2.3	YouTube からの動画情報の収集	145

5.3 時系列データの収集と活用 153
- 5.3.1 為替などの時系列データの収集 153
- 5.3.2 CSV/Excel ファイルの読み込み 157
- 5.3.3 グラフによる可視化 166
  - column pandas と matplotlib 172
  - column 科学技術計算やデータ分析のための便利なツール：
    IPython・Jupyter・Anaconda 172

5.4 オープンデータの収集と活用 173
- 5.4.1 オープンデータとは 173
- 5.4.2 PDF からのデータの抽出 174
- 5.4.3 Linked Open Data からのデータの収集 179
  - column オープンデータとシビックテック 185

5.5 Web ページの自動操作 186
- 5.5.1 自動操作の実現方法 186
- 5.5.2 Amazon.co.jp の注文履歴を取得する 188

5.6 JavaScript を使ったページのスクレイピング 191
- 5.6.1 JavaScript を使ったページへの対応方法 191
- 5.6.2 note のおすすめコンテンツを取得する 194
- 5.6.3 RSS フィードを生成する 202

5.7 取得したデータの活用 205
- 5.7.1 地図による可視化 205
  - column JSON に対してクエリを実行する jq コマンド 206
- 5.7.2 BigQuery による解析 215

5.8 まとめ 223

第6章 フレームワーク Scrapy

6.1 Scrapyの概要　226
- 6.1.1 Scrapyのインストール　227
- 6.1.2 Spiderの実行　227

6.2 Spiderの作成と実行　229
- 6.2.1 Scrapyプロジェクトの開始　230
- 6.2.2 Itemの作成　231
- 6.2.3 Spiderの作成　232
- 6.2.4 Scrapy Shellによるインタラクティブなスクレイピング　236
  - column ScrapyのスクレイピングAPIの特徴　242
- 6.2.5 作成したSpiderの実行　243
  - column FTPサーバーやAmazon S3などにデータを保存する　247

6.3 実践的なクローリング　248
- 6.3.1 クローリングでリンクをたどる　248
- 6.3.2 XMLサイトマップを使ったクローリング　250

6.4 抜き出したデータの処理　254
- 6.4.1 Item Pipelineの概要　254
- 6.4.2 データの検証　255
- 6.4.3 MongoDBへのデータの保存　256
- 6.4.4 MySQLへのデータの保存　258

6.5 Scrapyの設定　260
- 6.5.1 設定の方法　260
- 6.5.2 クロール先に迷惑をかけないための設定項目　261
- 6.5.3 並行処理に関する設定項目　262
- 6.5.4 HTTPリクエストに関する設定項目　263
- 6.5.5 HTTPキャッシュの設定項目　264
- 6.5.6 エラー処理に関する設定　265
- 6.5.7 プロキシを使用する　266

6.6 Scrapyの拡張　267
- 6.6.1 ダウンロード処理を拡張する　267
- 6.6.2 Spiderの挙動を拡張する　269
  - column ScrapyでJavaScriptを使ったページに対応する：Splash　270

6.7 クローリングによるデータの収集と活用　　271
- 6.7.1 レストラン情報の収集　　271
- 6.7.2 不特定多数のWebサイトのクローリング　　275
- 6.7.3 Elasticsearchによる全文検索　　281

6.8 画像の収集と活用　　291
- 6.8.1 Flickrからの画像の収集　　292
- 6.8.2 OpenCVによる顔画像の抽出　　297
  - column UbuntuでのOpenCV 3のビルド　　303

6.9 まとめ　　304

第7章 クローラーの継続的な運用・管理

7.1 クローラーをサーバーで動かす　　306
- 7.1.1 仮想サーバーの立ち上げ　　307
  - column Windowsから公開鍵認証を使ってSSH接続する　　315
- 7.1.2 サーバーへのデプロイ　　316
  - column AWS利用におけるセキュリティの注意点　　316

7.2 クローラーの定期的な実行　　319
- 7.2.1 Cronの設定　　319
  - column Windowsでサーバーにファイルを転送する　　320
- 7.2.2 エラーの通知　　322

7.3 クローリングとスクレイピングの分離　　325
- 7.3.1 メッセージキューRQの使い方　　326
  - column Redisのデータの永続化に関する設定　　327
- 7.3.2 メッセージキューによる連携　　330
  - column ScrapyからRQにジョブを投入する　　334
- 7.3.3 メッセージキューの運用　　336

7.4 クローリングの高速化・非同期化　　338
- 7.4.1 マルチスレッド化・マルチプロセス化　　338
- 7.4.2 非同期I/Oを使った効率的なクローリング　　342
  - column Python 3.4でasyncioを使う　　346
  - column 複数のマシンによる分散クローリング　　348

7.5 クラウドを活用する　349
- 7.5.1 クラウドを使うメリット　349
- 7.5.2 AWSのSDKを使う　350
- 7.5.3 クラウドストレージを使う　351

7.6 まとめ　355
column 外部サービスを活用したスクレイピング　356

Appendix

Vagrantによる開発環境の構築

A.1 VirtualBoxとVagrant　360
- A.1.1 VirtualBoxとは　360
- A.1.2 Vagrantとは　361

A.2 CPUの仮想化支援機能を有効にする　361
- A.2.1 Windows 10の場合　361
- A.2.2 Windows 7の場合　362
- A.2.3 ファームウェアの設定で仮想化支援機能を有効にする　363

A.3 VirtualBoxのインストール　363

A.4 Vagrantのインストール　364

A.5 仮想マシンを起動する　365

A.6 ゲストOSにSSH接続する　368
- A.6.1 Tera Termのインストール　369
- A.6.2 Tera TermでゲストOSにSSH接続する　369

A.7 Linuxの基本操作　371
- A.7.1 ソフトウェアをインストールする　373

A.8 Vagrantで仮想マシンを操作するコマンド　373
- A.8.1 仮想マシンを起動する (vagrant up)　374
- A.8.2 仮想マシンを終了・再起動する (vagrant halt/reload)　374
- A.8.3 仮想マシンを削除する (vagrant destroy)　374
- A.8.4 仮想マシンの状態を表示する (vagrant status)　374
- A.8.5 仮想マシンにSSH接続する (vagrant ssh)　375

A.8.6　仮想マシンをエクスポートする（vagrant package） 375

おわりに 376

参考文献 377

索引 378

● サポート情報とサンプルファイルのダウンロード

サポート情報の確認、サンプルファイルのダウンロードは http://gihyo.jp/book/2017/978-4-7741-8367-1 から行えます。

● 免 責

本書に記載された内容は、情報の提供だけを目的としています。したがって、本書を用いた運用は必ずお客様自身の責任と判断によって行ってください。これらの情報の運用の結果について、技術評論社および著者はいかなる責任も負いません。 本書の情報は2016年11月現在のものです。Webサイトの内容、利用規約やソフトウェアのバージョンなどは変わっている場合があります。

以上の注意事項をご承諾いただいた上で、本書をご利用ください。これらの注意事項を読まずにお問い合わせいただいても、技術評論社および著者は対処しかねます。

● 商標、登録商標について

本書に登場する製品名などは、一般に各社の登録商標または商標です。本文中の™、®などのマークは省略しています。

第1章

Python Crawling & Scraping

クローリング・スクレイピングとは何か

第 1 章 クローリング・スクレイピングとは何か

1.1 本書が取り扱う領域

　今日のインターネットにおいて、Webページは人間がブラウザーで見るためだけのものではありません。多くのロボットが日夜Webページ上の情報を収集しています。ロボットと言ってもドラえもんのような物理的なそれではなく、コンピューター上で稼働するプログラムを指します。このようにWebページ上の情報を取得するためのプログラムをWebクローラー (Web Crawler)、あるいは単に**クローラー (Crawler)** と呼びます。クローラーは、スパイダー (Spider) やボット (Bot) などとも呼ばれますが、本書ではクローラーで統一します。

　クローラーは私たちの生活を支える重要な役割を担っています。一番身近な利用ケースとしては、GoogleやBingなどのWeb検索エンジンが挙げられます。Web検索エンジンは、あらかじめクローラーを使って世界中のWebページを収集・蓄積しておくことで、高速な検索を実現しています。

　他にも、RSSリーダーは人間の代わりにクローラーがRSSフィードをチェックして、更新があると教えてくれます。TwitterなどのSNSでWebページのURLを貼り付けると、ページのタイトルや画像が自動的に表示されることがあります。これもクローラーがそのページにアクセスし、情報を抜き出してくれているのです。

　このようにクローラーは多くの用途で活用されており、読者のあなたもアイデア次第で様々な目的にクローラーを使えます。

　例えば、ある美容院では、店舗の混雑状況をWebページ上でリアルタイムに提供しています。混雑状況がすぐにわかるだけでも便利ですが、ここから継続的に情報を取得すると、新しい発見があります。毎日1時間おきにWebページの混雑状況を取得してグラフ化することで、混雑する曜日や時間帯がわかってきます。すると空いてるときに店舗を利用できます。

　複数のWebサイトから情報を抜き出して、整理したいときにもクローラーは活躍します。例えば、クローラーを使っていくつかの電子書籍販売サイトから電子書籍の価格を取得すると、価格を比較して最安値で電子書籍を購入できます。

　近年では、オープンデータが注目されています。政府や自治体、企業などが、自由な利用を認めて公開するデータです。このようなデータの収集にもクローラーは役立ちます。

　大学や企業での研究で、Web上のデータを分析することがあるでしょう。特に自然言語処理や画像処理などの分野では、Webの大量のデータが有用です。研究用のデータセットが公開されていない場

合などには収集のためにクローラーが必要です。

このように、個人用途から業務、研究まで様々な場面でクローラーは活躍します。

しかし、クローラーは使い方を誤るとWebサイトに負荷をかけるなど、利用には細心の注意が必要です。クローラーはプログラムなので、人間よりも高速にWebページを取得できます。そのため無計画に取得すると、Webサーバーはあなたのリクエストで専有され、他の人やクローラーがアクセスできなくなってしまうかもしれません。また、インターネットのトラフィックは無料ではありません。日本の多くの家庭や企業では、定額での常時インターネット接続が一般的ですが、サーバー側では転送量に制限があったり、従量課金制で費用がかかったりすることもあります。本書では、相手のWebサイトに負荷をかけ過ぎずに、クローラーでデータを収集し活用する方法を解説します。

1.1.1 クローリングとスクレイピング

まず、本書で解説する内容について、2つの重要な用語の定義をします。クローラーを使ってデータを収集することを**クローリング (Crawling)** と呼びます。「クロール (Crawl) する」とも言います。クローリングと混同されやすい言葉として、**スクレイピング (Scraping)** があります。スクレイピングとは、Webページから必要な情報を抜き出す作業を指します。

まとめると「クローリング」と「スクレイピング」はそれぞれ次のように定義できます。

- クローリング
  Webページのハイパーリンクをたどって次々にWebページをダウンロードする作業。
- スクレイピング
  ダウンロードしたWebページから必要な情報を抜き出す作業。

1.1.2 クローリング・スクレイピングとPython

本書では主にPythonでクローリング・スクレイピングをしていきます。**Python**は1991年に最初のバージョンが公開され、今でも人気のあるスクリプト型のプログラミング言語です。特徴として、シンプルでわかりやすいこと、充実した標準ライブラリが付属していること、様々なプラットフォームで簡単に動作することが挙げられます。さらに、豊富なサードパーティ製のライブラリが公開されています。科学の分野ではNumPy（数値計算）、SciPy（科学技術計算）、scikit-learn（機械学習）、pandas（データ解析）などが、Web開発の分野ではWebアプリケーションフレームワークのDjangoやFlaskなどが有名です。Pythonは海外では古くから人気があり、日本でも広く利用されています。

クローリングやスクレイピングの分野においても、lxml、Beautiful Soup、Scrapyなどの強力なライブラリ・フレームワークが存在し、効率よく開発できます。

1.1.3 本書が対象とするプラットフォーム

　Pythonは様々なプラットフォームで動作します。Windowsでもインストーラーでインストールするだけで簡単に使えますが、一部のライブラリやデータベースの使用が困難です。また、Windowsには標準では含まれない**Unixコマンド**も本書では利用します。

　このため、Unix系の環境を解説に利用し、Windowsでは仮想マシンでUbuntuを利用します。

- Mac
  OS X 10.10 Yosemite/10.11 El Capitan
- Linux
  Ubuntu 14.04 LTS
- Windows
  Windows 7/10 (Vagrantを使ってVirtualBox上でUbuntuの仮想マシンを使用)

　Windowsの環境構築は**Appendix**で解説します。あらかじめ環境を構築し、Ubuntuの操作を参考に読み進めてください。

1.1.4 本書の構成

　第1章では、Pythonを使わずにUnixコマンドで簡単にクローリング・スクレイピングを行います。クローリングとスクレイピングがどのようなものであるかを体感します。

　第2章では、Pythonの標準ライブラリのみでクローリング・スクレイピングを行います。Pythonを使うことで柔軟にスクレイピングできることを体感します。

　第3章では、便利なサードパーティライブラリを使ってクローリング・スクレイピングを行います。標準ライブラリだけでは難しい処理が簡単にできるようになります。

　第4章では、実際のWebサイトを対象にクローリング・スクレイピングを行う際の注意点を解説します。

　第5章では、実際のWebサイトからデータを収集し、活用します。データセットやAPIでデータを収集したり、グラフの作成や自然言語処理などの実践的なデータ活用方法を解説します。

　第6章では、強力なクローリング・スクレイピングフレームワークのScrapyを使って、効率の良いクローラーを簡単に作成します。全文検索や顔画像の抽出などのデータ活用も解説します。

　第7章では、クローラーを継続的に運用していくためのノウハウを解説します。クローリングの高速化についても紹介します。

1.2 Wgetによるクローリング

PythonでのクローリING・スクレイピングの前に**Unixコマンド**で動作のイメージをつかみます。まずWgetで実際のサイトをクローリングしてみましょう。WgetはUnixにおける代表的なダウンローダーです。

1.2.1 Wgetとは

GNU Wget（Wget）[*1]とは、HTTP通信やFTP通信を使って、サーバーからファイルやコンテンツをダウンロードするためのソフトウェア（ダウンローダー）です。GNUプロジェクトの一部として開発されているフリーソフトウェアであり、コマンドラインから簡単に使えます。Unixにおいては**cURL**[*2]と並んで最も有名なダウンローダーの1つです。

Wgetの特徴として、クローリング機能が挙げられます。複数のファイルを一度にダウンロードしたり、Webページのリンクをたどって複数のコンテンツをダウンロードしたりできます。

一方、cURLはデフォルトでHTTPレスポンスがコンソールに表示されることや、オプションで様々なHTTPリクエストを簡単に送信できることから、Web APIの呼び出しによく使用されます。本書でも**第5章**以降でWeb APIを呼び出すのに使用します。

● OS XにおけるWgetのインストール

OS Xにおいては、**Homebrew**というパッケージマネージャーを導入すると、様々なソフトウェアを簡単に導入・管理できるようになります。

インストール方法はHomebrewのWebサイト（http://brew.sh/index_ja.html）に書かれています。ターミナルを起動し、次のコマンドを実行してHomebrewをインストールします。

```
$ /usr/bin/ruby -e "$(curl -fsSL https://raw.githubusercontent.com/Homebrew/install/master/install)"
```

Homebrewをインストールすると、brewコマンドが使えるようになります。

```
$ brew --version
0.9.5
```

Wgetをインストールします。

[*1] https://www.gnu.org/software/wget/
[*2] http://curl.haxx.se/

```
$ brew update    # Homebrew自体とインストール可能なソフトウェアのリストを更新する。
$ brew install wget
```

インストールに成功するとwgetコマンドが使えるようになります。

```
$ wget --version
GNU Wget 1.16.1 built on darwin13.4.0.
...
```

● UbuntuにおけるWgetのインストール

　UbuntuにおいてはパッケージマネージャーのAPTを使ってインストールします。OSインストール時の設定によってはWgetが最初からインストールされている場合もあります。

　Wgetをインストールします[3][4]。

```
$ sudo apt-get update    # インストールに必要なパッケージリストを更新する。
$ sudo apt-get install -y wget
```

インストールに成功するとwgetコマンドが使えるようになります。

1.2.2　Wgetの使い方

　Wgetの使い方は簡単です。wgetコマンドの引数にURLを指定すると、そのURLのコンテンツがダウンロードされ、ファイルとして保存されます。

　次のコマンドを実行すると、カレントディレクトリにgihyojp_logo.pngという名前でgihyo.jpのロゴファイル（図1.1）がダウンロードされます。

```
$ wget http://image.gihyo.co.jp/assets/templates/gihyojp2007/image/gihyojp_logo.png
--2015-04-06 21:27:55--  http://image.gihyo.co.jp/assets/templates/gihyojp2007/image/gihyojp_logo.png
Resolving image.gihyo.co.jp... 49.212.34.192
Connecting to image.gihyo.co.jp|49.212.34.192|:80... connected.
HTTP request sent, awaiting response... 200 OK
Length: 1847 (1.8K) [image/png]
Saving to: 'gihyojp_logo.png'

gihyojp_logo.png       100%[===============================>]   1.80K  9.33KB/s   in 0.2s

2015-04-06 21:27:56 (9.33 KB/s) - 'gihyojp_logo.png' saved [1847/1847]
```

---

[3] パッケージをインストールする際はsudoを使って管理者権限を得ます。sudoをつけたコマンドを実行してパスワードを要求された場合は、自分のユーザーのパスワードを入力します。

[4] 以降では特に必要でない限りapt-get updateを省略しますが、パッケージリストは定期的に更新が必要です。apt-get installに失敗する場合はapt-get updateを実行しましょう。

▼ 図1.1　gihyo.jpのロゴ

http://gihyo.jp/のようにディレクトリを表すURL（/で終わるURL）を指定すると、ダウンロードファイルはindex.htmlという名前になります。次のコマンドで、index.htmlという名前のgihyo.jpのトップページのHTMLファイルがダウンロードされます。

```
$ wget http://gihyo.jp/
...
2015-04-08 20:59:56 (587 KB/s) - 'index.html' saved [67049]
```

-Oオプションでファイル名を明示的に指定できます。gihyo_top.htmlという名前でgihyo.jpのトップページのHTMLファイルを保存します。

```
$ wget http://gihyo.jp/ -O gihyo_top.html
...
2015-04-08 21:10:40 (639 KB/s) - 'gihyo_top.html' saved [67049]
```

ファイル名として-（ハイフン）を指定すると、ファイルとして保存する代わりに標準出力[*5]に出力できます。コンソール画面に出力したり、パイプで他のコマンドに出力を渡す場合に使います。進捗状況などの表示を抑制する-qオプションを併用すると読みやすくなります。次のコマンドで、ダウンロードしたHTMLがコンソール画面に出力されます。

```
$ wget http://gihyo.jp/ -q -O -
<!DOCTYPE html>
<html xmlns="http://www.w3.org/1999/xhtml" xmlns:og="http://opengraphprotocol.org/schema/" ⏎
xmlns:fb="http://www.facebook.com/2008/fbml" xml:lang="ja" lang="ja">
<head>
<meta http-equiv="Content-Type" content="text/html; charset=UTF-8" />
<title>トップページ|gihyo.jp … 技術評論社</title>
<meta name="description" content="" />
...
```

Wgetでよく使うオプションを表1.1にまとめました。

[*5]　標準出力とパイプについては後ほど1.3.1で解説します。

▼ 表1.1　よく使うWgetのオプション

オプション	説明
-V, --version	Wgetのバージョンを表示する。
-h, --help	ヘルプを表示する。
-q, --quiet	進捗状況などを表示しない。
-O file, --output-document=file	fileに保存する。
-c, --continue	前回の続きからファイルのダウンロードを再開する。
-r, --recursive	リンクをたどって再帰的にダウンロードする。
-l depth, --level=depth	再帰的にダウンロードするときにリンクをたどる深さをdepthに制限する。
-w seconds, --wait=seconds	再帰的にダウンロードするときにダウンロード間隔としてseconds秒空ける。
-np, --no-parent	再帰的にダウンロードするときに親ディレクトリをクロールしない。
-I list, --include list	再帰的にダウンロードするときにlistに含まれるディレクトリのみをたどる。
-N, --timestamping	ファイルが更新されているときのみダウンロードする。
-m, --mirror	ミラーリング用のオプションを有効化する。-r -N -l inf --no-remove-listingに相当。--no-remove-listingはFTP通信でのみ有効な.listingファイルを消さないためのオプション。

1.2.3　実際のサイトのクローリング

　ここまでは単一ファイルをダウンロードするだけでしたが、実際に技術評論社の電子書籍サイト（図1.2）を対象に、Wgetで複数のページをクロールしてみましょう。

- Gihyo Digital Publishing … 技術評論社の電子書籍
  https://gihyo.jp/dp

▼ 図1.2　技術評論社の電子書籍サイト Gihyo Degital Publishing

　なお、実際のWebサイトをクロールするため、この書籍の執筆時点からサイトの構成が変わってし

まう可能性があります。このため、執筆時点のコンテンツを元に作成したサンプルサイト[*6]を用意しています。本書の記載通りにコマンドを実行して期待しない結果になる場合は、`https://gihyo.jp/dp`を`http://sample.scraping-book.com/dp`に置き換えて実行してください。

Wgetでリンクをたどってクローリングするには、再帰的にダウンロードするための`-r`オプションを使います。`-r`オプションを使うと、次々にファイルをダウンロードして、サーバーやネットワークに負荷がかかるので注意が必要です。`-l`オプションでリンクをたどる深さを制限したり、`-w`オプションでダウンロード間隔を空けたりして、負荷をかけ過ぎないようにしましょう。

次のコマンドで、`https://gihyo.jp/dp/`を起点として再帰的にクローリングします。ここで、/dp/という最後に/がついたURLを使用していることに注意してください。これは、ダウンロードした/dpに対応するファイルがクローリングの途中で消えてしまう問題を回避するために必要です。なお、`--no-parent`は親ディレクトリをクロールしないことを、`--restrict-file-names=nocontrol`はURLに日本語が含まれる場合に、日本語のファイル名で保存することを意味します。

```
$ wget -r --no-parent -w 1 -l 1 --restrict-file-names=nocontrol https://gihyo.jp/dp/
--2016-07-21 22:33:12--  https://gihyo.jp/dp/
Resolving gihyo.jp... 160.16.113.252
Connecting to gihyo.jp|160.16.113.252|:443... connected.
HTTP request sent, awaiting response... 200 OK
Length: unspecified [text/html]
Saving to: 'gihyo.jp/dp/index.html'

gihyo.jp/dp/index.html      [ <=>                                    ]  46.20K  --.-KB/s   in 0.1s

2016-07-21 22:33:13 (424 KB/s) - 'gihyo.jp/dp/index.html' saved [47306]

Loading robots.txt; please ignore errors.
--2016-07-21 22:33:14--  http://gihyo.jp/robots.txt
Connecting to gihyo.jp|160.16.113.252|:80... connected.
HTTP request sent, awaiting response... 200 OK
Length: 246 [text/plain]
Saving to: 'gihyo.jp/robots.txt'

gihyo.jp/robots.txt         100%[=====================================>]     246  --.-KB/s   in 0s

2016-07-21 22:33:14 (29.3 MB/s) - 'gihyo.jp/robots.txt' saved [246/246]
...
```

コマンドを実行すると、カレントディレクトリに`gihyo.jp`ディレクトリが作成され、その中に次々とファイルがダウンロードされます。

[*6] http://sample.scraping-book.com/dp

第1章 クローリング・スクレイピングとは何か

実行が完了すると次のようなディレクトリ構造になり、リンクをたどってダウンロードできていることがわかります。treeコマンドはディレクトリ構造を表示します[*7]。

```
$ tree gihyo.jp/
gihyo.jp/
├── dp
│   ├── assets
│   │   ├── js
│   │   │   └── gdpFunction0512.min.js
│   │   └── style
│   │       └── store1124.css
│   ├── cart
│   ├── catalogs.opds
│   ├── ebook
│   │   └── 2016
│   │       ├── 978-4-7741-8119-6
│   │       ├── 978-4-7741-8255-9
...
│   │       ├── 978-4-7741-8338-1
│   │       └── 978-4-7741-8346-6
│   ├── genre
│   │   ├── Webサイト制作
│   │   ├── パソコン
...
│   │   ├── スマートフォン・タブレット
│   │   └── プログラミング・システム開発
│   ├── help
│   ├── index.html
│   ├── information
│   ├── my-page
│   └── subscription
└── robots.txt

7 directories, 51 files
```

ダウンロードできたファイル群とWebページからのリンク（図1.3）を見比べてみましょう。https://gihyo.jp/dpから深さ1のリンクをたどってダウンロードできていることがわかります。

[*7] OS Xではbrew install treeで、Ubuntuではsudo apt-get install -y treeでインストールできます。

▼ 図1.3 電子書籍サイトからのリンク

1.3 Unixコマンドによるスクレイピング

ダウンロードしたHTMLファイルからUnixコマンドでスクレイピングします。

HTMLファイルは複雑なデータを含むテキストファイルなので、目的のデータを抜き出すためには複雑さに対抗する手段が必要です。ここではそのために、Unixコマンドと正規表現を使います。

一つ一つのUnixコマンドは単純な機能しか持っていませんが、複数のコマンドを組み合わせることで複雑なテキスト処理も行えます。スクレイピングに使うだけでなく、データ集計などでも役立つので、知っておいて損はありません。データを抜き出す箇所は、正規表現という特殊な文字列表現で指定します。

Unixコマンドと正規表現を駆使してgihyo.jpのHTMLファイルをスクレイピングしてみましょう。

1.3.1 Unixコマンドの基礎知識

Unixコマンドでテキストを処理するにあたって重要な概念である標準ストリームとパイプについて解説します。

● 標準ストリーム

多くのコマンドは、入力データを受け取り、それを加工して、出力するという3ステップで動作します。コマンドが入力を受け取る元を**標準入力**、結果を出力する先を**標準出力**、エラーなどの補足情報を出力する先を**標準エラー出力**と言います。これら3つを総称して**標準ストリーム**と呼びます（図1.4）。

▼ 図1.4 標準ストリーム

デフォルトでは、標準入力はキーボードからの入力、標準出力と標準エラー出力はコンソール画面への表示です。これらはファイルからの入力やファイルへの出力にも変更でき、**リダイレクト**と呼びます。

```
# 標準出力のリダイレクト：コマンドの実行結果（標準出力）をファイルに保存する。
$ コマンド > ファイルパス
# 標準入力のリダイレクト：ファイルの中身をコマンドの標準入力として与える。
$ コマンド < ファイルパス
```

● パイプ

パイプを使うと、あるコマンドの標準出力を他のコマンドの標準入力に渡せます。次の例でcatコマンドとgrepコマンドを区切っている|（縦棒）がパイプです。

```
$ cat yakei_kobe.csv | grep 六甲
14,鉢巻天覧台,神戸市灘区六甲山町南六甲
15,六甲ケーブル　天覧台,神戸市灘区六甲山町一ヶ谷1-32
16,六甲ガーデンテラス,神戸市灘区六甲山町五介山1877-9
```

この例では、パイプでcatコマンドの標準出力をgrepコマンドの標準入力に渡しています（図1.5）。コマンドについては後ほど解説しますが、catコマンドは引数で与えたファイルを標準出力にそのまま出力します。grepコマンドは標準入力に与えられた行から引数で与えた文字列にマッチする行のみを標準出力に出力します。よって最終的に六甲という文字列を含む行のみが表示されています。ここではコマンドは2つだけ使いましたが、パイプでさらに3つ以上のコマンドをつなげることも可能です。

▼ 図1.5 パイプでコマンドをつなげる

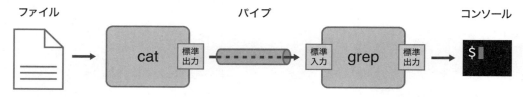

1.3.2 テキスト処理に役立つUnixコマンド

テキスト処理に使えるコマンドとしてcat、grep、cut、sedの4つを紹介します。コマンド実行時のサンプルファイルとして、神戸市が公開している神戸市の夜景スポット一覧データを加工したファイルyakei_kobe.csvを使用します[*8]。これは1列目に番号が、2列目に夜景スポット名が、3列目に住所が書かれたCSVファイルです。

● catコマンド

catコマンドは引数で与えたファイルを出力します。yakei_kobe.csvを出力します。

```
$ cat yakei_kobe.csv
No,スポット名,所在地
1,高浜岸壁,神戸市中央区東川崎町1
2,中突堤西側,神戸市中央区波止場町
3,元町商店街,神戸市中央区元町通4
...
22,神戸空港マリンエア,神戸市中央区神戸空港1
```

● grepコマンド

grepコマンドは図1.6のようなイメージで一部の行を抜き出すために使います。引数で指定した文字列を含む行を抜き出すほか、正規表現（**1.3.3**で解説）を引数として指定すれば、その正規表現にマッチする行を抜き出せます。

▼ 図1.6　grepコマンド

六甲という文字列を含む行のみを出力します[*9]。

---

*8　このファイルは書籍のサンプルファイル (http://gihyo.jp/book/2017/978-4-7741-8367-1/support#supportDownload) に含まれています。

*9　catコマンドを使う代わりに、grepコマンドの引数でファイル名を指定したり、標準入力のリダイレクトを使ったりしても同じことはできます。ただ、パイプの最初にcatコマンドを置くと、パイプの順序とデータの流れが一致してイメージしやすくなるのでオススメです。

```
$ cat yakei_kobe.csv | grep 六甲
14,鉢巻展望台,神戸市灘区六甲山町南六甲
15,六甲ケーブル　天覧台,神戸市灘区六甲山町一ヶ谷1-32
16,六甲ガーデンテラス,神戸市灘区六甲山町五介山1877-9
```

● cut コマンド

　cut コマンドは図1.7のように特定の文字で区切られたテキストの一部の列を抜き出すために使います。

▼図1.7　cutコマンド

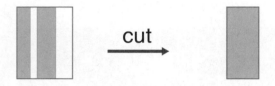

　次のコマンドは，（カンマ）で区切った1列目と2列目のみを出力します。-dオプションで区切り文字を、-f オプションで列の番号（複数指定可能）を指定します。

```
$ cat yakei_kobe.csv | cut -d , -f 1,2
No,スポット名
1,高浜岸壁
2,中突堤西側
3,元町商店街
...
22,神戸空港マリンエア
```

● sed コマンド

　sed コマンドは図1.8のように特定の条件にマッチする行を置換したり、削除したりできます。引数に 's/検索する正規表現/置換する文字列/オプション' という文字列を与えると、正規表現にマッチする箇所を置換する文字列に置き換えて出力します。

▼図1.8　sedコマンド

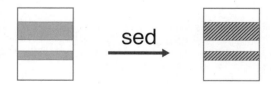

次のコマンドは，(カンマ) をスペースに置き換えて出力します。末尾のオプション g は 1 行に検索する正規表現が複数回出現する場合でもすべて置き換えることを意味します。

```
$ cat yakei_kobe.csv | sed 's/,/ /g'
1 高浜岸壁 神戸市中央区東川崎町1
2 中突堤西側 神戸市中央区波止場町
3 元町商店街 神戸市中央区元町通4
...
22 神戸空港マリンエア 神戸市中央区神戸空港1
```

1.3.3 正規表現

正規表現 (Regular Expression) とは、特定のパターンの文字列を表すための文字列表現です。パターンにマッチする文字列を検索するために使われます。

正規表現では、パターンを表すためにメタ文字と呼ばれる記号を使います。例えば、'iP(hone|ad)' という正規表現の中では、'(' と '|' と ')' の 3 文字がメタ文字です[*10]。この正規表現は iPhone または iPad という文字列にマッチします。

正規表現には様々な規格があり、次のものが代表的です。

- POSIX の基本正規表現 (Basic Regular Expressions, BRE)
- POSIX の拡張正規表現 (Extended Regular Expressions, ERE)
- Perl の正規表現

grep や sed などのコマンドでは標準で POSIX の基本正規表現 (BRE) が使えます。-E オプションをつけることで、表現力の高い POSIX の拡張正規表現 (ERE) を使えます。Perl の正規表現は拡張正規表現よりも強力で、様々なパターンを表現できます。多くのプログラミング言語で Perl 互換の正規表現が実装されており、Python でも Perl とほぼ同じ正規表現が使えます。

拡張正規表現と Perl の正規表現で使えるメタ文字とパターンの例を表 1.2 で紹介します。基本正規表現では一部のパターンが使えない、バックスラッシュをつける必要があるなど違いがあります。

[*10] 正規表現を囲んでいる '...' はわかりやすくするためのもので、正規表現の一部ではありません。以降も本文では基本的にこの表記を使用します。

第 1 章 クローリング・スクレイピングとは何か

▼ 表1.2　拡張正規表現とPerlの正規表現で共通して使える主なメタ文字とパターン

メタ文字	説明
.	任意の1文字にマッチする。例：a.cというパターンはaac, abc, accなどの文字列にマッチする。
[]	[]で囲まれた文字のいずれか1文字にマッチする。例：a[bc]dというパターンはabdとacdという文字列にマッチするがaadにはマッチしない。
[]内の-	-で文字の範囲を表すことができる。例：[0-9]というパターンは0～9の中のいずれか1文字にマッチする。
[]内の^	^を最初につけることで否定を表す。例：[^abc]というパターンはa, b, c以外の任意の1文字にマッチする。
^	行の先頭にマッチする。例：^abcは行頭にあるabcのみにマッチする。
$	行の末尾にマッチする。例：xyz$は行末にあるxyzのみにマッチする。
*	直前のパターンを0回以上繰り返す。例：ab*cはac, abc, abbc, abbbcなどの文字列にマッチする。
+	直前のパターンを1回以上繰り返す。例：ab+cはabc, abbc, abbbcなどの文字列にマッチする。
?	直前のパターンを0回か1回繰り返す。例：ab?cはacまたはabcにマッチする。
{n}	直前のパターンをちょうどn回繰り返す。例：ab{3}cはabbbcにマッチする。
()	()で囲まれたパターンをグループ化する。例：(ab)+はab, abab, abababなどの文字列にマッチする。
|	|で区切られたパターンのいずれかにマッチする。例：a(bc|cd|de)fはabcf, acdf, adefにマッチする。

　それではコマンドで正規表現を使ってみましょう。次の例で指定している正規表現 '^1' は、行頭に1という文字列がある行にマッチします。このため、1番と10～19番のスポットが表示されます。

```
cat yakei_kobe.csv | grep -E '^1'
1,高浜岸壁,神戸市中央区東川崎町1
10,ポーアイしおさい公園,神戸市中央区北港島1
11,ビーナスブリッジ,神戸市中央区諏訪山公園展望台
12,神戸布引ハーブ園 / ロープウェイ,神戸市北野町1-4-3
13,まやビューライン　掬星台,神戸市灘区摩耶山町2-2
14,鉢巻天覧台,神戸市灘区六甲山町南六甲
15,六甲ケーブル　天覧台,神戸市灘区六甲山町一ヶ谷1-32
16,六甲ガーデンテラス,神戸市灘区六甲山町五介山1877-9
17,旧居留地,神戸市中央区明石町周辺
18,明石海峡大橋（パールブリッジ）,神戸市垂水区東舞子町
19,神戸ハーバーランド,神戸市中央区東川崎町1丁目一帯
```

　次のgrepコマンドに指定している正規表現 ',.{5},' は ,（カンマ）の後に任意の5文字が続き、さらに ,（カンマ）が続く文字列にマッチします。このため、5文字のスポット名だけが表示されます。

```
$ cat yakei_kobe.csv | grep -E ',.{5},'
No,スポット名,所在地
2,中突堤西側,神戸市中央区波止場町
3,元町商店街,神戸市中央区元町通4
14,鉢巻天覧台,神戸市灘区六甲山町南六甲
```

1.4 gihyo.jpのスクレイピング

Unixコマンドと正規表現で実際にgihyo.jpのWebページから情報を抜き出してみましょう。

1.4.1 電子書籍の総数を取得する

まずは簡単な例として、gihyo.jpの電子書籍サイトに存在する電子書籍の総数を取得します。

- Gihyo Digital Publishing … 技術評論社の電子書籍
  https://gihyo.jp/dp

ブラウザーでページを開き、一番下までスクロールすると右下に**図1.9**のような表示があり、この時点では全部で1395の書籍があることがわかります。

▼ 図1.9　電子書籍の総数

HTMLの中から電子書籍の総数が書かれている場所を探します。このページのHTMLファイルは、クロールした際（**1.2.3参照**）にgihyo.jp/dp/index.htmlにダウンロード済みです[*11]。この例であれば「1395」のような文字列でファイルを検索しても構いませんが、ブラウザーの**開発者ツール**を使うと見つけやすくなります。

ブラウザーで目的とする要素を右クリックし、コンテキストメニューから「検証[*12]」（図1.10）を選ぶと、ウィンドウ下部に開発者ツールが表示されます。右クリックした要素がドキュメントツリー上で選択された状態になり、ツリー構造内での場所やclass名などがわかります（図1.11）。class名の「paging-number」でHTMLファイルを検索すると、**リスト1.1**の部分が見つかります。

[*11] ブラウザーで画像やリンク以外の場所を右クリックして、コンテキストメニューから「ページのソースを表示」のような項目を選んでもHTMLを見られます。

[*12] これはGoogle Chromeの例ですが、他のブラウザーでも「要素を調査」など同様のメニューがあります。クローリング・スクレイピングにおいては開発者ツールを多用するのでぜひ使い慣れておきましょう。

第1章 クローリング・スクレイピングとは何か

▼ 図1.10 コンテキストメニューから要素を検証する

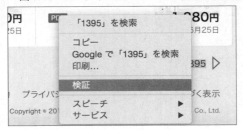

図1.11 開発者ツールで目的とする要素を表示する

▼ リスト1.1 gihyo.jp/dp/index.htmlで全体の書籍数が書かれた部分

```html
<nav id="pagingBottom">          <ul>
    <li><span class="prev">—</span></li>
    <li class="paging-number">1 - 30 / 1395</li>
    <li><a href="/dp?start=30" title="次のページ" class="next">次</a></li>
  </ul>
</nav>
```

ここから2段階で目的とする書籍の総数を抜き出します。

1. ファイル全体から`<li class="paging-number">1 - 30 / 1395</li>`の行を抜き出す。
2. 抜き出した行から書籍の総数を抜き出す。

● ファイル全体から目的の行を抜き出す

第1段階としてファイル全体から目的の行を抜き出すためには、その行に特有と思われる記述を探し、grepコマンドでフィルタリングします。この例では、class="paging-number"という記述がページの番

号を格納する要素に特有な記述だと推測できます。目的の行に該当すると思われる記述が見つかったので、grepコマンドでフィルタリングしてみます。

```
$ cat gihyo.jp/dp/index.html | grep -E 'class="paging-number"'
            <li class="paging-number">1</li>
          <li class="paging-number">1 - 30 / 1395</li>
```

結果を見ると、目的とする行のほかに、もう1行取得してしまっています。これはページ上部にある現在のページ番号を表す要素です。2つの行の違いに注目し、目的の1行に絞り込みましょう。

まず行頭にあるスペースの数が異なります。1行目は12個ですが、2行目は10個です。このため、'^ {10}<' という正規表現を書けば2行目だけに絞り込むことは可能です。しかし、このようにスペースなどの空白文字に注目するのはなるべく避けるべきです。

HTMLにおいて空白は大きな意味を持ちません。Webサイト管理者が少しソースコードのインデント量を変えただけで、10個のスペースに注目するプログラムは期待通りに動かなくなってしまいます。なるべく変化しにくいと思われる特徴に注目しましょう。

他には、li要素内の-(ハイフン)や/(スラッシュ)が2行目のみの特徴です。ハイフンもスラッシュもclass名や閉じタグとして1行目にも出現するので、それ単体では絞り込めません。class名の後に登場する-(ハイフン)という条件を加味して正規表現を変更すると、次のように絞り込めます。

```
$ cat gihyo.jp/dp/index.html | grep -E 'class="paging-number".*-'
          <li class="paging-number">1 - 30 / 1395</li>
```

なお、grepコマンドに--colorオプションをつけると、正規表現にマッチした箇所に色がつきます。正規表現が思い通りにマッチしない時は試してみると良いでしょう。

● **行から目的の文字列を抜き出す**

さて、これで1行に絞り込むことができたので、第2段階としてここから目的の数字だけを抜き出してみましょう。行の中から目的の文字列だけを抜き出すには、sedコマンドやcutコマンド、awkコマンドなどが使えます。文字列の形式によって向き不向きがあるので、4つの方策を紹介します。

- 方策1: sedコマンドを使って正規表現にマッチした箇所を抜き出す。
- 方策2: sedコマンドを使って正規表現にマッチした箇所を取り除き、結果的に残った箇所を抜き出す。
- 方策3: cutコマンドを使って特定の文字で区切られた文字列からn番目を抜き出す。
- 方策4: awkコマンドを使ってスペースで桁揃えされた文字列からn番目を抜き出す。

方策1では、sedコマンドでs/.*(抜き出したい箇所にマッチする正規表現).*/\1/というコマンドを引数に与えて、()内だけを抜き出します。s///の左側で()内にマッチした文字列は、右側では\1とい

う表記で参照でき、これをキャプチャと呼びます。()の前後に.*をつけて行全体にマッチさせ、行全体を\1に置き換えることで、結果的にキャプチャした部分だけを抜き出せるわけです[*13]。

次の例では、abcdefghという文字列からd.という正規表現にマッチする箇所を抜き出します。

```
$ echo abcdefgh | sed -E 's/.*(d.).*/\1/'
de
```

方策2では方策1とは逆に、sedコマンドでs/取り除きたい箇所にマッチする正規表現//gというコマンドを引数に与えて、正規表現にマッチした箇所を取り除くことで、結果的に残った箇所を抜き出します。マッチした箇所を空白に置換することで取り除いています。最後にgオプションをつけることで、行内に複数出現した場合にもすべて取り除くことができます。

HTMLタグだけを取り除いて要素の中身を抜き出します。

```
$ echo '<li class="paging-number">1 - 30 / 1395</li>' | sed -E 's/<[^>]*>//g'
1 - 30 / 1395
```

方策3ではcutコマンドで、特定の文字で区切られた文字列からn番目を抜き出します。CSVファイルやUnixのpasswdファイルのように、特定の文字で区切られた文字列から一部の列を抜き出す際に役立ちます。cutコマンドは-dオプションで区切り文字を、-fオプションで抜き出す列の番号を指定します。

, (カンマ)で区切られた文字列から2番目の項目を抜き出します。

```
$ echo '1,高浜岸壁,神戸市中央区東川崎町1' | cut -d , -f 2
高浜岸壁
```

方策4ではawkコマンドでスペースで桁揃えされた文字列からn番目を抜き出します。方策3のcutコマンドは区切り文字に1文字しか指定できません。このため、スペースで桁揃えされた文字列のように、区切り文字が連続する場合には向いていません。このような場合には、スペースで区切られている場合に限定されますが、awkコマンドが使えます。awkコマンドは汎用的なテキスト処理のためのスクリプトを実行するコマンドです。それだけで本が1冊書けるほどのコマンドなので深入りはしませんが、awkコマンドの引数に{print $n}という文字列を与えると、n番目の文字列を抜き出せます。

スペースで桁揃えされた文字列から、4番目の項目を抜き出します。

```
echo 'PID    COMMAND      %CPU TIME     #TH   #WQ  #PORT MEM' | awk '{print $4}'
TIME
```

[*13] grepコマンドの-oオプションを使うと同じことをよりシンプルに書けますが、sedコマンドを使うとキャプチャの前後の正規表現を自由に書けるメリットがあります。

1.4 gihyo.jpのスクレイピング

これらの方策で目的とする書籍の総数を抜き出しましょう。現時点ではこのような形です。

```
$ cat gihyo.jp/dp/index.html | grep -E 'class="paging-number".*-'
        <li class="paging-number">1 - 30 / 1395</li>
```

4つの方策のうち、今回は方策1が向いているでしょう。目的の数字はスラッシュとスペースの直後にある数字の連続なので、'/ ([0-9]+)'という正規表現で表せます。実際に取得したいのは()で囲まれた数字の部分だけです。

この正規表現を使うと、次のようにして書籍の総数を抜き出すことができます。正規表現の中に/(スラッシュ)が登場するため、sedコマンドに引数として与えるコマンドの区切り文字を@(アットマーク)に変更しています[*14]。

```
$ cat gihyo.jp/dp/index.html | grep -E 'class="paging-number".*-' | sed -E 's@.*/ ([0-9]+).*@\1@'
1395
```

いかがでしょうか？Webページから数字を抜き出すだけで大変だったと思われるかもしれません。しかしUnixコマンドに慣れれば、コマンドを組み合わせて簡単に目的の部分を抜き出すことができるようになるでしょう。

---

column　正規表現における欲張り型のマッチ

正規表現の*は**欲張り型(greedy)**であるという点に注意が必要です。欲張り型とは、なるべく長い文字列にマッチするという意味です。例えば先ほどの例で、取得したい書籍の総数が閉じタグの直前にある数字の連続であるという点に着目すると、'([0-9]+)</'という正規表現も考えられます。しかし次のコマンドを実行すると、1395ではなく5という値が得られます。

```
$ cat gihyo.jp/dp/index.html | grep -E 'class="paging-number".*-' | sed -E 's@.*([0-9]+)</.*@\1@'
5
```

これは、sedの引数の一番最初にある.*がなるべく長い文字列にマッチしようとして、1395のうちの139にもマッチしてしまうためです。正規表現の実装によっては、なるべく短い文字列にマッチさせる方法もありますが、sedコマンドの拡張正規表現では使用できないため、ここでは深入りしません。詳しくは**2.5.1**で解説します。

[*14] sedコマンドに与えるコマンドの区切り文字は、任意の文字（改行とバックスラッシュは除く）に変更できます。正規表現中に/（スラッシュ）が登場する場合に、バックスラッシュでエスケープしなくてよくなるので、可読性が向上します。

1.4.2　書籍名の一覧を取得する

それでは、続いて書籍名の一覧を取得してみましょう。1つの書籍は、**リスト1.2**のような li 要素（該当部分は斜体）で表されており、この li 要素がページ内の書籍の数だけ存在します。

▼リスト1.2　1つの書籍を表すli要素

```
        </a></li>          <li class="new" id="978-4-7741-8337-4"><a itemprop="url" href="/dp/ebook/
2016/978-4-7741-8337-4">
              <img itemprop="image" src="/assets/images/dummy.png" width="100" height="141"
data-image="/assets/images/gdp/2016/thumb/TH100_978-4-7741-8337-4.jpg,/assets/images/gdp/2016/
thumb/TH200_978-4-7741-8337-4.jpg" alt="カバー画像"/>
              <p itemprop="name" class="title"><span class="series">情報処理技術者試験</span>
平成<wbr/>28<wbr/>年度<wbr/>【秋期】<wbr/>情報セキュリティマネジメント　パーフェクトラーニング過去問題集</p>
              <p itemprop="author" class="author">庄司勝哉，<wbr/>吉川允樹　著</p>
              <p itemprop="offers" itemscope="itemscope" itemtype="http://schema.org/Offer"
class="price"><span itemprop="price">1,480</span>円<meta itemprop="priceCurrency" content="JPY"/></p>
              <ul class="format">
                <li class="pdf">PDF</li>
              </ul>
              <ul class="date">
                <li class="notice"><time datetime="2016-7-23" itemprop="datePublished" class=
"published">2016年7月23日</time></li>

              </ul>
        </a></li>          <li class="new" id="978-4-7741-8338-1"><a itemprop="url" href="/dp/ebook/
2016/978-4-7741-8338-1">
```

これを見ると、書籍のタイトルは `<p itemprop="name" class="title">` というタグで始まる要素で表されています。ここで、`itemprop="name"` という属性は、Microdataと呼ばれる規格で定義されているものです。**Microdata**[*15]はHTML中に検索エンジンなどのロボットにも読みやすいメタデータを埋め込むための規格です。Unixコマンドでスクレイピングするのもロボットの一種と言えるので、この itemprop 属性を使って grep コマンドでフィルタリングしましょう。CSSでの装飾に使われる class 属性の値は、ページのデザインの変更に伴って変わることがあります。ロボット向けのMicrodataを使うことで、デザインの変更に強くなります。

次のコマンドで、書籍のタイトルを含むp要素の一覧が取得できます。

```
$ cat gihyo.jp/dp/index.html | grep 'itemprop="name"'
              <p itemprop="name" class="title">これからはじめるプログラミング　作って覚える基礎の基礎</p>
              <p itemprop="name" class="title"><span class="series">情報処理技術者試験</span>
```

---

*15　https://html.spec.whatwg.org/multipage/microdata.html

```
平成<wbr/>28<wbr/>年度<wbr/>【秋期】<wbr/>情報セキュリティマネジメント パーフェクトラーニング過去問題集</p>
        <p itemprop="name" class="title"><span class="series">大人の自由時間<wbr/>
(大人の自由時間<wbr/>mini)</span> 水泳のきれいなカラダをつくる<br/><span class="sub">
～スリムな逆三角形になる！ドライランドトレーニング</span></p>
...
```

wcコマンドで行数は30と表示されます。過不足なく1ページ分の書籍を取得できています。

```
$ cat gihyo.jp/dp/index.html | grep 'itemprop="name"' | wc -l
      30
```

ここで、各書籍のp要素の中身に注目すると、<span class="series">というタグでシリーズ名がマークアップされていたり、改行を表すbr要素や改行しても良い場所を表すwbr要素が存在したりします。これらのタグをすべて除去してしまえば、書籍名をうまい具合に得られそうです。しかし、単純に除去してしまうとbr要素で改行されていた箇所がくっつき、意味が通らなくなってしまいます。このため、brタグはスペースに置換し、その他のタグは除去します。次のコマンドで、書籍名を得ます。

```
$ cat gihyo.jp/dp/index.html | grep 'itemprop="name"' | sed -E 's@<br/>@ @' | sed -E 's/<[^>]*>//g'
        これからはじめるプログラミング 作って覚える基礎の基礎
        情報処理技術者試験 平成28年度【秋期】情報セキュリティマネジメント パーフェクトラーニング過去問題集
        大人の自由時間 (大人の自由時間mini) 水泳のきれいなカラダをつくる ↵
        ～スリムな逆三角形になる！ドライランドトレーニング
...
```

先頭に空白が残っているので、これも除去しましょう。

```
$ cat gihyo.jp/dp/index.html | grep 'itemprop="name"' | sed -E 's@<br/>@ @' ↵
| sed -E 's/<[^>]*>//g' | sed -E 's/^ *//'
これからはじめるプログラミング 作って覚える基礎の基礎
情報処理技術者試験 平成28年度【秋期】情報セキュリティマネジメント パーフェクトラーニング過去問題集
大人の自由時間 (大人の自由時間mini) 水泳のきれいなカラダをつくる ↵
～スリムな逆三角形になる！ドライランドトレーニング
...
```

この結果をよく見ていくと、&という文字列を含むタイトルが存在します。

```
今すぐ使えるかんたんmini 今すぐ使えるかんたんmini CD&amp;DVD 作成超入門[Windows 10対応版]
```

この&は**文字参照**と呼ばれる、HTML中に直接記述できない文字を記述するための表記方法です。&は&を表すので、置換することで正しい書籍名が得られます。

最終的に次のコマンドで、目的の書籍名一覧を取得できます。sedコマンドで&に置換する際、s///

第 1 章 クローリング・スクレイピングとは何か

の右側で&は特別な意味[16]を持つため、\&のようにバックスラッシュでエスケープします。

```
$ cat gihyo.jp/dp/index.html | grep 'itemprop="name"' | sed -E 's@<br/>@ @' ⏎
| sed -E 's/<[^>]*>//g' | sed -E 's/^ *//' | sed -E 's/&amp;/\&/g'
これからはじめるプログラミング 作って覚える基礎の基礎
情報処理技術者試験 平成28年度【秋期】情報セキュリティマネジメント パーフェクトラーニング過去問題集
大人の自由時間（大人の自由時間mini）水泳のきれいなカラダをつくる ⏎
～スリムな逆三角形になる！ドライランドトレーニング
…
```

先ほど&という文字列を含んでいたタイトルは、&に置換されます。

今すぐ使えるかんたんmini 今すぐ使えるかんたんmini CD&DVD 作成超入門［Windows 10対応版］

1.5 まとめ

　本章では、wgetでクローリングを、grepやsedなどのコマンドと正規表現でスクレイピングを行いました。Unixコマンドだけでも簡単にクローリングとスクレイピングができることがわかります。
　これらのコマンドは手軽ですが、実用上は機能不足の面もあります。クローリングにおいては、たどるリンクやその順序を制御したいことは多くあります。Wgetでは、ディレクトリ単位での制限しかできず、たどる順序の明示的な制御もできません。また、ファイルをダウンロードしたタイミングでの何らかの処理もできません。スクレイピングにおいては、Unixのコマンド群は行指向であり、行単位になっていないデータを扱うのは苦手です。例えば、今回の技術評論社のWebサイトでは、書籍名が1行で書かれていたのでうまく扱えました。しかし、HTMLとしては次のように3行になっていても意味は同じです。このようになっているだけで、grepコマンドでタイトルが書かれた行を抜き出すのは難しくなります。

```
<p itemprop="name" class="title">
これからはじめるプログラミング 作って覚える基礎の基礎
</p>
```

　このような複雑なデータを相手にするには、より強力な道具が必要です。汎用プログラミング言語であるPythonにはクローリング・スクレイピングのための機能やライブラリが揃っています。次章からはPythonを使ってクローリング・スクレイピングに取り組みます。

---

[16] s///の右側に置かれた&は、左側の正規表現にマッチした文字列全体に置換されます。このため、&をエスケープせずに書いてしまうと、なにも置換しないのと同じ結果になります。

第 2 章

Pythonではじめる
クローリング・スクレイピング

第 2 章 Pythonではじめる クローリング・スクレイピング

ここからはPythonを使ってクローリング・スクレイピングを行います。Pythonの開発環境構築と基本文法から、クローリング・スクレイピングの一連の過程をスクリプトにするまでを解説します。

2.1 Pythonを使うメリット

クローリング・スクレイピングにPythonを使うメリットとして、**第1章**のまとめで述べたように汎用的なプログラミング言語であることを挙げました。さらに次のメリットがあります。

- 言語自体の特性
- 強力なライブラリ
- スクレイピング後の処理との親和性

2.1.1 言語自体の特性

1点目のメリットはPythonの言語そのものの特性です。

Pythonは教育用に使われることもある読みやすく書きやすい言語です。一度書かれたプログラムは、その後何度も他の人（未来の自分を含む）に読まれることになるため、読みやすさは重要です。

PythonはBattery Included（電池付属）と言われています。電池つき電化製品のように、豊富な標準ライブラリが付属しており、インストール後すぐに使いはじめられることの比喩です。ここでは、Pythonの標準ライブラリだけでクローリング・スクレイピングを行います。後の章でより強力なサードパーティライブラリも活用しますが、手軽に使いはじめられるPythonの良さがわかるはずです。

さらに、複数のWebサイトから高速にデータを取得するためには、非同期処理が有効です。PythonにはTwistedやTornadoなどの非同期処理のためのフレームワークが存在し、Python 3.4からはasyncioと呼ばれる非同期処理のための標準ライブラリもあります。非同期処理の分野においてはNode.jsやGo言語が有名ですが、Pythonでも手軽に扱えます。

2.1.2　強力なサードパーティライブラリの存在

2点目は豊富なサードパーティライブラリの存在です。Python Package Index（PyPI）[*1]には、世界中の開発者が数多くのライブラリを公開しており、簡単に使うことができます。特に、**第3章**で紹介するBeautiful Soupやlxmlは有名なスクレイピングライブラリですし、**第6章**で紹介するScrapyは強力なクローリング・スクレイピングフレームワークです。このような強力なライブラリによって巨人の肩の上に乗り、短いプログラムを書くだけで素早くクローリング・スクレイピングを行えます。

2.1.3　スクレイピング後の処理との親和性

3点目はクローリング・スクレイピングでデータを取得した後、データ分析などの処理を行う際にもPythonが強力な武器になる点です。データ分析においてもPythonには優秀なライブラリが揃っているため、1つの言語を修得するだけで大抵のことは実現できてしまいます。

Pythonでは数値計算や科学技術計算の分野で古くからNumPyやSciPyといったライブラリが有名で、これらをベースとしたデータ分析用のライブラリが存在します。例えばpandas（**5.3.2**参照）は、NumPyをベースとしてデータの前処理（欠損値や表記ゆれの処理）や集計を簡単に行えるライブラリです。またmatplotlib（**5.3.3**参照）は数値データをグラフで可視化できます。データ分析の分野ではR言語が有名ですが、これらのライブラリでPythonでも同様の分析が行えます。他にも様々なライブラリがあります。

2.2　Pythonのインストールと実行

Python 3をインストールし、仮想環境内で実行します。

2.2.1　Python 2とPython 3

Pythonには大きく分けて、**Python 2系**と**Python 3系**の2つのバージョンがあります。Pythonは後方互換性を重視する言語ですが、2008年にリリースされたバージョン3.0において後方互換性を崩す大きな変更が入りました。そのためライブラリの3系への対応が進まず、2系も並行して開発されてきた経緯があります。

近年では多くのライブラリが3系に対応し、Python 3を問題なく使える状況になってきています。3

[*1] https://pypi.python.org/pypi

系は2系に比べて、よりわかりやすい文法への変更、Unicodeサポートの強化、標準ライブラリの整理、非同期I/Oのサポートなど様々な改善が行われています。2系のサポートは2020年で打ち切られる予定になっていることもあり、今から使いはじめるのであれば3系を使うのがオススメです。本書ではPython 3のみを使用し、Python 3.5.1（OS X）とPython 3.4.3（Ubuntu）を対象として解説します。

2.2.2　パッケージマネージャーによるPython 3のインストール

OS XではHomebrew（**1.2.1**参照）で、UbuntuではAPTでインストールします[2][3][4]。

```
$ brew install python3  # OS Xの場合
```

```
$ sudo apt-get install -y python3 python3.4-venv  # Ubuntuの場合
```

インストールに成功すると、`python3`コマンドでバージョンを確認できます。

```
$ python3 -V
Python 3.5.1
```

2.2.3　仮想環境（venv）の使用

近年のプログラミング言語では**仮想環境（Virtual Environment）**と呼ばれる、ランタイムやライブラリを環境（用途）ごとに分離できる仕組みが多く使われています。

● 仮想環境とは

例えば、1台のコンピューターで2つの異なるプログラムAとBを書いているとしましょう。2つのプログラムはXというライブラリに依存しており、プログラムAではライブラリXのバージョン1に、プログラムBではライブラリXのバージョン2に依存しているとします。Pythonでは1つの環境に同じライブラリの複数バージョンをインストールできないため、インストールできるのはXのバージョン1か2のいずれかのみです。ライブラリXのバージョン1と2に互換性がない場合、プログラムAとBのどちらかは正常に動作しなくなってしまいます（図2.1）。

---

[2]　本書で使用するプラットフォームでは、Python 2系と3系はコマンド名やライブラリのインストール場所が異なるので共存できます。3系をインストールしても、既存の2系が使えなくなることはありません。

[3]　Pythonをインストールするためのツールとして、pyenv（https://github.com/yyuu/pyenv）やpythonz（https://github.com/saghul/pythonz）などが存在します。しかしPythonはメジャーバージョンが同じであれば基本的に後方互換があるので、マイナーバージョンが異なるPythonを使い分けたいといったこだわりがない限り、利用する必要はないでしょう。

[4]　仮想環境を利用するために、Ubuntuではvenvパッケージをインストールする必要があります。本書の解説には用いていませんがUbuntu 16.04では`python3.4-venv`パッケージの代わりに`python3-venv`パッケージをインストールします。

▼ 図2.1　仮想環境がない時

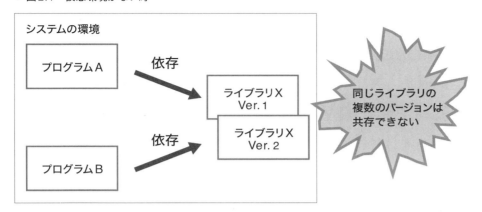

仮想環境を使うと、このような事態を避けられます。プログラムA用の仮想環境にXのバージョン1をインストールし、プログラムB用の仮想環境にXのバージョン2をインストールすることで、互いに干渉することなくプログラムを開発できます（**図2.2**）。

▼ 図2.2　仮想環境がある時

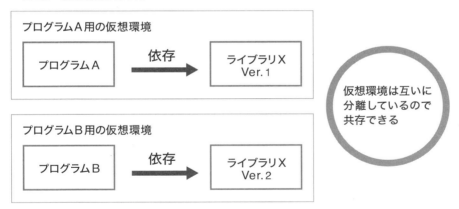

Pythonでは**venv**という標準モジュールで仮想環境を利用できます[5]。

仮想環境内ではpython3コマンドのようにバージョン番号がついたコマンドを使わなくても、pythonコマンドで仮想環境に紐付けられたPythonランタイムを起動できるメリットもあります。また、仮想

---

[5] Pythonでは仮想環境を使うためにvirtualenv（https://virtualenv.pypa.io/en/latest/）というサードパーティのツールが広く使われてきました。Python 3.3以降はvenvを使えばvirtualenvを使う必要はありません。

環境は通常の開発で広く使われているため、覚えておいて損はないでしょう。

● 仮想環境の使い方

次のコマンドで、仮想環境を作成します[*6][*7]。-mオプションは指定したモジュールをスクリプトとして実行することを意味します。

```
$ python3 -m venv scraping
```

カレントディレクトリにscrapingディレクトリが作成されます。このディレクトリの名前が仮想環境の名前になります。ディレクトリの名前は自由に設定できます[*8]。

```
$ ls scraping/
bin        include    lib        pyvenv.cfg
```

仮想環境に入るためには、.(ドット)コマンドでactivateスクリプトを実行します。

```
$ . scraping/bin/activate  # ドットと引数の間にスペースを入れる。
```

.コマンドは引数で指定したファイルを読み込み、現在のシェルで実行するコマンドです。BashやZshなどではsourceコマンドも同じ意味を持ちます。

仮想環境に入ると、シェルのプロンプトの先頭に(scraping)と表示されるようになります。

```
(scraping) $
```

仮想環境内ではpythonコマンドでPython 3が実行できます。

```
(scraping) $ python -V
Python 3.5.1
```

whichコマンドでpythonコマンドのパスを確認すると、scraping/binディレクトリ内のpythonコマンドを指していることがわかります。

```
(scraping) $ which python
/path/to/scraping/bin/python
```

[*6] WindowsのVirtualBox上で仮想マシンを実行している場合、共有フォルダとしてマウントされているディレクトリ(Appendixの手順のデフォルトでは/vagrant/)内に仮想環境を作成するとシンボリックリンクの作成に失敗します。仮想環境はホームディレクトリ(~)など、共有フォルダ以外のディレクトリに作成してください。

[*7] venvモジュール導入当初は、pyvenvというコマンドで仮想環境を作成していましたが、このコマンドはPython 3.6以降ではDeprecatedになる予定です。

[*8] 仮想環境を作成した後にディレクトリをリネームしたり移動したりすると、正常に動作しなくなるので注意してください。

deactivateコマンドで仮想環境から抜けることができます。仮想環境から抜けるとシェルのプロンプトから(scraping)の文字がなくなり、元に戻ります。

```
(scraping) $ deactivate
```

仮想環境自体が不要になった場合はディレクトリをまるごと削除します。

以降の説明では、特に断りのない限り仮想環境内でコマンドを実行します。書かれている通りに実行しても結果が異なったり予期せぬエラーが発生する場合は、まず仮想環境内でPython 3を使用しているか確認してください。

2.2.4 インタラクティブシェルの使用

pythonコマンドを引数なしで実行すると、インタラクティブシェルが起動します。Pythonのコードを対話的に実行できるので、ライブラリの使い方の確認などに便利です。

```
(scraping) $ python
Python 3.5.1 (default, Apr 18 2016, 03:49:24)
[GCC 4.2.1 Compatible Apple LLVM 7.0.2 (clang-700.1.81)] on darwin
Type "help", "copyright", "credits" or "license" for more information.
>>>
```

1〜3行目にはバージョンなどの情報と簡単な説明が表示され、4行目に>>>が表示されて入力を受け付ける状態になります。この>>>をプロンプトと呼びます。プロンプトのある行にPythonの式を入力してEnterを押すと、次の行にその式の値が表示されます。

```
>>> 1 + 1
2
```

プロンプトが表示されている時に Ctrl + D を押すか、exit()と入力して Enter を押すとインタラクティブシェルを終了できます。

入力中の場合は、Ctrl + C を押すと入力中の文字列がリセットされて、プロンプトが表示されます。通常のシェルと同じように、上下の矢印キーで以前の入力を表示したり、Ctrl + R で以前の入力からインクリメンタルサーチすることも可能です。

Pythonのオンラインマニュアルでもインタラクティブシェル形式の解説が多くあります。新しい機能を使うときなどはインタラクティブシェルで試す習慣をつけると良いでしょう。

2.3 Pythonの基礎知識

本書を読み進め、実際にクローリング・スクレイピングする上で必要な、Pythonの文法をはじめとした基礎知識を解説します。最初は流し読みして、後で不明点があったときに戻ってきても良いでしょう。

2.3.1 スクリプトファイルの実行と構成

Pythonスクリプトファイルの実行方法と構成を解説します。

● Pythonスクリプトファイルの実行

Pythonのスクリプトは.pyという拡張子のファイルに保存します。テキストエディターを使って、**リスト2.1**の中身を持つファイルをgreet.pyという名前で作成してください。ファイルのエンコーディングはUTF-8を使います。

▼ リスト2.1　greet.py — Pythonスクリプトの例

```python
import sys

def greet(name):
    print('Hello, {0}!'.format(name))

if len(sys.argv) > 1:
    name = sys.argv[1]
    greet(name)
else:
    greet('world')
```

Pythonのスクリプトファイルを実行するには、ファイルパスをpythonコマンドの引数に渡します。ファイルを保存したら、仮想環境内で次のコマンドを実行して、「Hello, world!」と表示されることを確認します。

```
(scraping) $ python greet.py
Hello, world!
```

この例では引数に文字列を与えて実行すると、表示が変わります。

```
(scraping) $ python greet.py Guido
Hello, Guido!
```

● Pythonスクリプトの構成

　Pythonを使ったことがない方でも、他の言語の経験があればある程度**リスト2.1**のコードの意味するところが理解できるのではないでしょうか。このコードにコメントをつけると**リスト2.2**のようになります。行の#以降はコメントです。

▼ リスト2.2　greet_with_comments.py — Pythonスクリプトの例（コメントつき）

```python
import sys  # import文でsysモジュールを読み込む。

# def文でgreet()関数を定義する。インデントされている行が関数の中身を表す。
def greet(name):
    print('Hello, {0}!'.format(name))  # 組み込み関数print()は文字列を出力する。

# if文でもインデントが範囲を表す。sys.argvはコマンドライン引数のリストを表す変数。
if len(sys.argv) > 1:
    # if文の条件が真のとき
    name = sys.argv[1]  # 変数は定義せずに代入できる。
    greet(name)  # greet()関数を呼び出す。
else:
    # if文の条件が偽のとき
    greet('world')  # greet()関数を呼び出す。
```

　Pythonのスクリプトは上から順に実行されます。関数は事前に定義されている必要があります。基本的に1行に1文だけを書き、行末にセミコロンなどの記号は不要です。

　Pythonでは**インデント**が大きな意味を持ちます。次のようにブロックをインデントで表します。

```python
if a == 1:
    print('a is 1')
else:
    print('a is not 1')
```

　C言語やJavaScriptでは、if文などでブロックを表すときに{}（波括弧）を使い、多くの場合は読みやすいようにブロック内をインデントします。

```c
if (a == 1) {
    printf("a is 1\n");
} else {
    printf("a is not 1\n");
}
```

　しかし、ブロック内をインデントしなくても意味は変わりません。

```
if (a == 1) {
printf("a is 1\n");
} else {
printf("a is not 1\n");
}
```

これでは、プログラムが非常に読みにくくなってしまいます。Pythonではこのように読みにくくなることを避けるため、正しくインデントされていないブロックがあるとIndentationErrorというエラーになり実行できません。構文として正しいインデントを強制することで、誰が書いても読みやすいプログラムになるのです。インデントでブロックを表す言語を使うのがはじめての場合は気になるかもしれませんが、慣れれば自然と書けるようになるので安心してください。

Pythonでのインデントは一般的にスペース4つを使います。多くのテキストエディターでは、ソフトタブと呼ばれる設定を有効にすることで、Tabキーを押したときにスペース4つを挿入できます。なお、インデントを増やす直前の行の末尾には:（コロン）を置くことを忘れないでください。

2.3.2　基本的なデータ構造

Pythonでは数値、文字列、リスト、辞書などの基本的なデータ構造を手軽に扱えます。

● 数値

整数と実数の基本的な四則演算が行えます。pythonコマンドでインタラクティブシェルを起動して、次と同じように打ち込んでいくとわかりやすいでしょう。

```
>>> type(1)    # 整数はintクラス。type()関数でクラスを確認できる。
<class 'int'>
>>> type(1.0)  # 実数はfloatクラス。
<class 'float'>
>>> 1 + 2
3
>>> 2 - 1
1
>>> 2 * 3
6
>>> 5 / 2    # / 演算子による除算結果は実数になる。
2.5
>>> 5 // 2   # // 演算子による除算結果は切り捨てられた整数になる。
2
>>> 5 % 2    # % 演算子で除算の余りを取得する。
1
>>> 1 + 2 * 3    # 演算子には優先順位があり、* のほうが + よりも優先される。
7
```

```
>>> (1 + 2) * 3    # () の中身のほうが優先順位が高い。
9
```

● 文字列

　Unicode文字列を表す**str**クラスと、バイト列を表す**bytes**クラスがあります。文字列操作は基本的に**str**クラスで行い、ファイルやネットワーク越しのデータの読み書きなど、Python以外との境界で**bytes**クラスに変換します。

```
>>> type('abc')    # 文字列はstrクラス。
<class 'str'>
>>> 'abc'    # 文字列は'または"で囲う。'...'内では"が、"..."内では'がエスケープせずに使える点を除いて違いはない。
'abc'
>>> 'あいうえお'
'あいうえお'
>>> "1970's"    # 'を含む文字列は"で囲うとわかりやすい。
"1970's"
>>> 'abc\n123'    # \nは改行文字を表す。他にも\t（タブ文字）などのエスケープシーケンスがある。
'abc\n123'
>>> print('abc\n123')    # print()関数を使うと、クオートやエスケープなしにそのまま表示される。
abc
123
```

```
>>> len('abc')    # 組み込み関数len()で文字列の長さを取得する。
3
>>> len('あいうえお')    # 文字列の長さはUnicode文字単位で数える。
5
>>> 'abcdef'[0]    # [0]で0番目の文字を表す1文字の文字列を得る。
'a'
>>> 'abcdef'[-1]    # [-1]のように負のインデックスを指定すると、後ろから数える。
'f'
# 開始インデックスと終了インデックスを指定して範囲の部分文字列を得る。これをスライスと呼ぶ。
>>> 'abcdef'[1:3]
'bc'
>>> 'abcdef'[:3]    # 開始インデックスを省略すると、先頭から終了インデックスまでの部分文字列を得る。
'abc'
>>> 'abcdef'[1:]    # 終了インデックスを省略すると、開始インデックスから末尾までの部分文字列を得る。
'bcdef'
>>> 'abc' + 'def'    # +演算子で文字列同士を結合する。
'abcdef'
# strクラスのformat()メソッドで{}の部分を引数の値に置き換えた文字列を取得する。
>>> '{0}, Python {1}!'.format('Hello', 3)    # {}内の番号は、引数のインデックスを表す。
'Hello, Python 3!'
```

```
# strクラスのencode()メソッドでbytesオブジェクトに変換。第1引数でエンコーディングの名前を指定。
>>> 'ABCあいう'.encode('utf-8')
b'ABC\xe3\x81\x82\xe3\x81\x84\xe3\x81\x86'
```

```
# b''はbytesクラスのリテラルを表す。
>>> type(b'\xe3\x81\x82\xe3\x81\x84\xe3\x81\x86\xe3\x81\x88\xe3\x81\x8a')
<class 'bytes'>
# bytesクラスのdecode()メソッドでstrオブジェクトに変換。第1引数でエンコーディングの名前を指定。
>>> b'ABC\xe3\x81\x82\xe3\x81\x84\xe3\x81\x86'.decode('utf-8')
'ABCあいう'
# strクラスのstrip()メソッドで前後の空白（スペース、タブ、改行など）を削除した文字列を取得する。
>>> '\n ABC あいう \n'.strip()
'ABC あいう'
```

● リスト

複数の値の列をひとまとめに扱うためのデータ型として**リスト (list)** があります。リストは文字列と同じく順序を持ち反復可能な型（シーケンスと呼ばれる）であり、同様の操作をサポートしています。他の言語では配列やArrayと呼ばれるデータ型に対応します。

```
>>> type([])  # []でリスト(listクラス)を得る。
<class 'list'>
>>> [1, 2, 3]  # 値はカンマで区切る。
[1, 2, 3]
>>> [1, 2, 3,]  # 末尾にカンマがあっても良い。
[1, 2, 3]
>>> [1, 2, "Three"]  # 任意のオブジェクトを要素として含められる。
[1, 2, 'Three']
>>> [1, 2, 3][0]  # [n]でn番目の要素を取得する。
1
>>> [1, 2, 3][1:2]  # 文字列と同様にスライスで部分リストを取得する。
[2]
>>> len([1, 2, 3])  # 組み込み関数len()でリストの長さを取得する。
3
>>> 1 in [1, 2, 3]  # in演算子で要素が含まれているかどうかをテストする。
True
>>> [1, 2, 3].index(1)  # index()メソッドで値のインデックスを取得。値が存在しない場合はValueError。
0
```

```
>>> [1, 2, 3] + [4, 5]  # +演算子でリスト同士を結合したリストを得る。
[1, 2, 3, 4, 5]
>>> a = [1, 2, 3]  # 変数aに代入する。変数に代入すると値は表示されない。
>>> a.append(4)  # append()メソッドで値を末尾に追加する。
>>> a  # 変数の中身を表示する。
[1, 2, 3, 4]
>>> a.insert(0, 5)  # insert()メソッドで第1引数のインデックスに第2引数の値を挿入する。
>>> a
[5, 1, 2, 3, 4]
>>> del a[0]  # del文で指定したインデックスの要素を削除する。
>>> a
[1, 2, 3, 4]
>>> a.pop(0)  # pop()で指定したインデックスの要素を取得し、リストから削除する。
```

```
1
>>> a
[2, 3, 4]
>>> a[0] = 1   # 要素に代入して書き換える。
>>> a
[1, 3, 4]
>>> "a,b,c".split(',')   # strクラスのsplit()メソッドで文字列を分割したリストを得る。
['a', 'b', 'c']
>>> ','.join(['a', 'b', 'c'])   # strクラスのjoin()メソッドでリストを結合した文字列を得る。
'a,b,c'
```

● タプル

リストと違って変更不可能なシーケンスとして**タプル (tuple)** があります。慣れるまではリストとの使い分けがわかりにくいかもしれませんが、シーケンス全体を1つの値として扱いたいときや、関数の戻り値として値のペアを返すときなどに使われます。

```
>>> type(())   # ()でタプル (tupleクラス) を得る。
<class 'tuple'>
>>> (1, 2)   # 値はカンマで区切る。
(1, 2)
>>> (1, 2,)   # 末尾にカンマがあっても良い。
(1, 2)
>>> (1, 2, 3)[0]   # リストと同じようにインデックスで要素を取得できる。
1
```

● 辞書

キーと値のペアを複数まとめて扱うデータ型として**辞書 (dict)** があります。他の言語では連想配列やハッシュ、Mapなどと呼ばれるデータ型に対応します。

```
>>> {'a': 1, 'b': 2}   # {}で辞書 (dictクラス) を得る。キーの順序は保証されない。
{'b': 2, 'a': 1}
>>> {'a': 1, 'b': 2, 3: 'c'}   # キー、値ともに複数のデータ型を混在させられる。
{'b': 2, 'a': 1, 3: 'c'}
>>> d = dict(a=1, b=2)   # 文字列をキーに持つ辞書であれば、組み込み関数dict()でも得られる。
>>> d
{'b': 2, 'a': 1}
>>> d['a']   # [キー]で対応付けられた値を取得する。
1
>>> d['c'] = 3   # [キー]に代入することで要素の追加、値の書き換えが可能。
>>> d
{'c': 3, 'b': 2, 'a': 1}
>>> del d['c']   # del文でキーを指定して要素を削除できる。
>>> d
{'b': 2, 'a': 1}
```

```
>>> 'a' in d    # in演算子でキーが存在するかどうかをテストする。
True
>>> d['x']      # []で存在しないキーの値を取得しようとするとKeyErrorになる。
Traceback (most recent call last):
  File "<stdin>", line 1, in <module>
KeyError: 'x'
>>> d.get('a')  # get()メソッドでも引数で指定したキーの値を取得できる。キーが存在しない場合はNone。
1
# keys()メソッドでキーの一覧を取得できる。戻り値は辞書ビューと呼ばれる反復可能なオブジェクト。
# 組み込み関数list()でリストに変換できる。同様にvalues()メソッドで値の一覧も取得できる。
>>> list(d.keys())
['b', 'a']
>>> list(d.items())  # items()メソッドでキーと値からなる2要素のタプルの一覧を取得できる。
[('b', 2), ('a', 1)]
```

2.3.3 制御構造と関数・クラス定義

if, for, while文などの制御構造が利用できます。関数定義、クラス定義についても解説します。

● if文による条件分岐

リスト2.3のように、**if文**を使うと式の値に応じて処理を分岐できます。

▼ リスト2.3　if.py — if文

```
# if文で処理を分岐できる。
if a == 1:
    print('a is 1')  # if文の式が真のときに実行される。
elif a == 2:
    print('a is 2')  # elif節の式が真のときに実行される(elif節はなくても良い)。
else:
    print('a is not 1 nor 2')  # どの条件にも当てはまらなかったときに実行される(else節はなくても良い)。

print('a is 1' if a == 1 else 'a is not 1')  # 条件式で1行で書ける。可読性が下がるので多用しない。
```

if文の式には**表2.1**のような式を使えます。偽となる値は、None、False、数字の0、0.0、空のコンテナー(文字列、バイト列、リスト、タプル、辞書)などです。

▼ 表2.1　if文で使う式の例

式の例	説明
a == b	aとbが等しい場合に真。
a != b	aとbが等しくない場合に真。
a < b	aがbより小さい場合に真。
a <= b	aがb以下の場合に真。
a > b	aがbより大きい場合に真。
a >= b	aがb以上の場合に真。
a and b	aが偽の場合はa、aが真の場合はb。aとbの両方が真の場合に真となる。
a or b	aが真の場合はa、aが偽の場合はb。aまたはbのいずれかが真の場合に真となる。
not a	aが偽の場合に真。
a is b	aとbが同じオブジェクトの場合に真。
a is not b	aとbが異なるオブジェクトの場合に真。

● for文とwhile文による繰り返し処理

リスト2.4のように、**for文**を使うとリストなどの反復可能なオブジェクトの要素に対して繰り返し処理できます。**while文**を使うと、条件が真の間繰り返し処理できます。**break文**で繰り返し処理を抜けたり、**continue文**で反復の処理の途中で次の反復に移ったりできます。

▼ リスト2.4　for_and_while.py — for文とwhile文

```python
# 変数xにinの右側のリストの要素が順に代入されて、ブロック内の処理が計3回実行される。
for x in [1, 2, 3]:
    print(x)   # 1, 2, 3が順に表示される。

# 回数を指定した繰り返しには組み込み関数range()を使う。
for i in range(10):
    print(i)   # 0〜9が順に表示される。

# for文にdictを指定するとキーに対して繰り返す。
d = {'a': 1, 'b': 2}
for key in d:
    value = d[key]
    print(key, value)

# dictのitems()メソッドで、dictのキーと値に対して繰り返す。
for key, value in d.items():
    print(key, value)

# while文で式が真の間、繰り返し処理する。
s = 1
while s < 1000:
    print(s)   # 1, 2, 4, 8, 16, 32, 64, 128, 256, 512が順に表示される。
    s = s * 2
```

● try文による例外処理とwith文によるブロックの処理

リスト2.5のように、**try文**で例外を処理できます。**with文**を使うと、後処理が必要なオブジェクトを簡単に扱えます。

▼ リスト2.5　try_and_with.py — try文とwith文

```python
d = {'a': 1, 'b': 2}
try:
    print(d['x'])  # 例外が発生する可能性がある処理。
except KeyError:
    # try節内でexcept節に書いた例外（ここではKeyError）が発生した場合、except節が実行される。
    print('x is not found')  # キーが存在しない場合の処理。

# open()関数の戻り値を変数fに代入し、with節のブロック内で使う。このブロックを抜ける際に、
# f.close()が自動的に呼び出される。
with open('index.html') as f:
    print(f.read())
```

● def文による関数定義

リスト2.6のように**def文**で関数を定義できます。

▼ リスト2.6　def.py — def文

```python
# addという名前の関数を定義する。この関数はaとbの2つの引数を取り、加算した値を返す。
def add(a, b):
    return a + b  # return文で関数の戻り値を返す。

# 関数の呼び出しは、関数名の後に括弧で引数を指定する。
print(add(1, 2))  # 3と表示される。

# 引数名=値 という形式でも引数の値を指定でき、これをキーワード引数と呼ぶ。
print(add(1, b=3))  # 4と表示される。
```

● class文によるクラス定義

Pythonは手続き型やオブジェクト指向、関数型など複数のプログラミングパラダイムの良いところを取り入れたプログラミング言語です。オブジェクト指向プログラミングで使われるクラスを**class文**で定義できます（リスト2.7）。クラスの中にはdef文でメソッドを定義できます。

Pythonにおけるメソッド定義の特徴として、第1引数にselfを取ることが挙げられます。例えば、RectクラスのコンストラクターRect()は2個の引数を取りますが、__init__()を定義しているdef文ではselfを加えた3個の引数を持っています。selfは他言語におけるthisのように、メソッド呼び出しの対象となったインスタンス自身を表します。慣れるまでは気になるかもしれませんが、実際に使っていくうちに、オブジェクト指向プログラミングと関数型プログラミングの特徴を一貫性を保ったまま取り入れるための巧妙な設計であると実感できるでしょう。

▼ リスト2.7　class.py — class文

```python
# Rectという名前のクラスを定義する。
class Rect:
    # インスタンスが作成された直後に呼び出される特殊なメソッドを定義する。
    def __init__(self, width, height):
        self.width = width      # width属性に値を格納する。
        self.height = height    # height属性に値を格納する。

    # 面積を計算するメソッドを定義する。
    def area(self):
        return self.width * self.height

r = Rect(100, 20)
print(r.width, r.height, r.area())    # 100 20 2000と表示される。


# Rectを継承したSquareクラスを定義する。
class Square(Rect):
    def __init__(seif, width):
        super().__init__(width, width)  # 親クラスのメソッドを呼び出す。
```

2.3.4　組み込み関数

Pythonにはいくつかの組み込み関数が存在し、特に宣言の必要なく使うことができます。これまでに何度も登場しているprint()関数やlen()関数なども組み込み関数です。代表的な組み込み関数を表2.2にまとめました。

▼ 表2.2　代表的な組み込み関数

関数	説明
dict()	dictオブジェクトを生成する。
dir()	現在のスコープの名前のリスト、オブジェクトの属性名のリストを取得する。
filter()	反復可能なオブジェクトから条件にマッチするものだけを取得する。
int()	数値に変換する。
len()	オブジェクトの長さを取得する。
list()	listオブジェクトを生成する。
map()	反復可能なオブジェクトの各要素に関数を適用した結果を取得する。
max()	反復可能なオブジェクトの要素の最大値を取得する。
min()	反復可能なオブジェクトの要素の最小値を取得する。
open()	ファイルを開いてファイルオブジェクトを取得する。
print()	オブジェクトを表示する。
range()	数列のシーケンスを取得する。
repr()	オブジェクトを人間が読みやすい形で表した文字列を取得する。
reversed()	シーケンスを逆順にしたオブジェクトを取得する。
sorted()	反復可能なオブジェクトをソートした新しいリストを取得する。
str()	文字列に変換する。
type()	オブジェクトの型を取得する。

2.3.5　モジュール

Pythonには豊富な標準ライブラリが付属しています。Pythonのライブラリは**モジュール**と呼ばれる単位で管理されます。モジュールには複数のクラスや関数が含まれます。

1つのモジュールは1つの.pyファイルに対応しており、あるモジュールにサブモジュールが存在することもよくあります。モジュールごとに名前空間が独立しているため、他のモジュールのクラスや関数を使うためには**import文**で明示的に宣言する必要があります。リスト2.8では2種類のimport文の書き方を示しています。

▼リスト2.8　import.py — import文によるモジュールの使用

```python
import sys  # sysモジュールを現在の名前空間にインポート。
from datetime import date  # datetimeモジュールから、dateクラスだけを現在の名前空間にインポート。

print(sys.argv)  # sysモジュールのargvという変数で、コマンドライン引数のリストを取得して表示する。
print(date.today())  # dateクラスのtoday()メソッドで今日の日付を取得して表示する。
```

インポート対象のモジュールはsys.pathというリストに含まれるパスから検索されます。代表的な標準モジュールを表2.3にまとめました。

▼表2.3　代表的な標準モジュール

モジュール名	説明
re	正規表現
datetime	日付と時刻
collections	組み込み以外のコレクション型
math	数学の関数
random	擬似乱数
itertools	反復可能なオブジェクトに対する操作
sqlite3	SQLiteデータベースの操作
csv	CSVの読み書き
json	JSONの読み書き
os	OS関連の様々な操作
os.path	ファイルやディレクトリなどのパスの操作
multiprocessing	マルチプロセスによる並列化
subprocess	他のプロセスの実行
urllib	URL関連の操作
unittest	ユニットテスト
pdb	Pythonのデバッガ
sys	Pythonインタプリター関連の変数や関数

2.4　Webページを取得する

それではPythonを使って実際にWebページを取得してみましょう。後の節で技術評論社の電子書籍サイト（https://gihyo.jp/dp）から電子書籍の情報をスクレイピングするために、本節ではPython標準ライブラリのurllibモジュールでWebページを取得します。

Webページを取得する際には、HTTPヘッダーやHTMLのmetaタグから文字コードを判別することで、文字化けせずにWebページの中身を取得できるようになります。

2.4.1　urllibによるWebページの取得

Webページを取得するには、標準ライブラリのurllib.requestモジュールを使います[*9]。urllib.requestに含まれるurlopen()関数にURLを指定することで、Webページを取得できます。インタラクティブシェルでurlopen()関数の動作を確認してみましょう。

```
>>> from urllib.request import urlopen
>>> f = urlopen('https://gihyo.jp/dp')  # 動作しない場合、9ページの脚注URLを利用。
# urlopen()関数はHTTPResponse型のオブジェクトを返す。
# このオブジェクトはファイルオブジェクトであり、組み込み関数open()の戻り値であるファイルオブジェクトと同じように扱える。
>>> type(f)
<class 'http.client.HTTPResponse'>
# read()メソッドでHTTPレスポンスのボディ（bytes型）を取得できる。
# HTTPコネクションは自動的に閉じられるので、明示的にclose()を呼び出す必要はない。
>>> f.read()
b'<!DOCTYPE HTML>\n<html lang="ja" class="pc">\n<head>\n  <meta charset="UTF-8">\n<title>Gihyo Digital Publishing...
>>> f.status  # ステータスコードを取得する。
200
>>> f.getheader('Content-Type')  # HTTPヘッダーの値を取得する。
'text/html; charset=UTF-8'
```

urllib.requestを使うとWebページを手軽に取得できます。しかし、HTTPヘッダーをカスタマイズしたり、Basic認証を使ったりする複雑な処理にはあまり向いていません。このような用途にはサードパーティライブラリのRequests（**3.2**で後述）が向いています。

[*9] 標準ライブラリにはhttp.clientモジュールもありますが、これは低水準なHTTP通信のAPIを提供するモジュールであり、人間が使うには向いていません。urllib.requestモジュールは内部的にhttp.clientモジュールを利用しています。

2.4.2　文字コードの扱い

HTTPResponse.read()メソッドで取得できるレスポンスボディの値はbytes型なので、文字列（str型）として扱うためには文字コード[*10]を指定してデコードする必要があります。最近ではHTML5のデフォルトエンコーディングであるUTF-8で作成されたWebページが多いため、UTF-8を前提にデコードするのもいいでしょう。ですが、日本語を含む多様なサイトをクロールする場合は、複数のエンコーディングが入り混じる可能性があるため、HTTPヘッダーを参照して適切なエンコーディングでデコードする必要があります。

● HTTPヘッダーからエンコーディングを取得する

HTTPレスポンスのContent-Typeヘッダーを参照することで、そのページで使われているエンコーディングを知ることができます。日本語ページの典型的なContent-Typeヘッダーの値は次のようなものです。

- text/html
- text/html; charset=UTF-8
- text/html; charset=EUC-JP

charset=の後に書かれているUTF-8やEUC-JPがそのページのエンコーディングです。エンコーディングが明示されていない場合はUTF-8として扱って良いでしょう。Content-Typeヘッダーの値からエンコーディングを取得するために正規表現を使うこともできます。しかしHTTPResponse.info()メソッドで取得できるHTTPMessageオブジェクトのget_content_charset()メソッドなら簡単に取得できます。リスト2.9の処理でHTTPヘッダーからエンコーディングを取得し、レスポンスボディをデコードできます。

▼ リスト2.9　urlopen_encoding.py — エンコーディングを取得してデコードする

```
import sys
from urllib.request import urlopen

f = urlopen('https://gihyo.jp/dp')
# HTTPヘッダーからエンコーディングを取得する（明示されていない場合はutf-8とする）。
encoding = f.info().get_content_charset(failobj="utf-8")
print('encoding:', encoding, file=sys.stderr)  # エンコーディングを標準エラー出力に出力する。

text = f.read().decode(encoding)  # 得られたエンコーディングを指定して文字列にデコードする。
print(text)  # デコードしたレスポンスボディを標準出力に出力する。
```

[*10] 本書では文字コードとエンコーディングという2つの言葉を、文字とそれに対応するバイト列との変換規則という意味で使用し、特に区別しません。

これを urlopen_encoding.py という名前のファイルに保存して実行すると、HTTPヘッダーから得られたエンコーディングとデコードされたレスポンスボディが出力されます。

```
(scraping) $ python urlopen_encoding.py
encoding: utf-8
<!DOCTYPE HTML>
<html lang="ja" class="pc">
<head>
  <meta charset="UTF-8">
  <title>Gihyo Digital Publishing … 技術評論社の電子書籍</title>
...
```

次節以降で使うため、HTMLを dp.html というファイル名で保存しておきます。

```
(scraping) $ python urlopen_encoding.py > dp.html
encoding: utf-8
```

● metaタグからエンコーディングを取得する

HTTPヘッダーから取得できるエンコーディング情報は必ずしも正しいとは限りません。Webサーバーで正しく設定されていない場合、Content-Typeヘッダーの値と実際に使われているエンコーディングが異なる場合があります。

一般的なブラウザーはHTML内のmetaタグやレスポンスボディのバイト列も見て、総合的にエンコーディングを決定して表示しています。デコード処理でUnicodeDecodeErrorが発生する場合、このような処理を追加するのも1つの方法でしょう。

metaタグでは、次のような形でエンコーディングが明示されます。

- `<meta charset="utf-8">`
- `<meta http-equiv="Content-Type" content="text/html; charset=Shift_JIS">`

リスト2.10のようにして、metaタグのcharsetの値からエンコーディングを取得してレスポンスボディをデコードできます。なお、正規表現を処理するためのreモジュールの使い方は、後の**2.5.1**で詳しく解説します。

▼ リスト2.10　urlopen_meta.py ─ metaタグからエンコーディングを取得する

```python
import re
import sys
from urllib.request import urlopen

f = urlopen('https://gihyo.jp/dp')
bytes_content = f.read()  # bytes型のレスポンスボディを一旦変数に格納する。

# charsetはHTMLの最初のほうに書かれていると期待できるので、
# レスポンスボディの先頭1024バイトをASCII文字列としてデコードする。
# ASCII範囲外の文字はU+FFFD（REPLACEMENT CHARACTER）に置き換え、例外を発生させない。
scanned_text = bytes_content[:1024].decode('ascii', errors='replace')

# デコードした文字列から正規表現でcharsetの値を抜き出す。
match = re.search(r'charset=["\']?([\w-]+)', scanned_text)
if match:
    encoding = match.group(1)
else:
    encoding = 'utf-8'  # charsetが明示されていない場合はUTF-8とする。

print('encoding:', encoding, file=sys.stderr)  # 得られたエンコーディングを標準エラー出力に出力する。

text = bytes_content.decode(encoding)  # 得られたエンコーディングで再度デコードする。
print(text)  # レスポンスボディを標準出力に出力する。
```

　これをurlopen_meta.pyという名前のファイルに保存して実行すると、metaタグから得られたエンコーディングとデコードされたレスポンスボディが出力されます。

```
(scraping) $ python urlopen_meta.py
encoding: UTF-8
<!DOCTYPE HTML>
<html lang="ja" class="pc">
<head>
  <meta charset="UTF-8">
  <title>Gihyo Digital Publishing … 技術評論社の電子書籍</title>
  ...
```

　レスポンスボディのバイト列からエンコーディングを推定する場合は、サードパーティライブラリのchardet[11]が役に立ちます。chardetは、様々なエンコーディングでどのようなバイト列が出現しやすいかの統計情報を保持しており、与えたバイト列から推定されたエンコーディングとその確度を返します。

---

[11]　https://pypi.python.org/pypi/chardet

2.5 Webページからデータを抜き出す

ダウンロードしたWebページやRSSからスクレイピングしましょう。Pythonの標準ライブラリで、保存したファイルから書籍のタイトルやURLなどのデータを抜き出します。

本節ではスクレイピングの手法として、次の2つを取り上げます。それぞれの手法で得意とするデータが異なるので、対象のWebサイトに合わせて使い分けられるようにしましょう。

- 正規表現
- XMLパーサー

正規表現によるスクレイピングは、HTMLを単純な文字列とみなして必要な部分を抜き出します。きれいにマークアップされていないWebページでも、文字列の特徴を捉えてスクレイピングできます。Unixコマンドでのスクレイピング方法（**1.3.3**参照）と基本的には同じですが、Pythonではより強力な正規表現が使用できるので柔軟な処理が可能です。

XMLパーサーによるスクレイピングは、XMLのタグを解析（パース）して必要な部分を抜き出します。ブログやニュースサイトの更新情報を配信するRSSのように、必要な情報がXML形式で提供されている場合は、正規表現に比べて簡単かつ確実に必要とする部分を抜き出せます。

なお、XMLとHTMLは似ていますが、XMLパーサーでHTMLをパースすることはできません。HTMLは終了タグを省略できる場合があるなど、XMLに比べて緩い仕様になっているためです[*12]。また、ブラウザーは文法エラーがある壊れたHTMLでも可能な限り解釈して表示するため気づきにくいですが、Web上には壊れたHTMLも多くあります。

このためHTMLをパースするにはHTML専用のパーサーが必要です。Pythonでは標準モジュールの`html.parser`モジュールを使うと、HTMLをパースできます。しかし、このモジュールはHTMLをパースするためにクラスを定義して、タグなどに応じた処理を記述する必要があるため使いづらいです。そこで、HTMLのパースはここでは扱わず、**3.3**で強力なサードパーティライブラリを使用して行います。

2.5.1 正規表現によるスクレイピング

まずは、正規表現でスクレイピングしましょう。標準ライブラリの`re`モジュールを使います。

インタラクティブシェルを使って`re`モジュールの使い方を簡単に見ていきます[*13]。なお、正規表現

[*12] かつてはXHTMLというXMLとして有効なHTMLが使われることもありましたが、近年では利用は減っています。
[*13] 詳しい使い方はドキュメント (https://docs.python.org/3/library/re.html) を参照してください。Pythonの公式ドキュメントはPythonドキュメント翻訳プロジェクトによる日本語版も公開されています。URLの`https://docs.python.org`を`http://docs.python.jp`に置き換えると日本語版を参照できます。

第 2 章 | Pythonではじめるクローリング・スクレイピング

のパターンにはバックスラッシュが頻出するので、通常の文字列を使うとエスケープが面倒です。**raw 文字列**と呼ばれるr'...'またはr"..."という形式の文字列リテラルを使うと、バックスラッシュがエスケープ文字として解釈されないので、正規表現のパターンをすっきり書けます。

```
>>> import re  # reモジュールをインポート。

# re.search()関数で、第2引数の文字列が第1引数の正規表現にマッチするかどうかをテストする。
# マッチする場合はMatchオブジェクトが得られ、マッチしない場合はNoneが得られる。
# 次の例ではMatchオブジェクトが得られ、match='abc'でabcの部分にマッチしたことがわかる。
>>> re.search(r'a.*c', 'abc123DEF')
<_sre.SRE_Match object; span=(0, 3), match='abc'>

# 次の例では、正規表現にマッチしないのでNoneが得られる。
# この場合インタラクティブシェルでは結果が何も表示されず、すぐ次の行にプロンプト（>>>）が表示される。
>>> re.search(r'a.*d', 'abc123DEF')

# 第3引数にオプションを指定できる。
# re.IGNORECASE（またはre.I）を指定すると大文字小文字の違いが無視されるため、マッチするようになる。
# 他にも．が改行を含むすべての文字にマッチするようになる re.DOTALL（またはre.S）などがある。
>>> re.search(r'a.*d', 'abc123DEF', re.IGNORECASE)
<_sre.SRE_Match object; span=(0, 7), match='abc123D'>

# Matchオブジェクトのgroup()メソッドでマッチした値を取得できる。
# 引数に0を指定すると、正規表現全体にマッチした値が得られる。
>>> m = re.search(r'a(.*)c', 'abc123DEF')
>>> m.group(0)
'abc'

# 引数に1以上の数値を指定すると、正規表現の()で囲った部分（キャプチャ）にマッチした値を取得できる。
# 1なら1番目のキャプチャに、2なら2番目のキャプチャにマッチした値が得られる。
>>> m.group(1)
'b'

# re.findall()関数を使うと正規表現にマッチするすべての箇所を取得できる。
# 次の例では、2文字以上の単語をすべて抽出している。
# \w はUnicodeで単語の一部になりえる文字にマッチする。他にも空白文字にマッチする \s などがある。
>>> re.findall(r'\w{2,}', 'This is a pen')
['This', 'is', 'pen']

# re.sub()関数を使うと、正規表現にマッチする箇所を置換できる。
# 第3引数の文字列の中で、第1引数の正規表現にマッチする箇所（次の例では2文字以上の単語）すべてを、
# 第2引数の文字列に置換した文字列を取得する。
>>> re.sub(r'\w{2,}', 'That', 'This is a pen')
'That That a That'
```

reモジュールを使うと、**リスト2.11**のようにして正規表現でHTMLから書籍のURLとタイトルの一覧を取得できます。

2.5 Webページからデータを抜き出す

▼ リスト2.11　scrape_re.py ― 正規表現によるスクレイピング

```python
import re
from html import unescape

# 前節でダウンロードしたファイルを開き、中身を変数htmlに格納する。
with open('dp.html') as f:
    html = f.read()

# re.findall()を使って、書籍1冊に相当する部分のHTMLを取得する。
# *?は*と同様だが、なるべく短い文字列にマッチする(non-greedyである)ことを表すメタ文字。
for partial_html in re.findall(r'<a itemprop="url".*?</ul>\s*</a></li>', html, re.DOTALL):
    # 書籍のURLは itemprop="url" という属性を持つa要素のhref属性から取得する。
    url = re.search(r'<a itemprop="url" href="(.*?)">', partial_html).group(1)
    url = 'https://gihyo.jp' + url  # / で始まっているのでドメイン名などを追加する。

    # 書籍のタイトルは itemprop="name" という属性を持つp要素から取得する。
    title = re.search(r'<p itemprop="name".*?</p>', partial_html).group(0)
    title = title.replace('<br/>', ' ')  # <br/>タグをスペースに置き換える。str.replace()は文字列を置換する。
    title = re.sub(r'<.*?>', '', title)  # タグを取り除く。
    title = unescape(title)  # 文字参照を元に戻す。

    print(url, title)
```

これをscrape_re.pyという名前で保存して実行すると、書籍のURLとタイトルの一覧が表示されます。

```
(scraping) $ python scrape_re.py
https://gihyo.jp/dp/ebook/2016/978-4-7741-8140-0 今すぐ使えるかんたん　今すぐ使えるかんたん ↵
はじめてのMacBook入門
https://gihyo.jp/dp/ebook/2016/978-4-7741-8134-9 今すぐ使えるかんたん　今すぐ使えるかんたん ↵
Google Nexus完全ガイドブック　困った解決＆便利技
https://gihyo.jp/dp/ebook/2016/978-4-7741-8135-6 ゼロからはじめる　ゼロからはじめる iCloud スマートガイド
https://gihyo.jp/dp/ebook/2016/978-4-7741-8132-5 今すぐ使えるかんたん大事典 ↵
今すぐ使えるかんたん大事典 Windows 10
https://gihyo.jp/dp/ebook/2016/978-4-7741-8137-0 今すぐ使えるかんたん Ex 今すぐ使えるかんたんEx   ↵
Excel 文書作成［決定版］プロ技セレクション［Excel 2016/2013/2010 対応版］
https://gihyo.jp/dp/ebook/2016/978-4-7741-8108-0 情報処理技術者試験 ネスペの剣 25 ↵
―ネットワークスペシャリストの最も詳しい過去問解説
...
```

---

column　search()とmatch()

reモジュールにはsearch()に似た関数として、match()があります。match()は文字列の先頭で正規表現にマッチする場合のみMatchオブジェクトを返します。他言語の経験がある方はmatch()という名前のほうが馴染むかもしれませんが、Pythonでは通常search()を使います。

2.5.2 XML（RSS）のスクレイピング

XMLパーサーでRSSからスクレイピングします。

● RSSとは

ブログやニュースサイトなどのWebサイトでは、更新情報が**RSS**[*14]と呼ばれるXMLフォーマットで提供されていることがあります。RSSはXMLをもとに標準化されていて、HTMLよりも簡単かつ確実にパースできます。ニュースサイトで最新ニュースのURLとタイトルを取得したい場合など、スクレイピングしたい情報がRSSで提供されているときは利用しましょう。

近年ではソーシャルメディアの台頭などいくつかの要因から、RSSが提供されないこともありますが、まだまだ健在です。WebサイトがRSSを提供している場合、WebページからRSSへのリンクがあることが多いです。**RSS Autodiscovery**と呼ばれる規格に対応しているサイトであれば、ブラウザーの拡張機能などで図2.3のようなアイコンが表示され、RSSを提供していると判断できます[*15]。

▼図2.3　RSSのアイコン

● RSSをパースする

実際のWebサイトで提供されているRSSを見てみましょう。gihyo.jpでは、最新記事の一覧が次の3種類のフォーマットで提供されています[*16]。

- RSS 1.0
- RSS 2.0
- Atom

歴史的な経緯により、RSSは複数のフォーマットが混在しています。いずれもコンテンツは同じですが、ここでは一番シンプルなRSS 2.0を解析します[*17]。解析するRSSをダウンロードします。

```
$ wget http://gihyo.jp/feed/rss2 -O rss2.xml
```

[*14] 後述のAtomも含めて「RSS/Atomフィード」あるいは単に「フィード」と呼ぶほうが正確ですが、本書では特に区別が必要な場合を除き、「RSS/Atomフィード」を総称して「RSS」と呼びます。

[*15] この例ではGoogle Chromeの「RSS Subscription Extension (by Google)」（https://chrome.google.com/webstore/detail/rss-subscription-extensio/nlbjncdgjeocebhnmkbbbdekmmmcbfjd）を利用。

[*16] http://gihyo.jp/feed

[*17] Atomも同程度にシンプルですが、本項で使用するElementTreeモジュールは名前空間（`xmlns`属性）のついたXMLを扱うのが得意でないため、名前空間がついていないRSS 2.0を使用します。

2.5 Webページからデータを抜き出す

このファイルの中身は**リスト2.12**のようになっています。rss要素をルートとする木構造で、その中にフィードを表すchannel要素があります。channel要素の冒頭にはフィードのメタ情報を表すtitle要素やlink要素などがあり、個々の新着情報を表すitem要素が複数続いています。

▼ リスト2.12　rss2.xmlの中身

```xml
<?xml version="1.0" encoding="UTF-8" ?>
<rss version="2.0">
<channel>
 <title>gihyo.jp：総合</title>
 <link>http://gihyo.jp/</link>
 <description>gihyo.jp（総合）の更新情報をお届けします</description>
 <language>ja-jp</language>
 <copyright>技術評論社 2016</copyright>
 <lastBuildDate>Wed, 13 Jul 2016 11:22:00 +0900</lastBuildDate>
 <image>
  <url>http://gihyo.jp/assets/templates/gihyojp2007/image/header_logo_gihyo.gif</url>
  <title>gihyo.jp</title>
  <link>http://gihyo.jp/</link>
 </image>
 <item>
  <title>超高速Flash Storage Systemへの挑戦～DSSD D5の設計について，Andy Bechtolsheimへのインタビュー↵
～[後編]　――　インタビュー</title>
  <link>http://gihyo.jp/news/interview/2016/07/1301</link>
  <description>筆者は2016年の3月にDSSD社を訪問して，その開発に深く関わってきたAndy Bechtolsheim氏に↵
インタビューする機会を得て，DSSDの技術やその起業にまつわるストーリーなどを聞くことができました。↵
前後編に分けてその模様をお届けします。</description>
  <pubDate>Wed, 13 Jul 2016 10:24:00 +0900</pubDate>
  <category domain="http://gihyo.jp/news/interview">インタビュー</category>
  <guid>http://gihyo.jp/news/interview/2016/07/1301</guid>
  <author>安田豊</author>
 </item>
 ...
```

gihyo.jpのRSSをパースして、最新の記事のタイトルとURLを取得しましょう。記事のタイトルとURLは、item要素内のtitle要素とlink要素に書かれています。

Pythonの標準ライブラリにはXMLを扱うためのモジュールがいくつか含まれています[18]。xml.etree.ElementTreeが使いやすくオススメです。

リスト2.13のようにしてElementTreeモジュールを使ってRSSをパースできます。

---

[18] https://docs.python.org/3/library/xml.html

▼ リスト2.13　scrape_rss.py — ElementTreeでRSSをパースする

```python
from xml.etree import ElementTree  # ElementTreeモジュールをインポートする。

# parse()関数でファイルを読み込んでElementTreeオブジェクトを得る。
tree = ElementTree.parse('rss2.xml')
# getroot()メソッドでXMLのルート要素（この例ではrss要素）に対応するElementオブジェクトを得る。
root = tree.getroot()

# findall()メソッドでXPathにマッチする要素のリストを取得する。
# channel/item はchannel要素の子要素であるitem要素を表す。
for item in root.findall('channel/item'):
    # find()メソッドでXPathにマッチする要素を取得し、text属性で要素の文字列を取得する。
    title = item.find('title').text  # title要素の文字列を取得する。
    url = item.find('link').text     # link要素の文字列を取得する。
    print(url, title)  # URLとタイトルを表示する。
```

findall()メソッドやfind()メソッドでは、引数としてXPathのサブセットを指定します。**XPath**はXMLの特定の要素を指定するための言語です（詳しくは**3.3.1**で解説）。リスト2.13を保存して実行すると、URLとタイトルが表示されます。

```
(scraping) $ python scrape_rss.py
http://gihyo.jp/news/interview/2016/07/1301 超高速Flash Storage Systemへの挑戦 ↵
――DSSD D5の設計について，Andy Bechtolsheimへのインタビュー～ [後編] ―― インタビュー
http://gihyo.jp/admin/serial/01/ubuntu-recipe/0429 第429回　ウイルススキャンの結果を通知する ↵
―― Ubuntu Weekly Recipe
...
```

ElementTreeでXMLを手軽にパースできますが、RSS 1.0や2.0、Atomなどのフィードの種類ごとに内部構造を確認してデータを抜き出す必要があります。**3.4**では、サードパーティライブラリのfeedparserで、RSSの種別を意識せずにデータを抜き出す方法を解説します。

2.6　データを保存する

　これまでは取得したデータを見るだけでしたが、ファイルなどに保存しておくとデータを活用しやすくなります。まず手軽な方法として、テキストファイルのCSV形式とJSON形式で保存する方法を解説します。あるデータが別のデータを参照しているような複雑なデータを管理するには、リレーショナルデータベースのほうが扱いやすい場合もあります。標準ライブラリで利用できるリレーショナルデータベースとして、SQLite 3に保存する方法を解説します。

　3.5では、サードパーティライブラリでMySQLやMongoDBに保存する方法を解説します。

2.6.1 CSV形式での保存

CSV (Comma-Separated Values) は1レコードを1行で表し、各行の値をカンマで区切ったテキストフォーマットです[*19]。行と列で構成される2次元のデータを保存するのに向いています。シンプルにCSV形式で保存する方法として、リスト2.14のようにstr.join()メソッドでカンマ区切りの文字列を出力する方法があります。

▼ リスト2.14　save_csv_join.py — シンプルにCSV形式で保存する

```python
print('rank,city,population')  # 1行目のヘッダーを書き出す。

# 2行目以降を書き出す。join()メソッドの引数に渡すlistの要素はstrでなければならないことに注意。
print(','.join(['1', '上海', '24150000']))
print(','.join(['2', 'カラチ', '23500000']))
print(','.join(['3', '北京', '21516000']))
print(','.join(['4', '天津', '14722100']))
print(','.join(['5', 'イスタンブル', '14160467']))
```

これを実行すると、CSV形式で出力されます。

```
(scraping) $ python save_csv_join.py
rank,city,population
1,上海,24150000
2,カラチ,23500000
3,北京,21516000
4,天津,14722100
5,イスタンブル,14160467
```

標準出力をファイルにリダイレクトすることでファイルに保存できます。

```
(scraping) $ python save_csv_join.py > top_cities.csv
```

簡易的な出力としてはこれで十分ですが、値にカンマが含まれていると列がずれてしまいます。値にカンマが含まれる場合は、値の区切り文字としてタブ文字を使う **TSV (Tab-Separated Values)** 形式のほうが扱いやすいこともあります。区切り文字をカンマ','からタブ文字'\t'に変えるとTSV形式で保存できます。

[*19] カンマ区切りだけでなく、後述のTSVにおけるタブ文字のように、特定の文字で区切られたテキストフォーマットを総称してCSV (Character-Separated Values) と呼ぶ場合もあります。本書ではCSVはカンマ区切りのフォーマットを指します。

● csvモジュールによるCSV形式での保存

Microsoft ExcelなどのCSV形式をサポートしている多くのソフトウェアでは、適切にエスケープ[20]されていれば、値にカンマや改行を含むCSVファイルを読み込むことができます。正しくエスケープするのは意外と大変ですが、csvモジュールを使うと特に意識せずにエスケープできます。

csv.writerを使うと**リスト2.15**のように簡単にCSV形式で出力できます。1行を出力するwriterow()メソッドは、引数としてlistやtupleなどの反復可能なオブジェクトを取ります。

注意が必要な点として、改行コードがあります。csv.writerはデフォルトでExcel互換の形式で出力し、Unix系のOSにおいてもファイルの改行コードとしてCRLFを使います。しかし、Unix系のOSにおいてopen()関数で普通にファイルを開くと、出力時に改行コードLFに自動変換されてしまいます。改行コードの自動変換を抑制するには、open()関数でファイルを開く際にnewline=''と指定する必要があります。

▼ リスト2.15　save_csv.py ― リストのリストをCSV形式で保存する

```python
import csv

# ファイルを書き込み用に開く。newline=''として改行コードの自動変換を抑制する。
with open('top_cities.csv', 'w', newline='') as f:
    writer = csv.writer(f)  # csv.writerはファイルオブジェクトを引数に指定する。
    writer.writerow(['rank', 'city', 'population'])  # 1行目のヘッダーを出力する。
    # writerows()で複数の行を一度に出力する。引数はリストのリスト。
    writer.writerows([
        [1, '上海', 24150000],
        [2, 'カラチ', 23500000],
        [3, '北京', 21516000],
        [4, '天津', 14722100],
        [5, 'イスタンブル', 14160467],
    ])
```

```
(scraping) $ python save_csv.py
```

これを実行するとtop_cities.csvに保存されます。1行に相当する要素が辞書の場合は、**リスト2.16**のようにcsv.DictWriterを使います。

---

[20] 明確な仕様はありませんが、一般的に値にカンマ・改行・ダブルクオートが含まれる場合は値をダブルクオートで囲い、値内のダブルクオートは2つ重ねてエスケープします。

▼ リスト2.16　save_csv_dict.py ─ 辞書のリストをCSV形式で保存する

```
import csv

with open('top_cities.csv', 'w', newline='') as f:
    # 第1引数にファイルオブジェクトを、第2引数にフィールド名のリストを指定する。
    writer = csv.DictWriter(f, ['rank', 'city', 'population'])
    writer.writeheader()   # 1行目のヘッダーを出力する。
    # writerows()で複数の行を一度に出力する。引数は辞書のリスト。
    writer.writerows([
        {'rank': 1, 'city': '上海', 'population': 24150000},
        {'rank': 2, 'city': 'カラチ', 'population': 23500000},
        {'rank': 3, 'city': '北京', 'population': 21516000},
        {'rank': 4, 'city': '天津', 'population': 14722100},
        {'rank': 5, 'city': 'イスタンブル', 'population': 14160467},
    ])
```

● CSV/TSVファイルのエンコーディング

　Pythonのopen()関数でファイルを開いて保存する際、一般的なUnix系OSのデフォルトエンコーディングはUTF-8です[21]。UTF-8でエンコードされたCSV/TSVファイルをExcelでそのまま開くと文字化けすることがあるので注意が必要です。

　日本語を含むCSV/TSVファイルのエンコーディングの候補とその特徴を表2.4に示しました。完璧と言える方法はないので、目的に合った方法を選んでください。ファイル出力時のエンコーディングを変更するには、次のようにopen()関数のencoding引数でエンコーディングを指定します。

```
with open('top_cities.csv', 'w', newline='', encoding='utf-8-sig') as f:
```

　なおCP932とは、（狭義の）Shift_JISに拡張文字を追加した文字コードです。CP932のほうがShift_JISより多くの文字を扱えます。Windows環境でShift_JISと呼ばれる文字コード（広義のShift_JIS）の実体はCP932なので、Shift_JISを扱う際には常にCP932を指定するほうがUnicode関連のエラーに遭遇する可能性が低くなるためオススメです。

▼ 表2.4　ExcelにおけるCSV/TSVファイルのエンコーディング比較

エンコーディング	encodingの値	特徴
UTF-8	'utf-8'	Unicodeの文字を使用できるがExcelでは文字化けする。
UTF-8（BOM付き）	'utf-8-sig'	Unicodeの文字を使用できるがMac版Excelでは文字化けする。
UTF-16	'utf-16'	Unicodeの文字を使用できるがカンマで区切られたCSVファイルをExcelで開いたときに列が正しく分割されない。
Shift_JIS（CP932）	'cp932'	Excelで文字化けしないが使用可能な文字が限られる。

---

[21]　デフォルトのエンコーディングは環境によって異なり、locale.getpreferredencoding()関数で得られる値です。

2.6.2 JSON形式での保存

JSON (JavaScript Object Notation) は、JavaScriptのオブジェクトに由来する表記方法を使うテキストフォーマットです。CSVはシンプルな2次元のデータ構造しか表せませんが、JSONでは`list`や`dict`を組み合わせた複雑なデータ構造を手軽に扱えます。JSONには明確な仕様が存在するため、実装による細かな違いに悩むこともありません。

● PythonからJSON形式で保存する

PythonでJSON形式を扱うには`json`モジュールを使います。**リスト2.17**のように`json.dumps()`関数で、`list`や`dict`などのオブジェクトをJSON形式の文字列に変換できます。

▼ リスト2.17　save_json.py ― JSON形式の文字列に変換する

```
import json

cities = [
    {'rank': 1, 'city': '上海', 'population': 24150000},
    {'rank': 2, 'city': 'カラチ', 'population': 23500000},
    {'rank': 3, 'city': '北京', 'population': 21516000},
    {'rank': 4, 'city': '天津', 'population': 14722100},
    {'rank': 5, 'city': 'イスタンブル', 'population': 14160467},
]

print(json.dumps(cities))
```

これを`save_json.py`という名前で保存して実行すると、JSON形式の文字列が出力されます。

```
(scraping) $ python save_json.py
[{"rank": 1, "population": 24150000, "city": "\u4e0a\u6d77"}, {"rank": 2, "population": 23500000,
"city": "\u30ab\u30e9\u30c1"}, {"rank": 3, "population": 21516000, "city": "\u5317\u4eac"},
{"rank": 4, "population": 14722100, "city": "\u5929\u6d25"}, {"rank": 5, "population": 14160467,
"city": "\u30a4\u30b9\u30bf\u30f3\u30d6\u30eb"}]
```

デフォルトでは1行で出力されますが、`json.dumps()`関数に引数を追加すると、人間にとって読みやすい形式で出力できます。`ensure_ascii=False`とすると、ASCII以外の文字を`\uxxxx`という形式でエスケープせずにそのまま出力します。`indent=2`とすると、適宜改行が挿入されて2つの空白でインデントされます。**リスト2.17**の最後をこのように書き換えて実行すると、整形されたJSON形式の文字列が出力されます。

```
print(json.dumps(cities, ensure_ascii=False, indent=2))
```

```
(scraping) $ python save_json.py
[
  {
    "city": "上海",
    "rank": 1,
    "population": 24150000
  },
  {
    "city": "カラチ",
    "rank": 2,
    "population": 23500000
  },
  ...
]
```

　JSON形式の文字列を出力するのではなく、直接ファイルに保存するには、json.dump()関数を使います。json.dump()関数の第2引数にファイルオブジェクトを指定すると、そのファイルオブジェクトに書き込めます。

```
with open('top_cities.json', 'w') as f:
    json.dump(cities, f)
```

2.6.3　データベース (SQLite 3) への保存

　SQLite 3（以降SQLite）はファイルベースのシンプルなリレーショナルデータベースです。SQL文を使ってデータを読み書きします。

　SQLiteは様々なプログラムに組み込まれることを想定して作られており、Pythonにも sqlite3 モジュールが付属しています。リスト2.18のようにして、データベースにデータを保存できます。なお、'''〜'''（"""〜"""でも良い）で囲われた部分は複数行文字列リテラルで、改行も含めて1つの文字列と解釈されます。

▼ リスト2.18　save_sqlite3.py — SQLite 3への保存

```
import sqlite3

conn = sqlite3.connect('top_cities.db')  # top_cities.dbファイルを開き、コネクションを取得する。

c = conn.cursor()  # カーソルを取得する。
# execute()メソッドでSQL文を実行する。
# このスクリプトを何回実行しても同じ結果になるようにするため、citiesテーブルが存在する場合は削除する。
c.execute('DROP TABLE IF EXISTS cities')
# citiesテーブルを作成する。
c.execute('''
```

```
        CREATE TABLE cities (
            rank integer,
            city text,
            population integer
        )
''')

# execute()メソッドの第2引数にはSQL文のパラメーターのリストを指定できる。
# パラメーターで置き換える場所（プレースホルダー）は?で指定する。
c.execute('INSERT INTO cities VALUES (?, ?, ?)', (1, '上海', 24150000))

# パラメーターが辞書の場合、プレースホルダーは :キー名 で指定する。
c.execute('INSERT INTO cities VALUES (:rank, :city, :population)',
          {'rank': 2, 'city': 'カラチ', 'population': 23500000})

# executemany()メソッドでは、複数のパラメーターをリストで指定できる。
# パラメーターの数（ここでは3つ）のSQLを順に実行できる。
c.executemany('INSERT INTO cities VALUES (:rank, :city, :population)', [
    {'rank': 3, 'city': '北京', 'population': 21516000},
    {'rank': 4, 'city': '天津', 'population': 14722100},
    {'rank': 5, 'city': 'イスタンブル', 'population': 14160467},
])

conn.commit()  # 変更をコミット（保存）する。

c.execute('SELECT * FROM cities')  # 保存したデータを取得するSELECT文を実行する。
for row in c.fetchall():  # クエリの結果はfetchall()メソッドで取得できる。
    print(row)  # 保存したデータを表示する。

conn.close()  # コネクションを閉じる。
```

これをsave_sqlite3.pyという名前で保存して実行すると、保存したデータが表示されます。データはtop_cities.dbという名前のデータベースファイルに保存されます。

```
(scraping) $ python save_sqlite3.py
(1, '上海', 24150000)
(2, 'カラチ', 23500000)
(3, '北京', 21516000)
(4, '天津', 14722100)
(5, 'イスタンブル', 14160467)
```

sqlite3コマンド*22が使える場合は、保存したデータを確認できます。

---

*22　OS Xではデフォルトでインストールされています。Ubuntuではsudo apt-get install -y sqlite3でインストールできます。

```
(scraping) $ sqlite3 top_cities.db 'SELECT * FROM cities'
1|上海|24150000
2|カラチ|23500000
3|北京|21516000
4|天津|14722100
5|イスタンブル|14160467
```

　SQLiteは手軽に使えるリレーショナルデータベースですが、ファイルの書き込みに時間がかかるという弱点があります。上記のサンプルのような少量のデータでは全く問題にはなりませんが、クロールして取得した大量のデータを断続的に書き込むと、ファイルへの書き込みがボトルネックになりえます。あるプログラムがファイルに書き込んでいる間は、他のプログラムからは同じファイルに書き込めないようロックされるため、複数プログラムからの同時書き込みにも向いていません。

　この問題への対処法として、クライアント／サーバー型のリレーショナルデータベースであるMySQLやNoSQLのMongoDB（3.5で解説）が使えます。

2.7　Pythonによるスクレイピングの流れ

　ここまでの3つの節で解説した処理をつなげてみましょう。リスト2.19のようにするとWebページの取得、スクレイピング、データの保存をまとめて行えます。3つの処理を3つの関数に分けて、`main()`関数から順に呼び出しています。

- `fetch(url)`
  引数`url`で与えられたURLのWebページを取得する。
- `scrape(html)`
  引数`html`で与えられたHTMLから正規表現で書籍の情報を抜き出す。
- `save(db_path, books)`
  引数`books`で与えられた書籍のリストをSQLiteデータベースに保存する。

　なお、def文の下に複数行文字列リテラル（`"""`〜`"""`）を使って関数の説明を書いているのは、docstringと呼ばれるものです。関数の先頭に文字列を配置しても実行時にはなにも副作用がないので、他言語での複数行コメントに似た使い方ができます。関数だけでなく、モジュールやクラスにもdocstringを書くことができ、doctestと呼ばれる簡単なユニットテストを記述することもできます。

▼ リスト2.19　python_scraper.py — Pythonによるスクレイピング

```python
import re
import sqlite3
from urllib.request import urlopen
from html import unescape


def main():
    """
    メインの処理。fetch(), scrape(), save()の3つの関数を呼び出す。
    """

    html = fetch('https://gihyo.jp/dp')
    books = scrape(html)
    save('books.db', books)


def fetch(url):
    """
    引数urlで与えられたURLのWebページを取得する。
    Webページのエンコーディングはcontent-Typeヘッダーから取得する。
    戻り値：str型のHTML
    """

    f = urlopen(url)
    # HTTPヘッダーからエンコーディングを取得する（明示されていない場合はutf-8とする）。
    encoding = f.info().get_content_charset(failobj="utf-8")
    html = f.read().decode(encoding)  # 得られたエンコーディングを指定して文字列にデコードする。

    return html


def scrape(html):
    """
    引数htmlで与えられたHTMLから正規表現で書籍の情報を抜き出す。
    戻り値：書籍（dict）のリスト
    """

    books = []
    for partial_html in re.findall(r'<a itemprop="url".*?</ul>\s*</a></li>', html, re.DOTALL):
        # 書籍のURLは itemprop="url" という属性を持つa要素のhref属性から取得する。
        url = re.search(r'<a itemprop="url" href="(.*?)">', partial_html).group(1)
        url = 'https://gihyo.jp' + url  # / で始まっているのでドメイン名などを追加する。

        # 書籍のタイトルは itemprop="name" という属性を持つp要素から取得する。
        title = re.search(r'<p itemprop="name".*?</p>', partial_html).group(0)
        title = re.sub(r'<.*?>', '', title)  # タグを取り除く。
        title = unescape(title)  # 文字参照を元に戻す。

        books.append({'url': url, 'title': title})
```

```python
    return books


def save(db_path, books):
    """
    引数booksで与えられた書籍のリストをSQLiteデータベースに保存する。
    データベースのパスは引数db_pathで与えられる。
    戻り値：なし
    """

    conn = sqlite3.connect(db_path)  # データベースを開き、コネクションを取得する。

    c = conn.cursor()  # カーソルを取得する。
    # execute()メソッドでSQL文を実行する。
    # このスクリプトを何回実行しても同じ結果になるようにするため、booksテーブルが存在する場合は削除する。
    c.execute('DROP TABLE IF EXISTS books')
    # booksテーブルを作成する。
    c.execute('''
        CREATE TABLE books (
            title text,
            url text
        )
    ''')

    # executemany()メソッドでは、複数のパラメーターをリストで指定できる。
    c.executemany('INSERT INTO books VALUES (:title, :url)', books)

    conn.commit()  # 変更をコミット（保存）する。
    conn.close()   # コネクションを閉じる。

# pythonコマンドで実行された場合にmain()関数を呼び出す。これはモジュールとして他のファイルから
# インポートされたときに、main()関数が実行されないようにするための、Pythonにおける一般的なイディオム。
if __name__ == '__main__':
    main()
```

いかがでしょう。今までの処理を関数の引数と戻り値でつなげることで、スクレイピングできていることがわかるかと思います。python_scraper.pyという名前で保存して実行すると、books.dbという名前のデータベースに保存されます。

```
(scraping) $ python python_scraper.py
```

sqlite3コマンドで実行結果を確認できます。

```
(scraping) $ sqlite3 books.db 'SELECT * FROM books'
今すぐ使えるかんたん 今すぐ使えるかんたんはじめてのMacBook入門|http://gihyo.jp/dp/ebook/ ↵
2016/978-4-7741-8140-0
今すぐ使えるかんたん 今すぐ使えるかんたんGoogle Nexus完全ガイドブック　困った解決&便利技| ↵
http://gihyo.jp/dp/ebook/2016/978-4-7741-8134-9
ゼロからはじめる ゼロからはじめるiCloud スマートガイド|http://gihyo.jp/dp/ebook/2016/978-4-7741-8135-6
今すぐ使えるかんたん大事典 今すぐ使えるかんたん大事典Windows 10|http://gihyo.jp/dp/ebook/ ↵
2016/978-4-7741-8132-5
...
```

2.8　まとめ

　Pythonを使ってWebページを取得し、そこからデータを抜き出して、ファイルやデータベースに保存しました。標準ライブラリだけで簡単にスクレイピングできることがわかってもらえたでしょうか。

　しかし、Pythonを使ってもWebページからデータを抜き出す作業は手間がかかります。正規表現を使った方法では、複雑な正規表現を駆使する必要があります。RSSのスクレイピングで使用したXPathは便利ですが、標準ライブラリではXMLのみでしか使えず、機能も制限されています。

　次章で紹介するサードパーティライブラリを使うと、HTMLからXPathでデータを抜き出せるなど、より簡単にクローリング・スクレイピングできるようになります。また、標準ライブラリでは対応していないMySQLやMongoDBなどのデータベースも利用できます。

　強力なライブラリで、より簡単で実用的なクローリング・スクレイピングに取り組んでいきましょう。

第 3 章

Python Crawling & Scraping

強力なライブラリの活用

第3章 強力なライブラリの活用

サードパーティライブラリを活用して、これまでよりも簡単にクローリング・スクレイピングを行います。サードパーティライブラリは、標準ライブラリとは別に世界中のユーザーが公開しているライブラリを指します。Webページの取得、Webページからのデータの抽出、データの保存という一連の流れの中で、それぞれの処理を効率的に行うためのライブラリを紹介します。複雑な処理が必要な操作も、これらのライブラリならすぐに実現できます。

3.1 ライブラリのインストール

まずはライブラリをインストールします。Pythonには**PyPI (Python Package Index)** [1]と呼ばれるパッケージリポジトリがあり、誰でもライブラリを公開、入手できます。

3.1.1 pipによるインストール

PyPIで公開されているライブラリのインストールには**pip**[2]というツールを使用します。仮想環境内ではpipが既定で有効になっていて、すぐに利用できます。次のコマンドで仮想環境内にライブラリをインストールします。

```
(scraping) $ pip install ライブラリ名
```

バージョンを指定してインストールすることも可能です。様々な指定方法があるので、詳しくはpipのドキュメント[3]を参照してください。

```
(scraping) $ pip install ライブラリ名==1.0
```

pipでは同じライブラリの複数のバージョンを共存させることはできません。複数のバージョンを使

---

[1] https://pypi.python.org/pypi　RubyにおけるRubyGems (https://rubygems.org/) やNode.jsにおけるnpm (https://www.npmjs.com/) に相当します。

[2] 以前はeasy_installというツールが広く使われていましたが、ライブラリのアンインストールができないなどの弱点があったため、現在ではpipが取って代わっています。

[3] https://pip.pypa.io/en/stable/

いたいときは、仮想環境を分けてそれぞれに別のバージョンをインストールします（**2.2.3**参照）。

次のコマンドで、仮想環境内にインストールされている全ライブラリのバージョンを確認できます。

```
(scraping) $ pip freeze
requests==2.7.0
```

3.2　Webページを簡単に取得する

標準ライブラリのurllib（**2.4**参照）に比べて、**Requests**[*4]を使うと簡単にWebページを取得できます。Requestsは「人間のためのHTTP（HTTP for Humans）」というキャッチフレーズを持つ、使い心地の良いライブラリです。

urllibは基本的なGETやPOSTのリクエストのみであれば簡単に使えますが、HTTPヘッダーの追加やBasic認証などの少し凝ったことをしようとすると面倒な処理が必要になります。Requestsにはこのようなケースでも簡単に使えるインターフェイスが用意されています。他にも、文字コードや圧縮などを自動的に処理してくれるため、低いレイヤーを意識せずに使えます。

次のようにRequestsをインストールします。

```
(scraping) $ pip install requests
```

インストールできたらインタラクティブシェルで動作を試しましょう。

```
>>> import requests   # ライブラリをインポートして利用可能にする。
>>> r = requests.get('https://gihyo.jp/dp')   # get()関数でWebページを取得できる。
>>> type(r)   # get()関数の戻り値はResponse型。
<class 'requests.models.Response'>
>>> r.status_code   # status_code属性でHTTPステータスコードを取得できる。
200
>>> r.headers['content-type']   # headers属性でHTTPヘッダーの辞書を取得できる。
'text/html; charset=UTF-8'
>>> r.encoding   # encoding属性でHTTPヘッダーから得られたエンコーディングを取得できる。
'UTF-8'
>>> r.text   # text属性でstr型にデコードしたレスポンスボディを取得できる。
'<!DOCTYPE HTML>\n<html lang="ja" class="pc">\n<head>\n    <meta charset="UTF-8">\n    <title>
Gihyo Digital Publishing … 技術評論社の電子書籍</title>\n...
>>> r.content   # content属性でbytes型のレスポンスボディを取得できる。
b'<!DOCTYPE HTML>\n<html lang="ja" class="pc">\n<head>\n    <meta charset="UTF-8">\n    <title>
Gihyo Digital Publishing \xe2\x80\xa6 \xe6\x8a\x80\xe8\xa1\x93\xe8\xa9\x95\xe8\xab\x96\xe7\xa4\
xbe\xe3\x81\xae\xe9\x9b\xbb\xe5\xad\x90\xe6\x9b\xb8\xe7\xb1\x8d</title>\n...
```

[*4]　http://docs.python-requests.org/en/latest/　本書ではバージョン2.7.0を使用します。

Responseオブジェクトのtext属性で、Unicode文字列を簡単に得られることがわかるでしょう。HTTPヘッダーからレスポンスボディのエンコーディング[*5]を取得して、str型にデコードしてくれます。レスポンスボディがgzip形式やDeflate形式で圧縮されている場合でも、自動的に解凍されるため、圧縮をほとんど気にしなくても良くなります。

Responseオブジェクトにはjson()メソッドがあり、JSON形式のレスポンスを簡単にデコードしてdictやlistを取得できます。

```
# Livedoorお天気Webサービスで東京の天気をJSON形式で取得する。
>>> r = requests.get('http://weather.livedoor.com/forecast/webservice/json/v1?city=130010')
>>> r.json()
{'forecasts': [{'image': {'height': 31, 'title': '曇り', 'url': 'http://weather.livedoor.com/img/icon/8.gif', 'width': 50}, 'temperature': {'min': None, 'max': {'fahrenheit': '82.4', 'celsius': '28'}}, ...
```

ここまでの例で使用したget()関数はHTTPメソッドのGETに対応します。他にも、post()、put()、delete()、head()、options()関数が存在し、それぞれHTTPメソッドのPOST、PUT、DELETE、HEAD、OPTIONSに対応します。

```
# POSTメソッドで送信。キーワード引数dataにdictを指定するとHTMLフォーム形式で送信される。
>>> r = requests.post('http://httpbin.org/post', data={'key1': 'value1'})
```

他にもHTTPヘッダーの追加やBasic認証など、様々な指定が可能です。

```
# リクエストに追加するHTTPヘッダーをキーワード引数headersにdictで指定する。
>>> r = requests.get('http://httpbin.org/get',
...                  headers={'user-agent': 'my-crawler/1.0 (+foo@example.com)'})
# Basic認証のユーザー名とパスワードの組をキーワード引数authで指定する。
>>> r = requests.get('https://api.github.com/user',
...                  auth=('<GitHubのユーザーID>', '<GitHubのパスワード>'))
# URLのパラメーターはキーワード引数paramsで指定することも可能。
>>> r = requests.get('http://httpbin.org/get', params={'key1': 'value1'})
```

複数のページを連続してクロールする場合は、Sessionオブジェクトを使うのが効果的です。Sessionオブジェクトを使うと、HTTPヘッダーやBasic認証などの設定を複数のリクエストで使い回せます。Cookie（4.1.1で解説）も自動的に引き継がれます。

さらに、Sessionオブジェクトを使って同じWebサイトに複数のリクエストを送るときには、HTTP Keep-Aliveと呼ばれる接続方式が使われます。一度確立したTCPコネクションを複数のリクエストで使い回すので、オーバーヘッドとなるTCPコネクションの確立処理を省略でき、パフォーマンス向上

[*5] 本書の執筆時点では、RequestsはHTMLのmetaタグなど、特定の種類のコンテンツに依存したエンコーディングを参照しません。encoding属性で得られるエンコーディングが間違っている場合は、r.encoding = 'cp932'のように上書きすると、text属性の取得時にそのエンコーディングでデコードされます。

が期待できます。特に`https://`で始まるURLにリクエストを送る場合、TCPコネクション確立時に行われる暗号化のためのTLS/SSLハンドシェイクはサーバーにとって負荷のかかる処理です。HTTP Keep-Aliveを使うことで、サーバー側の負荷も軽減できます。

```
>>> s = requests.Session()
# HTTPヘッダーを複数のリクエストで使い回す。
>>> s.headers.update({'user-agent': 'my-crawler/1.0 (+foo@example.com)'})
# Sessionオブジェクトにはget(), post()などのメソッドがあり、requests.get(), requests.post()などと同様に使える。
>>> r = s.get('https://gihyo.jp/')
>>> r = s.get('https://gihyo.jp/dp')
```

このように、RequestsではWebページの取得時に困りがちなところがカバーされています。

3.3 HTMLのスクレイピング

HTMLから簡単にスクレイピングするために広く使われているライブラリを紹介します。本節で紹介するライブラリでは、HTMLから抜き出す要素の指定にXPathやCSSセレクターを使えます。このため、最初にXPathとCSSセレクターについて解説します。

その後具体的なライブラリとしてlxmlとBeautiful Soupの使い方を紹介し、コラムでpyqueryについて解説します。

lxmlは、C言語で書かれたXML処理の著名なライブラリであるlibxml2とlibxsltのPythonバインディングです。libxml2とlibxsltはC言語で書かれているため、高速に動作します。単にC言語のライブラリをラップしただけでなく、Pythonとして使いやすいAPIを実装しているのが特徴です。一方、非常に多機能なので、初めて使うには戸惑うかもしれません。

Beautiful SoupはシンプルかつわかりやすいAPIでデータを抜き出せるのが特徴で、古くから人気のあるライブラリです。内部のパーサーを目的に応じて切り替えられます。

pyqueryは、JavaScriptライブラリのjQueryと同じようなインターフェイスでスクレイピングできるのが特徴です。jQueryの$関数にCSSセレクターを指定するのと同じように使えるので、jQueryを使ったことがある方には馴染みやすいでしょう。pyqueryは内部でlxmlを使用しています。

スクレイピングを行うためのライブラリは数多くの中から自由に選択できますが、最初に1つだけ使い方を覚えるのであれば、lxmlの使い方を学ぶことをオススメします。スクレイピングは比較的重い処理なので、高速に処理しようとすると必然的にC言語拡張であるlxmlを使うことになります。Beautiful Soupやpyqueryなどのlxmlを内部的に使用できるライブラリでもlxmlの高速さは享受できますが、問題が生じたときにlxmlの知識が必要になるので、覚えておいて損はありません。

3.3.1 XPathとCSSセレクター

XPathとCSSセレクターの使い方を解説します。スクレイピングに用いるライブラリではこのいずれか、あるいは両方を使えることが多いです。

XPath (XML Path Language) は、2.5.2でも紹介しましたが、XMLの特定の要素を指定するための言語です。例えば、//body/h1という表記で、body要素の直接の子であるh1要素を指定できます。

CSSセレクターは、CSSで装飾する要素を指定するための表記方法です。例えば、body > h1という表記で、body要素の直接の子であるh1要素を指定できます。CSSを書いたりjQueryを使ったりしたことがある方には馴染みやすい方法でしょう。

● XPathとCSSセレクターの比較

XPathとCSSセレクターを比較すると、XPathのほうが多機能で細かな条件を指定できます。しかし、多くの場合CSSセレクターのほうが簡潔に書けるので、どちらかだけを学習するのであればCSSセレクターのほうがオススメです。特にHTMLからのスクレイピングではclass属性による指定をよく使いますが、これが短く書けるのも大きなメリットです。CSSセレクターでざっくりと抜き出してからPythonで細かな処理を行うこともできるため、CSSセレクターの表現力が問題になることは少ないでしょう。

表3.1で同じ要素を抜き出す場合のXPathとCSSセレクターの書き方を比較しています。

▼ 表3.1　XPathとCSSセレクターの書き方の比較

探したい要素	XPath	CSSセレクター
title要素	`//title`	`title`
body要素の子孫であるh1要素	`//body//h1`	`body h1`
body要素の直接の子であるh1要素	`//body/h1`	`body > h1`
body要素の任意の子要素	`//body/*`	`body > *`
id属性が"main"と等しい要素	`id("main")` または `//*[@id="main"]`	`#main`
class属性として"active"を含むli要素	`//li[@class and contains(concat(' ', normalize-space(@class), ' '), ' active ')]`	`li.active`
type属性が"text"と等しいinput要素	`//input[@type="text"]`	`input[type="text"]`
href属性が"http://"で始まるa要素	`//a[starts-with(@href, "http://")]`	`a[href^="http://"]`
src属性が".jpg"で終わるimg要素	`//img[ends-with(@src, ".jpg")]` ※XPath 2.0以降で使用可能	`img[src$=".jpg"]`
要素の子孫に"概要"というテキストを含むh2要素	`//h2[contains(.,"概要")]`	`h2:contains("概要")` ※cssselectの独自実装でCSSセレクターの仕様には含まれない
直下のテキストが"概要"というテキストであるh2要素	`//h2[text()="概要"]`	※CSSセレクターでは表現できない

各ライブラリでのXPathとCSSセレクターのサポート状況を表3.2にまとめました。lxml（とlxmlを内部的に使用しているpyquery）では、cssselectパッケージによってCSSセレクターをXPathに変換して実行します。

3.3 HTMLのスクレイピング

▼ 表3.2 ライブラリのXPathとCSSセレクターのサポート状況

ライブラリ	種類	XPath	CSSセレクター
ElementTree	標準ライブラリ	△ (XPath 1.0のサブセット)	×
lxml + cssselect	サードパーティ	○ (XPath 1.0)	○ (CSS3セレクター)
Beautiful Soup	サードパーティ	×	△ (CSS3セレクターのサブセット)
pyquery	サードパーティ	×	○ (CSS3セレクター)

● 開発者ツールの活用

モダンなブラウザーでは開発者向けのツールを使って、画面に表示されている要素のXPathやCSSセレクターを取得できます。例えば、Google Chromeでは取得したい要素を右クリックし、コンテキストメニューから「検証」を選択すると開発者ツールが表示されます。要素が選択された状態になるので、右クリックすると図3.1のようにコンテキストメニューが表示されます。「Copy」→「Copy XPath」を選択するとXPathが、「Copy selector」を選択するとCSSセレクターが、それぞれクリップボードにコピーされます。

▼ 図3.1 Google Chromeの開発者ツールでXPathとCSSセレクターを取得する

技術評論社の電子書籍のページ（この例はhttps://gihyo.jp/dp/ebook/2015/978-4-7741-7362-7）に表示されている書籍の表紙画像を対象に実行したところ、次のXPathとCSSセレクターが取得できました。

- XPath ： `//*[@id="bookCover"]/img`
- CSSセレクター： `#bookCover > img`

3.3.2 lxmlによるスクレイピング

lxml[*6]を使ってHTMLからデータを抜き出します。lxmlにはいくつかのAPIが存在しますが、HTML

[*6] http://lxml.de/　本書ではバージョン3.4.2を使用します。

第 3 章　強力なライブラリの活用

のパースには lxml.html を使います。

- lxml.etree:　　ElementTree（**2.5.2** 参照）を拡張した API を持つ XML パーサー
- lxml.html:　　lxml.etree をベースとして壊れた HTML も扱える HTML パーサー
- lxml.objectify: ツリーをオブジェクトの階層として扱う XML パーサー
- lxml.sax:　　　SAX 形式の XML パーサー

lxml は libxml2 と libxslt を使った C 拡張ライブラリです。執筆時点では OS X/Linux 向けのバイナリパッケージが提供されていないため、インストール時に C 拡張モジュールのコンパイルが必要です。C 拡張モジュールをコンパイルするためには、libxml2 と libxslt、そのほかの開発用パッケージをインストールしておく必要があります。

開発用パッケージをインストールします[7]。

```
$ brew install libxml2 libxslt # OS Xの場合
```

```
$ sudo apt-get install -y libxml2-dev libxslt-dev libpython3-dev zlib1g-dev # Ubuntuの場合
```

lxml をインストールします。

```
(scraping) $ pip install lxml
```

CSS セレクターの利用に必要なので、cssselect[8] もインストールしておきます。

```
(scraping) $ pip install cssselect
```

インストールできたら、インタラクティブシェルで lxml の使い方を確認します。本節の以降のサンプルでは、次のコマンドでダウンロードした index.html がカレントディレクトリにあることを前提にしています。

```
$ wget https://gihyo.jp/
```

インタラクティブシェルを起動して、lxml を使ってみましょう。

---

[7] Ubuntu では具体的なパッケージ名を指定してインストールする代わりに、`apt-get build-dep` コマンドでインストールすることも可能です。ここでは、`sudo apt-get build-dep -y python3-lxml` で python3-lxml のビルドに必要なパッケージをすべて取得できます。

[8] https://pypi.python.org/pypi/cssselect　　本書ではバージョン 0.9.1 を使用します。

3.3 HTMLのスクレイピング

```
>>> import lxml.html
>>> tree = lxml.html.parse('index.html')  # parse()関数でファイルパスを指定してパースできる。
# parse()関数にURLを指定することも可能だが、取得時の細かい設定ができないのであまりオススメしない。
>>> tree = lxml.html.parse('http://example.com/')
# ファイルオブジェクトを指定してパースすることも可能。
>>> from urllib.request import urlopen
>>> tree = lxml.html.parse(urlopen('http://example.com/'))
>>> type(tree)  # パースすると_ElementTreeオブジェクトが得られる。
<class 'lxml.etree._ElementTree'>
>>> html = tree.getroot()  # getroot()メソッドでhtml要素に対応するHtmlElementオブジェクトが得られる。
>>> type(html)
<class 'lxml.html.HtmlElement'>

# fromstring()関数で文字列 (str型またはbytes型) をパースできる。
# なお、encodingが指定されたXML宣言を含むstrをパースすると、ValueErrorが発生するので注意が必要。
>>> html = lxml.html.fromstring('''
... <html>
... <head><title>八百屋オンライン</title></head>
... <body>
... <h1 id="main">今日のくだもの</h1>
... <ul>
...     <li>りんご</li>
...     <li class="featured">みかん</li>
...     <li>ぶどう</li>
... </ul>
... </body>
... </html>''')
>>> type(html)  # fromstring()関数では直接HtmlElementオブジェクトが得られる。
<class 'lxml.html.HtmlElement'>

>>> html.xpath('//li')  # HtmlElementのxpath()メソッドでXPathにマッチする要素のリストが取得できる。
[<Element li at 0x1061825e8>, <Element li at 0x1081c14a8>, <Element li at 0x108869728>]
>>> html.cssselect('li')  # 同様にcssselect()メソッドでCSSセレクターにマッチする要素のリストが取得できる。
[<Element li at 0x1061825e8>, <Element li at 0x1081c14a8>, <Element li at 0x108869728>]

>>> h1 = html.xpath('//h1')[0]
>>> h1.tag  # tag属性でタグの名前を取得できる。
'h1'
>>> h1.text  # text属性で要素のテキストを取得できる。
'今日のくだもの'
>>> h1.get('id')  # get()メソッドで属性の値を取得できる。
'main'
>>> h1.attrib  # attrib属性で全属性を表すdict-likeなオブジェクトを取得できる。
{'id': 'main'}
>>> h1.getparent()  # getparent()メソッドで親要素を取得できる。
<Element body at 0x1061825e8>
```

lxmlの基本的な使い方が理解できたら、実際のサイトを対象にスクレイピングしてみましょう。**リスト3.1**のようにして、HTMLからすべてのリンク (a要素) を抽出できます。

第 3 章 強力なライブラリの活用

▼ リスト3.1　scrape_by_lxml.py — lxmlでスクレイピングする

```
import lxml.html

# HTMLファイルを読み込み、getroot()メソッドでHtmlElementオブジェクトを得る。
tree = lxml.html.parse('index.html')
html = tree.getroot()

# cssselect()メソッドでa要素のリストを取得して、個々のa要素に対して処理を行う。
for a in html.cssselect('a'):
    # href属性とリンクのテキストを取得して表示する。
    print(a.get('href'), a.text)
```

これを保存して実行すると、リンクのURLとテキストが表示されます。

```
(scraping) $ python scrape_by_lxml.py
http://gihyo.jp/book None
http://gihyo.jp/site/inquiry お問い合わせ
http://gihyo.jp/site/profile 会社案内
http://gihyo.jp/book 本を探す
http://gihyo.jp/book/list 新刊書籍
http://gihyo.jp/magazine 雑誌
http://gihyo.jp/book/dennou 電脳会議
...
```

3.3.3　Beautiful Soupによるスクレイピング

　Beautiful Soup[9]は覚えやすいシンプルなAPIが特徴のスクレイピングライブラリです。目的に合わせて内部のパーサーを表3.3のものから選択できます。

　なお、Beautiful Soupは2012年に公開されたバージョン4で大きく変更されました。基本的なAPIは変わらないものの、パッケージ名やモジュール名が変わっており、それ以前のものとは別物です。過去の情報を参照するときには、使っているバージョンを確認するようにしましょう。

▼ 表3.3　Beautiful Soupで使用できるパーサー

パーサー	指定するパーサー名	特徴
標準ライブラリのhtml.parser	`'html.parser'`	追加のライブラリが不要。
lxmlのHTMLパーサー	`'lxml'`	高速に処理できる。
lxmlのXMLパーサー	`'lxml-xml'` または `'xml'`	唯一XMLに対応していて高速に処理できる。
html5lib	`'html5lib'`	html5lib (https://pypi.python.org/pypi/html5lib) を使ってHTML5の仕様通りにパースできる。

---

[9]　http://www.crummy.com/software/BeautifulSoup/　本書ではバージョン4.4.1を使用します。

3.3 HTMLのスクレイピング

Beautiful Soup 4 をインストールします。

```
(scraping) $ pip install beautifulsoup4
```

インストールできたら、インタラクティブシェルで Beautiful Soup を使ってみましょう。

```
>>> from bs4 import BeautifulSoup  # bs4モジュールからBeautifulSoupクラスをインポートする。
# 第1引数にファイルオブジェクトを指定してBeautifulSoupオブジェクトを生成する。
# BeautifulSoup()にはファイル名やURLを指定することはできない。第2引数にパーサーを指定する。
>>> with open('index.html') as f:
...     soup = BeautifulSoup(f, 'html.parser')
...
# BeautifulSoupのコンストラクターにはHTMLの文字列を渡すことも可能。
>>> soup = BeautifulSoup('''
... <html>
... <head><title>八百屋オンライン</title></head>
... <body>
... <h1 id="main">今日のくだもの</h1>
... <ul>
...     <li>りんご</li>
...     <li class="featured">みかん</li>
...     <li>ぶどう</li>
... </ul>
... </body>
... </html>''', 'html.parser')

>>> soup.h1  # soup.h1のようにタグ名の属性で、h1要素を取得できる。
<h1 id="main">今日のくだもの</h1>
>>> type(soup.h1)  # 要素はTagオブジェクト。
<class 'bs4.element.Tag'>
>>> soup.h1.name  # name属性でタグ名を取得できる。
'h1'
>>> soup.h1.string  # Tagオブジェクトのstring属性で要素の直接の子である文字列を取得できる。
'今日のくだもの'
>>> type(soup.h1.string)  # string属性はstrを継承したNavigableStringオブジェクト。
<class 'bs4.element.NavigableString'>
>>> soup.ul.text  # text属性は要素内のすべての文字列を結合した文字列を取得できる。
'\nりんご\nみかん\nぶどう\n'
>>> type(soup.ul.text)  # text属性はstrオブジェクト。
<class 'str'>

>>> soup.h1['id']  # Tagオブジェクトはdictのようにして属性を取得できる。
'main'
>>> soup.h1.get('id')  # dictと同様にget()メソッドでも属性を取得できる。
'main'
>>> soup.h1.attrs  # attr属性で全属性を表すdictオブジェクトを取得できる。
{'id': 'main'}
>>> soup.h1.parent  # parent属性で親要素を取得できる。
<body>
```

```
<h1 id="main">今日のくだもの</h1>
<ul>
<li>りんご</li>
<li class="featured">みかん</li>
<li>ぶどう</li>
</ul>
</body>

>>> soup.li  # 複数の要素がある場合は先頭の要素が取得される。
<li>りんご</li>
>>> soup.find('li')  # find()メソッドも同様。
<li>りんご</li>
>>> soup.find_all('li')  # find_all()メソッドで指定した名前の要素のリストを取得できる。
[<li>りんご</li>, <li class="featured">みかん</li>, <li>ぶどう</li>]
# キーワード引数でclassなどの属性を指定できる。classは予約語なのでclass_を使うことに注意。
>>> soup.find_all('li', class_='featured')
[<li class="featured">みかん</li>]
>>> soup.find_all(id='main')  # タグ名を省略して、属性のみで探すことも可能。
[<h1 id="main">今日のくだもの</h1>]

>>> soup.select('li')  # select()メソッドでCSSセレクターにマッチする要素を取得できる。
[<li>りんご</li>, <li class="featured">みかん</li>, <li>ぶどう</li>]
>>> soup.select('li.featured')
[<li class="featured">みかん</li>]
>>> soup.select('#main')
[<h1 id="main">今日のくだもの</h1>]
```

基本的な使い方が理解できたら、実際のサイトを対象にスクレイピングしてみましょう。**リスト3.2**のようにして、HTMLからすべてのリンク（a要素）を抽出できます。

▼ リスト3.2　scrape_by_bs4.py — Beautiful Soup 4でスクレイピングする

```python
from bs4 import BeautifulSoup

# HTMLファイルを読み込んでBeautifulSoupオブジェクトを得る。
with open('index.html') as f:
    soup = BeautifulSoup(f, 'html.parser')

# find_all()メソッドでa要素のリストを取得して、個々のa要素に対して処理を行う。
for a in soup.find_all('a'):
    print(a.get('href'), a.text)  # href属性とリンクのテキストを取得して表示する。
```

これを保存して実行すると、リンクのURLとテキストが表示されます。

```
(scraping) $ python scrape_by_bs4.py
http://gihyo.jp/book
http://gihyo.jp/site/inquiry お問い合わせ
```

```
http://gihyo.jp/site/profile  会社案内
http://gihyo.jp/book  本を探す
http://gihyo.jp/book/list  新刊書籍
http://gihyo.jp/magazine  雑誌
http://gihyo.jp/book/dennou  電脳会議
...
```

column pyqueryによるスクレイピング

pyquery[*A]はjQueryと同じような使い方でHTMLからスクレイピングできるライブラリです。内部的にlxmlを使用しており、高速に処理できます。

pyqueryをインストールします。

```
(scraping) $ pip install pyquery
```

インタラクティブシェルでpyqueryを使ってみましょう。

```
>>> from pyquery import PyQuery as pq  # PyQueryクラスをpqという名前でインポート。
>>> d = pq(filename='index.html')  # ファイルパスを指定してパースできる。
>>> d = pq(url='http://example.com/')  # URLを指定してパースすることもできる。
# 文字列を指定してパースすることも可能。
>>> d = pq('''
... <html>
... <head><title>八百屋オンライン</title></head>
... <body>
... <h1 id="main">今日のくだもの</h1>
... <ul>
...     <li>りんご</li>
...     <li class="featured">みかん</li>
...     <li>ぶどう</li>
... </ul>
... </body>
... </html>''')

# dはjQueryの$関数（jQuery関数）とほぼ同じ感覚で扱える。
# すなわち、CSSセレクターを指定してHTML要素に対応するオブジェクトを取得できる。
>>> d('h1')
[<h1#main>]
# listを継承したPyQueryクラスのオブジェクトを取得でき、jQueryオブジェクトとほぼ同じ感覚で扱える。
>>> type(d('h1'))
<class 'pyquery.pyquery.PyQuery'>
>>> d('h1')[0]  # リストの中身はpyqueryが内部的に使用しているlxmlのElement。
<Element h1 at 0x10afdcbc8>
>>> d('h1').text()  # text()メソッドで要素のテキストを取得できる。
'今日のくだもの'
>>> d('h1').attr('id')  # attr()メソッドで要素の属性を取得できる。
'main'
```

```
>>> d('h1').attr.id    # 属性やキーでも要素の属性にアクセスできる。
'main'
>>> d('h1').attr['id']
'main'
>>> d('h1').parent()   # parent()メソッドで親要素のPyQueryオブジェクトを取得できる。
[<body>]

# 他にも様々なCSSセレクターにマッチする要素のリストを取得できる。
>>> d('li')
[<li>, <li.featured>, <li>]
>>> d('li.featured')
[<li.featured>]
>>> d('#main')
[<h1#main>]

# jQueryのようにメソッドチェインで絞り込んでいくことも可能。
# find()メソッドで、現在の要素の子孫の中からCSSセレクターにマッチする要素のリストを取得できる。
>>> d('body').find('li')
[<li>, <li.featured>, <li>]
# filter()メソッドで、現在の要素のリストの中からCSSセレクターにマッチする要素を絞り込める。
>>> d('li').filter('.featured')
[<li.featured>]
>>> d('li').eq(1)    # eq()メソッドで、現在の要素のリストの中から指定したインデックスの要素を取得できる。
[<li.featured>]
```

＊A　https://pypi.python.org/pypi/pyquery　本書ではバージョン1.2.9を使用します。

3.4　RSSのスクレイピング

feedparser[10] を使うと、標準ライブラリのElementTree（**2.5.2** 参照）よりも簡単にRSSフィードからスクレイピングできます。RSSフィードにはRSS 0.9、RSS 1.0、RSS 2.0、Atomなど複数の仕様がありますが、feedparserはこれらの違いを吸収します。

feedparserをインストールします。

```
(scraping) $ pip install feedparser
```

インストールできたら、インタラクティブシェルでfeedparserを使ってみましょう。

```
>>> import feedparser
# parse()関数にURLを指定してパースできる。
```

＊10　https://pypi.python.org/pypi/feedparser　本書ではバージョン5.2.1を使用します。

3.4 RSSのスクレイピング

```
>>> d = feedparser.parse('http://b.hatena.ne.jp/hotentry/it.rss')
# parse()関数にはファイルパス、ファイルオブジェクト、XMLの文字列も指定できる。
>>> d = feedparser.parse('it.rss')
>>> type(d)    # parse()関数の戻り値はFeedParserDictオブジェクト。
<class 'feedparser.FeedParserDict'>
>>> d.version  # フィードのバージョンを取得する(この場合はRSS 1.0)。
'rss10'

>>> d.feed.title  # フィードのタイトルを取得する。
'はてなブックマーク - 人気エントリー - テクノロジー '
>>> d['feed']['title']  # 属性ではなく、dictの形式でもアクセスできる。
'はてなブックマーク - 人気エントリー - テクノロジー '
>>> d.feed.link  # フィードのリンクを取得する。
'http://b.hatena.ne.jp/hotentry/it'
>>> d.feed.description  # フィードの説明を取得する。
'最近の人気エントリー - テクノロジー '

>>> len(d.entries)  # d.entriesでフィードの要素のlistを取得できる。
30
>>> d.entries[0].title  # 要素のタイトルを取得する。
'スマートフォンアプリ開発における共創的な開発チーム // Speaker Deck'
>>> d.entries[0].link  # 要素のリンクを取得する。
'https://speakerdeck.com/ninjinkun/sumatohuonapurikai-fa-niokerugong-chuang-de-nakai-fa-timu'
>>> d.entries[0].description  # 要素の説明を取得する。
'複雑かつリッチな体験を提供するスマートフォンアプリを開発するためのチームワーク、その中でのエンジニアの役割について'
>>> d.entries[0].updated  # 要素の更新日時を文字列で取得する。
'2016-06-12T16:31:48+09:00'
>>> d.entries[0].updated_parsed  # 要素の更新日時をパースしてtime.struct_timeを取得する。
time.struct_time(tm_year=2016, tm_mon=6, tm_mday=12, tm_hour=7, tm_min=31, tm_sec=48, tm_wday=6, ↵
tm_yday=164, tm_isdst=0)
```

基本的な使い方が理解できたら、はてなブックマークのRSSからスクレイピングするスクリプトを作ります。リスト3.3のようにして、「テクノロジー」カテゴリの人気エントリーのRSSからURLとタイトルを取得できます。

▼ リスト3.3　scrape_by_feedparser.py — feedparserでRSSをスクレイピングする

```python
import feedparser

# はてなブックマークの人気エントリー (「テクノロジー」カテゴリ) のRSSを読み込む。
d = feedparser.parse('http://b.hatena.ne.jp/hotentry/it.rss')

# すべての要素について処理を繰り返す。
for entry in d.entries:
    print(entry.link, entry.title)
```

これを保存して実行すると、人気エントリーのURLとタイトルが表示されます。

```
(scraping) $ python scrape_by_feedparser.py
https://speakerdeck.com/ninjinkun/sumatohuonapurikai-fa-niokerugong-chuang-de-nakai-fa-timu
スマートフォンアプリ開発における共創的な開発チーム // Speaker Deck
http://nikkiblog.hatenablog.jp/entry/Camera-GPS スマホで撮影した写真からどうやって自宅等の撮影場所が
特定できるのか?確認してみたけどこんな簡単にできるんだ…。 - いやまいったね!
http://qiita.com/fmy/items/345a264a1cf2e2a73f62 【翻訳まとめ】jQuery 3.0 アップグレードガイド - Qiita
http://qiita.com/bonybeat/items/a7ed6cc96d256570ac74 javaプログラマー向け学習のための本(新人から5年
めくらいまで)を考えてみた - Qiita
...
```

3.5 データベースに保存する

スクレイピングして抜き出したデータをデータベースに保存する方法を解説します。データベースにデータを保存すると、単純にファイルに保存するのと比べて、複数プロセスからの同時書き込み性能が高く、データの重複を防ぎやすくなります。後の工程で分析に利用する際、条件に合う一部のデータだけを取り出すのも簡単です。

データベースは、**リレーショナルデータベース**と**NoSQL**(リレーショナルデータベース以外のデータベース)の大きく2つに分けられます。リレーショナルデータベースは、リレーショナルモデルやトランザクションによってデータの整合性を保つことができ、標準化されたSQL文によって柔軟にデータをクエリできます。NoSQLはデータの整合性を弱める代わりに、スケーラビリティや読み書きの性能を高めたデータベースです。リレーショナルデータベースが向かない領域で利用が広がっています。

リレーショナルデータベースの例としてMySQLを、NoSQLの例としてMongoDBを取り上げ、Pythonからデータを保存する方法を紹介します。MySQLは様々な言語から使いやすく、古くから人気のあるリレーショナルデータベースです。MongoDBはNoSQLの中でもドキュメント型と呼ばれ、柔軟なデータ構造や使いやすさが特徴です。

3.5.1 MySQLへのデータの保存

MySQLは、オープンソースのリレーショナルデータベース(RDBMS)です。SQLite(**2.6.3**参照)とは異なり、クライアント/サーバー型のアーキテクチャーを採用しています。様々なプログラミング言語から簡単に使用でき、大規模でもスケールアウトによる性能向上が見込めることから、人気のあるデータベースです。

スクレイピングしたデータを保存する際も、SQL文による柔軟なクエリが必要なときや、データ同士の関連をうまく扱いたいときには向いているでしょう。

OS XとUbuntuにおけるMySQLのインストール方法と、Pythonから接続してデータを保存する方法を解説します。

3.5 データベースに保存する

● OS XにおけるMySQLのインストール

OS XではHomebrewでインストールします。本書ではバージョン5.6.25を使います。

```
$ brew install mysql
$ mysqld --version
mysqld  Ver 5.6.25 for osx10.9 on x86_64 (Homebrew)
```

MySQLサーバーを起動します。`mysql.server status`で正常に起動しているか確認できます。

```
$ mysql.server start
$ mysql.server status
 SUCCESS! MySQL running (14701)
```

● UbuntuにおけるMySQLのインストール

UbuntuではAPTでインストールします。インストール中にMySQLのrootユーザーのパスワードを求められるので、好きなパスワードを2回入力します。あとで必要になるので開発用のパッケージlibmysqlclient-devも一緒にインストールしておきます。本書ではバージョン5.5.43を使います。

```
$ sudo apt-get install -y mysql-server libmysqlclient-dev
$ mysqld --version
150610 12:52:53 [Warning] Using unique option prefix key_buffer instead of key_buffer_ ...
```

インストールと同時にMySQLサーバーが起動しています。次のコマンドで"mysql start/running"と表示されることを確認します。表示されない場合は、`sudo service mysql start`で起動します。

```
$ sudo service mysql status
mysql start/running, process 6760
$ sudo service mysql start
```

● データベースとユーザーの作成

MySQLでは実際にデータを格納するテーブルを束ねたものをデータベースと呼びます。ここではテーブルを格納するためのデータベースと、接続に必要なユーザーを作成します。

次のコマンドでrootユーザーとしてMySQLサーバーに接続します。コマンドを実行すると"Enter password:"と表示されるので、rootユーザーのパスワードを入力します。OS Xの場合デフォルトでは空なのでそのまま Enter を押し、Ubuntuの場合はインストール時に指定したパスワードを入力してEnterを押します。

```
$ mysql -u root -p
```

第 3 章　強力なライブラリの活用

mysql>というプロンプトが表示されたら、SQL文を順に実行します。完了したらexitと入力して Enter を押すか、Ctrl + D でデータベースとの接続を終了します。

```
# scrapingという名前のデータベースを作成する。
# デフォルトの文字コードをutf8mb4(4バイト対応のUTF-8)とする。
mysql> CREATE DATABASE scraping DEFAULT CHARACTER SET utf8mb4;
Query OK, 1 row affected (0.00 sec)

# localhostから接続可能なユーザーscraperを作成し、そのパスワードをpasswordとする。
mysql> CREATE USER scraper@localhost IDENTIFIED BY 'password';
Query OK, 0 rows affected (0.00 sec)

# ユーザーscraperにデータベースscrapingを読み書き可能な権限を与える。
mysql> GRANT ALL ON scraping.* TO scraper;
Query OK, 0 rows affected (0.00 sec)
```

● PythonからMySQLに接続する

PythonからMySQLに接続するためのライブラリはいくつかありますが、ここでは枯れていてパフォーマンスも良い**mysqlclient**を使います。

- mysqlclient[*11]
  Python 2時代に人気だったMySQL-pythonのPython 3対応版フォーク
- MySQL Connector/Python[*12]
  Oracle社によるMySQL公式のクライアント
- PyMySQL[*13]
  Pure PythonのMySQLクライアント

次のコマンドでmysqlclientをインストールします。

```
(scraping) $ pip install mysqlclient
```

mysqlclientはMySQLのクライアントライブラリであるlibmysqlclientを使ったC拡張ライブラリです。OS XではHomebrewでのMySQLのインストール時にlibmysqlclientが一緒にインストールされますが、UbuntuではMySQLサーバーとは別のパッケージになっています。Ubuntuでmysqlclientのインストールが失敗する場合は、MySQLの開発用のパッケージが正しくインストールされていることを確認してください。

PythonからMySQLに接続してデータを保存するスクリプトは**リスト3.4**のようになります。

[*11] https://pypi.python.org/pypi/mysqlclient　本書ではバージョン1.3.6を使用します。
[*12] http://dev.mysql.com/downloads/connector/python
[*13] https://pypi.python.org/pypi/PyMySQL

3.5 データベースに保存する

▼ リスト3.4　save_mysql.py — MySQLへの保存

```
import MySQLdb

# MySQLサーバーに接続し、コネクションを取得する。
# ユーザー名とパスワードを指定してscrapingデータベースを使用する。接続に使用する文字コードはutf8mb4とする。
conn = MySQLdb.connect(db='scraping', user='scraper', passwd='password', charset='utf8mb4')

c = conn.cursor()  # カーソルを取得する。
# execute()メソッドでSQL文を実行する。
# このスクリプトを何回実行しても同じ結果になるようにするため、citiesテーブルが存在する場合は削除する。
c.execute('DROP TABLE IF EXISTS cities')
# citiesテーブルを作成する。
c.execute('''
    CREATE TABLE cities (
        rank integer,
        city text,
        population integer
    )
''')

# execute()メソッドの第2引数にはSQL文のパラメーターを指定できる。
# パラメーターで置き換える場所（プレースホルダー）は%sで指定する。
c.execute('INSERT INTO cities VALUES (%s, %s, %s)', (1, '上海', 24150000))

# パラメーターが辞書の場合、プレースホルダーは %(名前)s で指定する。
c.execute('INSERT INTO cities VALUES (%(rank)s, %(city)s, %(population)s)',
          {'rank': 2, 'city': 'カラチ', 'population': 23500000})

# executemany()メソッドでは、複数のパラメーターをリストで指定し、複数（ここでは3つ）のSQL文を実行する。
c.executemany('INSERT INTO cities VALUES (%(rank)s, %(city)s, %(population)s)', [
    {'rank': 3, 'city': '北京', 'population': 21516000},
    {'rank': 4, 'city': '天津', 'population': 14722100},
    {'rank': 5, 'city': 'イスタンブル', 'population': 14160467},
])

conn.commit()  # 変更をコミット（保存）する。

c.execute('SELECT * FROM cities')  # 保存したデータを取得する。
for row in c.fetchall():  # クエリの結果はfetchall()メソッドで取得できる。
    print(row)  # 取得したデータを表示する。

conn.close()  # コネクションを閉じる。
```

これを保存して実行すると、保存したデータが表示されます[14]。

---

[14] 初回実行時は "Warning: Unknown table 'scraping.cities'" という警告が表示されますが、無視して構いません。

```
(scraping) $ python save_mysql.py
(1, '上海', 24150000)
(2, 'カラチ', 23500000)
(3, '北京', 21516000)
(4, '天津', 14722100)
(5, 'イスタンブル', 14160467)
```

`mysql`コマンドを使って、保存したデータを確認することもできます。

```
$ mysql scraping -u root -p -e 'SELECT * FROM cities'
Enter password:
+------+--------------------+------------+
| rank | city               | population |
+------+--------------------+------------+
|    1 | 上海               |   24150000 |
|    2 | カラチ             |   23500000 |
|    3 | 北京               |   21516000 |
|    4 | 天津               |   14722100 |
|    5 | イスタンブル       |   14160467 |
+------+--------------------+------------+
```

> **column** Python Database API 2.0
>
> 　`mysqlclient`モジュールの使い方が、`sqlite3`モジュールの使い方とよく似ていることに気づいたかもしれません。これは、この2つのモジュールがPython Database API 2.0 (https://www.python.org/dev/peps/pep-0249/)というPythonにおける標準的なリレーショナルデータベースAPIの仕様に則っているためです。他のデータベースを扱う際も、多くの場合ライブラリがこの仕様に沿ったAPIを提供しており、同様のインターフェイスで使えます。Python Database API 2.0は厳格な仕様ではなく、モジュールごとに実装の差異を許容しています。詳しくはそれぞれのライブラリのドキュメントを参照してください。

3.5.2 MongoDBへのデータの保存

MongoDB[15]は、NoSQLの一種でドキュメント型と呼ばれるデータベースです。オープンソースソフトウェアとして公開されています。柔軟なデータ構造と高い書き込み性能、使いやすさが特徴です。

MongoDBのデータ構造は図3.2のような階層を持ちます。1つのデータベースは複数のコレクションを持ち、1つのコレクションは複数のドキュメントを持ちます。

▼ 図3.2　MongoDBのデータ構造

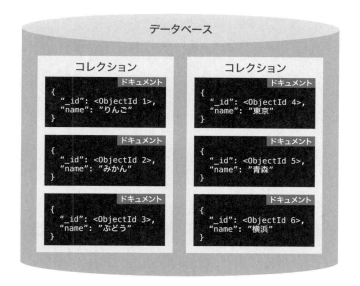

ドキュメントはBSONと呼ばれるJSONのバイナリ版の形式で扱われ、Pythonにおける`list`や`dict`のような複雑なデータ構造を格納できます。事前にデータ構造を定義する必要がなく、ドキュメントごとに異なる構造を持てます。これはページによって掲載されているデータ項目が異なる場合に役立ちます。例えばECサイトでは、書籍カテゴリの商品には出版社やページ数が、ゲームカテゴリの商品にはプレイ人数や対象年齢が掲載されるように、カテゴリごとにデータ項目が異なることがあります。

リレーショナルデータベースに比べてデータの書き込み性能が高い点も、スクレイピング結果を保存するのに向いています。大量のページを同時並行してクローリング・スクレイピングすると、データベースへの書き込みがボトルネックになることがあるためです。

MongoDBのインストール方法と、Pythonから接続してデータを保存する方法を解説します。

---

[15]　https://www.mongodb.com/

第3章 強力なライブラリの活用

● OS XにおけるMongoDBのインストール

Homebrewでインストールします。本書ではバージョン3.0.3を使います。

```
$ brew install mongodb
$ mongod --version
db version v3.0.3
git version: nogitversion
```

ターミナルの新しいウィンドウを開き、次のコマンドを実行するとMongoDBが起動します。起動するとコンソールにログが出力されます。Ctrl + Cを押して終了します。

```
# デフォルトのデータベースのディレクトリ /data/db を作成する。
# -p は親ディレクトリが存在しない場合に作成するためのオプション。
$ mkdir -p /data/db
$ mongod    # MongoDBをフォアグラウンドで起動する。
```

● UbuntuにおけるMongoDBのインストール

Ubuntuの公式パッケージとして提供されているMongoDBはバージョンが古いので、mongodb.orgのリポジトリからインストールします。インストール方法はMongoDBやOSのバージョンによって微妙に異なるので、詳しくはMongoDBのドキュメント[*16]を参照してください。

mongodb.orgのリポジトリを追加して、MongoDBをインストールします。

```
$ sudo apt-key adv --keyserver hkp://keyserver.ubuntu.com:80 --recv 7F0CEB10
$ echo "deb http://repo.mongodb.org/apt/ubuntu "$(lsb_release -sc)"/mongodb-org/3.0 multiverse" | ↵
sudo tee /etc/apt/sources.list.d/mongodb-org-3.0.list
$ sudo apt-get update
$ sudo apt-get install -y mongodb-org
```

本書ではバージョン3.0.3を使います。OS Xと同様に`mongod --version`でバージョンを確認できます。Ubuntuではインストールと同時にMongoDBが起動します。データベースファイルは`/var/lib/mongodb/`以下に作成されます。次のコマンドで"mongod start/running"と表示されれば起動しています。表示されない場合は、`sudo service mongod start`で起動します。

```
$ sudo service mongod status
mongod start/running, process 1977
```

[*16] https://docs.mongodb.com/manual/tutorial/install-mongodb-on-ubuntu/

3.5 データベースに保存する

● PythonからMongoDBに接続する

PythonからMongoDBに接続するには、MongoDB公式のPythonバインディングであるPyMongo[17]を使います。次のコマンドでインストールします[18]。

```
(scraping) $ pip install pymongo
```

インストールできたら、インタラクティブシェルでPyMongoを使ってみましょう。

```
>>> from pymongo import MongoClient
# ホスト名とポート番号を指定して接続する。'localhost'と27017はデフォルト値なので、省略しても良い。
>>> client = MongoClient('localhost', 27017)
# testデータベースを取得する。データベースが存在しない場合でも書き込み時に自動的に作成される。
>>> db = client.test
>>> db = client['test']  # 属性で表せない名前の場合は、dictのスタイルでも取得可能。
# データベースのspotsコレクションを取得する。コレクションが存在しない場合でも書き込み時に自動的に作成される。
>>> collection = db.spots
>>> collection = db['spots']  # 属性で表せない名前の場合は、dictのスタイルでも取得可能。

# insert_one()メソッドでPythonのdictをコレクションに追加できる。
>>> collection.insert_one({'name': '東京スカイツリー', 'prefecture': '東京'})
<pymongo.results.InsertOneResult object at 0x10b0426c0>
# insert_many()メソッドで複数のdictを一度にコレクションに追加できる。
>>> collection.insert_many([{'name': '東京ディズニーランド', 'prefecture': '千葉'}, ↵
{'name': '東京ドーム', 'prefecture': '東京'}])
<pymongo.results.InsertManyResult object at 0x10afceaf8>

# find()メソッドですべてのドキュメントを取得するためのCursorオブジェクトを取得できる。
# すべてのドキュメントには_idフィールドが自動で付与され、その値はObjectIdと呼ばれる12バイトの識別子。
>>> collection.find()
<pymongo.cursor.Cursor object at 0x10b174fd0>
# Cursorオブジェクトはfor文で順次アクセスできる。
>>> for spot in collection.find():
...     print(spot)
...
{'name': '東京スカイツリー', 'prefecture': '東京', '_id': ObjectId('5576f0cdf6d9870930ca9cb1')}
{'name': '東京ディズニーランド', 'prefecture': '千葉', '_id': ObjectId('5576f0d6f6d9870930ca9cb2')}
{'name': '東京ドーム', 'prefecture': '東京', '_id': ObjectId('5576f0d6f6d9870930ca9cb3')}
# find()メソッドの引数にクエリを指定すると、そのクエリにマッチするドキュメントが取得できる。
# 次のクエリは、prefectureフィールドが'東京'であるドキュメントにマッチする。
>>> for spot in collection.find({'prefecture': '東京'}):
...     print(spot)
...
{'name': '東京スカイツリー', 'prefecture': '東京', '_id': ObjectId('5576f0cdf6d9870930ca9cb1')}
{'name': '東京ドーム', 'prefecture': '東京', '_id': ObjectId('5576f0d6f6d9870930ca9cb3')}
```

※17 bsonというパッケージを明示的にインストールしないように注意してください。PyMongoは独自のbsonパッケージを持っており、`pip install bson`を実行すると、PyMongoと互換性のないパッケージがインストールされてしまいます。

※18 http://api.mongodb.org/python/current/ 本書ではバージョン3.0.2を使用します。

```
>>> collection.find_one()  # find_one()メソッドは条件にマッチする最初のドキュメントを取得する。
{'name': '東京スカイツリー', 'prefecture': '東京', '_id': ObjectId('5576f0cdf6d9870930ca9cb1')}
>>> collection.find_one({'prefecture': '千葉'})  # find()と同様に引数にクエリを指定できる。
{'name': '東京ディズニーランド', 'prefecture': '千葉', '_id': ObjectId('5576f0d6f6d9870930ca9cb2')}
```

基本的な使い方が理解できたら、スクレイピングで得たデータをMongoDBに保存しましょう。**リスト3.5**は**リスト3.1**にMongoDBへの保存処理を追加したスクリプトです。scrapingデータベースのlinksコレクションにリンクのURLとタイトルを保存します。

▼ リスト3.5　save_mongo.py — MongoDBに保存する

```python
import lxml.html
from pymongo import MongoClient

# HTMLファイルを読み込み、getroot()メソッドでHtmlElementオブジェクトを得る。
tree = lxml.html.parse('index.html')
html = tree.getroot()

client = MongoClient('localhost', 27017)
db = client.scraping  # scrapingデータベースを取得する。
collection = db.links  # linksコレクションを取得する。
# このスクリプトを何回実行しても同じ結果になるようにするため、コレクションのドキュメントをすべて削除する。
collection.delete_many({})

# cssselect()メソッドでa要素のリストを取得して、個々のa要素に対して処理を行う。
for a in html.cssselect('a'):
    # href属性とリンクのテキストを取得して保存する。
    collection.insert_one({
        'url': a.get('href'),
        'title': a.text,
    })

# コレクションのすべてのドキュメントを_idの順にソートして取得する。
for link in collection.find().sort('_id'):
    print(link['_id'], link['url'], link['title'])
```

このスクリプトを保存して実行すると、MongoDBに保存したデータが表示されます。

```
(scraping) $ python save_mongo.py
55798a28f6d98747a680a485 http://gihyo.jp/book None
55798a28f6d98747a680a486 http://gihyo.jp/site/inquiry お問い合わせ
55798a28f6d98747a680a487 http://gihyo.jp/site/profile 会社案内
55798a28f6d98747a680a488 http://gihyo.jp/book 本を探す
55798a28f6d98747a680a489 http://gihyo.jp/book/list 新刊書籍
...
```

GUIのクライアントを使うとMongoDBに保存したデータを簡単に確認できます[19]。OS X、Windows、Linuxに対応していて、少なくとも個人の非商用目的では無料で使えるツールの例として、次のものがあります。

- 3T MongoChef (http://3t.io/mongochef/)
- MongoBooster (http://mongobooster.com/)
- Mongoclient (http://www.mongoclient.com/)
- Robomongo (https://robomongo.org/)

3.6 クローラーとURL

ここからはライブラリを活用してPythonでクローラーを作ります。クローラーはWebページに存在するハイパーリンクをたどっていく必要があります。ブラウザーではリンクをクリックするだけですが、クローラーでリンクをたどるにはURLの基礎を理解しておかなくてはなりません。

クローラーを作るための準備として、URLの基礎知識とパーマリンクの概念を紹介します。また、スクレイピングしたデータをデータベースに保存する際に識別子となるキーについてもここで考えます。

3.6.1 URLの基礎知識

クローラーでリンクをたどるには、リンクを表すaタグのhref属性から次のページのURLを取得します。このとき得られたURLが相対URLだった場合は、絶対URLに変換する必要があります。URLの構造、絶対URLと相対URLの違い、Pythonでの相対URLから絶対URLへの変換を解説します。

● URLの構造

URLはUniform Resource Locatorの略で、インターネット上に存在するリソース（ファイルなど）の場所を表す識別子です。本書ではURL構造の定義としてRFC 3986[20]のものを紹介します。URLの各部分には図3.3のように名前がついており、それぞれ表3.4の意味を持ちます。

---

[19] MongoDBのドキュメント (https://docs.mongodb.com/ecosystem/tools/administration-interfaces/) で様々なものが紹介されています。
[20] https://tools.ietf.org/html/rfc3986 他にURLの構造の定義としては、RFC 3986を現実のブラウザーの実装に合わせたWHATWGの定義 (https://url.spec.whatwg.org/) もあります。

▼ 図3.3　URLの構造

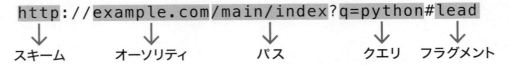

▼ 表3.4　URLの各部分の意味

URLの部分	説明
スキーム	httpやhttpsのようにプロトコルを表す。
オーソリティ	//のあとに続き、通常ホスト名を表す。ユーザー名やパスワード、ポート番号を含む場合もある。
パス	/で始まり、そのホストにおけるリソースのパスを表す。
クエリ	?のあとに続き、パスとは異なる方法でリソースを指定するために使われる。存在しない場合もある。
フラグメント	#のあとに続き、リソース内の特定の部分などを表す。存在しない場合もある。

● 絶対URLと相対URL

　URLには大きく分けて絶対URLと相対URLがあります。これらの言葉には明確な定義がなく、人によってマチマチです。さらに絶対パスと相対パスという言葉も絡んでくると、混乱しがちです。本書では、http://などのスキームで始まるURLを**絶対URL**と定義します。それ以外の、基準となる絶対URLがあり、それに対する相対的なURLを表すものを**相対URL**と定義します。相対URLには3種類の形式があります。

1. //で始まる相対URL
2. /で始まる相対URL
3. それ以外の相対パス形式の相対URL

例を表3.5に示します。基準となる絶対URLはhttp://example.com/books/top.htmlです。

▼ 表3.5　相対URLの例 (基準URL: http://example.com/books/top.html)

形式	相対URL	相対URLが指す絶対URL
1	//cdn.example.com/logo.png	http://cdn.example.com/logo.png
2	/articles/	http://example.com/articles/
3	./	http://example.com/books/

　1つ目の形式は//から始まり、スキームを含みません。絶対URLのスキームは基準URLと同じものになります。オーソリティやパスなどのスキーム以降の部分は、相対URLの値に置き換えられます。この形式の相対URLは、主にhttpとhttpsのリソースを混在させないようにするために使われます。

　2つ目の形式は/から始まっており、パスのみで構成されます。絶対URLのスキームとオーソリティは基準URLと同じものになります。パス以降の部分は、相対URLの値に置き換えられます。この形式

の相対URLは基準となるパスがわかりやすく、ホスト名の変更が容易なので、特にWebアプリケーションでよく使われます。

3つ目の形式は上記2つ以外の相対パスでの表記方法です。絶対URLのスキームとオーソリティは基準URLと同じであり、パスは基準URLのパス（表の例では/books/top.html）からの相対的なパスと解釈されます。相対パス./は基準となるパスと同じディレクトリを表すので、絶対URLのパスは/books/となります。この形式の相対URLは、ファイルを配置するディレクトリが変わっても問題なく使えるため、手書きのHTMLファイルでよく使われます。

相対URLから絶対URLに変換する際の基準となるURLは、通常現在のページのURLです。しかし、HTMLのbaseタグで基準となるURLを指定することもできます。ほとんど使われませんが、頭の片隅に置いておくと良いかもしれません。

```
<base href="http://example.com/books/top.html">
```

● 相対URLから絶対URLへの変換

Pythonで相対URLを絶対URLに変換するには、標準ライブラリのurllib.parseモジュールに含まれるurljoin()関数を使います。

urljoin()関数は、第1引数に基準となるURLを指定し、第2引数に相対URLを指定します。第2引数に絶対URLを指定した場合は第2引数の値が返ります。urljoin()関数を実行してみましょう。

```
>>> from urllib.parse import urljoin
>>> base_url = 'http://example.com/books/top.html'
>>> urljoin(base_url, '//cdn.example.com/logo.png')  # //で始まる相対URL
'http://cdn.example.com/logo.png'
>>> urljoin(base_url, '/articles/')  # /で始まる相対URL
'http://example.com/articles/'
```

3.6.2 パーマリンクとリンク構造のパターン

パーマリンクとWebサイトのリンク構造を理解するとクローラーの開発が容易になります。パーマリンクの概要と、本書が独自にまとめたリンク構造の理解に役立つパターンを解説します。

● パーマリンク

今日の多くのWebサイトでは、1つのコンテンツが対応する1つのURLを持ちます。例えば、技術評論社の電子書籍販売サイトでは、「Pythonエンジニア養成読本」という1つの電子書籍が次のURLに対応しています。

```
https://gihyo.jp/dp/ebook/2015/978-4-7741-7362-7
```

このように、1つのコンテンツに対応し、時間が経っても対応するコンテンツが変わらないURLを**パーマリンク(Permalink)**と呼びます。「不変の」という意味の英単語「パーマネント(Permanent)」と「リンク」を組み合わせた言葉です。

パーマリンクを持つWebサイトは、Googleなどの検索エンジンのクローラーがコンテンツを認識しやすく、SEO(検索エンジン最適化)に強くなります。FacebookやTwitterなどのソーシャルメディアに投稿しやすいという特徴もあるため、多くのWebサイトがパーマリンクを持っています。

● 一覧・詳細パターン

パーマリンクを利用するWebサイトでは、多くの場合、パーマリンクを持つページへのリンクが一覧となっているページが存在します。例えば、技術評論社の電子書籍販売サイトでは、次のURLが表すページに新着電子書籍の一覧が表示され、個別の電子書籍へのリンクが張られています。

```
https://gihyo.jp/dp
```

このサイトのリンク構造をまとめると次のようになります。

- 一覧ページ：電子書籍の一覧が表示され、詳細ページへのリンクが張られている。
  URL: https://gihyo.jp/dp
- 詳細ページ：電子書籍の詳細な情報が表示される。
  URL: https://gihyo.jp/dp/ebook/2015/978-4-7741-7362-7

このような一覧ページと詳細ページの組み合わせで構成されているWebサイトのリンク構造パターンを、本書では**一覧・詳細パターン**と呼ぶことにします(図3.4)。

▼ 図3.4　一覧・詳細パターン

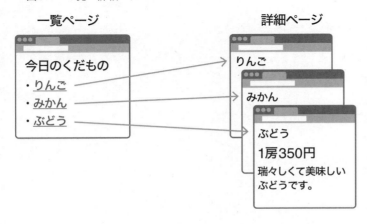

コンテンツがパーマリンクを持たない場合は、このパターンに該当しません。例えばWebサイトに表があり、その1つの行が1つのコンテンツに対応する場合です。Ajaxが使われており、リンクをクリックしたときにURLが変わらずにコンテンツだけが変わるサイトも同様です[*21]。このようなサイトは「一覧のみパターン」と呼べるでしょう。

次節では、クローリングの基本となる一覧・詳細パターンのWebサイトを対象として、クローラーを作成します。

3.6.3 再実行を考慮したデータの設計

クロールして得られたデータをデータベースに保存するときは、データを一意に識別するキーについて考える必要があります。単純に得られたデータを追記していくと、例えばクローラーを2回実行した場合に同じコンテンツを表すデータが2つ存在することになり、後の工程で分析を行う際に扱いにくくなってしまいます。

このような事態を防ぐため、データに一意のキーを持たせ、新しいデータと既存のデータを区別する必要があります。クローラーを実行して新しいデータが得られたときは追加し、既存のデータが得られたときは更新することで、データの重複を防ぎ最新の状態を保てます。

● データを一意に識別するキー

まず第一にキーの候補になるのはWebページのURLです。ですが、特定のWebサイトのパーマリンクを持つコンテンツだけをクロールする場合は、パーマリンクから一意の識別子を抜き出してキーにすると取り扱いやすくなります。パーマリンクに含まれる一意な識別子とは、**表3.6**のようなものです。

▼ 表3.6 パーマリンクに含まれる一意な識別子の例

コンテンツ	パーマリンクの例（強調部分が識別子）	識別子の意味
Yahoo!ファイナンスの株価情報	http://stocks.finance.yahoo.co.jp/stocks/detail/?code=**8411**	証券コード
Amazon.co.jpの商品情報	http://www.amazon.co.jp/dp/**B00CTTL5XQ**	ASIN
Twitterのツイート	https://twitter.com/TwitterJP/status/**606602260307509248**	ツイートID
ITmediaニュースの記事	http://www.itmedia.co.jp/news/articles/**1506/08/news123**.html	年月日と番号

パーマリンクのどの部分をキーとして抜き出せば良いか悩むかもしれませんが、複数のページのパーマリンクを見比べるとページごとに異なる部分が浮かび上がってくるでしょう。

パーマリンクに使われている識別子の意味を考えるのも効果的です。表の例では、Yahoo!ファイナ

[*21] 技術評論社の電子書籍販売サイトでもAjaxが使われていますが、クリック時にURLが変わるpjaxと呼ばれる手法が採られているので、一覧・詳細パターンに含まれます。

ンスの8411という値は証券コード[*22]と呼ばれる日本の証券取引所に上場している企業に付与されているコードです。Amazon.co.jpのB00CTTL5XQはASIN（Amazon Standard Identification Number）[*23]と呼ばれるAmazonグループで使われる商品コードです。Twitterの606602260307509248はツイートを識別するIDです[*24]。ITmediaニュースの1506/08/news123では、1506が年月を、08が日を、123がその日における一意の番号を表していると考えられます。

● データベースの設計

データを一意に識別するキーが決まったら、このキーを格納するフィールドにデータベースのユニーク制約を設定することで、データの一意性を保証できます。

データベースの主キー（プライマリキー）には、このキーとは別にサロゲートキーと呼ばれるデータベース側で自動生成されるキーを使うのがオススメです。WebページのURLとそこから取得可能な識別子は、Webサイト側のリニューアルなどで変わる可能性があるためです。サロゲートキーを使っていれば影響が少なくて済みます。

サロゲートキーの例としては次のものがあります。MySQLでは列にAUTO_INCREMENTという属性を設定すると、自動的に連番が振られます。MongoDBではObjectIdと呼ばれる12バイトの一意のIDが_idという名前の列に自動的に設定されます。

3.7　Pythonによるクローラーの作成

本節では、これまでに紹介したライブラリを使ってクローラーを作ります。RequestsでWebページを取得し、lxmlでWebページからスクレイピングし、PyMongoでMongoDBにデータを保存します。

クロール対象は技術評論社の電子書籍販売サイトです。このサイトは典型的な一覧・詳細パターンのWebサイトです。ここから電子書籍の情報を取得するクローラーを作成します。

一覧ページにはタイトル、価格、著者、書影、対応フォーマット、発売日などが表示されています。詳細ページにはこれに加えて、対応する紙の書籍、概要、目次、サポートなどの情報があります。ここでは電子書籍のURL、タイトル、価格、目次を取得します。

初めから完璧なクローラーを作るのは大変なので、少しずつ実装していきます。

[*22]　http://ja.wikipedia.org/wiki/証券コード
[*23]　https://www.amazon.co.jp/gp/help/customer/display.html?nodeId=747416
[*24]　アカウント（この例ではTwitterJP）ごとにIDが振られている可能性も考えられますが、公式ドキュメント（https://dev.twitter.com/overview/api/twitter-ids-json-and-snowflake）でアカウントをまたいで一意であると明記されています。

3.7.1 一覧ページからパーマリンク一覧を抜き出す

まずは一覧ページからリンクされている詳細ページのパーマリンク一覧を抜き出します。

https://gihyo.jp/dp をブラウザーで開くと電子書籍の一覧が表示されます。図3.5のようにして、開発者ツールで個別の電子書籍ページ（詳細ページ）へのリンクを確認すると、itemprop="url"という属性があることがわかります。これを使って詳細ページのURLを抜き出してみましょう。

▼ 図3.5　個別の電子書籍へのリンク

リスト3.6のように、RequestsでWebページを取得し、lxmlでリンクを抜き出します。

▼ リスト3.6　python_crawler_1.py — 一覧ページからURLの一覧を抜き出す（1）

```
import requests
import lxml.html

response = requests.get('https://gihyo.jp/dp')
root = lxml.html.fromstring(response.content)
for a in root.cssselect('a[itemprop="url"]'):
    url = a.get('href')
    print(url)
```

これをpython_crawler_1.pyという名前で保存して実行すると、URLが表示されます。

```
(scraping) $ python python_crawler_1.py
/dp/ebook/2015/978-4-7741-7477-8
/dp/ebook/2015/978-4-7741-7473-0
/dp/ebook/2015/978-4-7741-7482-2
/dp/ebook/2015/978-4-7741-7465-5
...
/dp/ebook/2015/978-4-7741-7419-8
/dp/ebook/2015/978-4-7741-7411-2
```

```
/dp
/dp/my-page
/dp/information
/dp/help
```

この結果から2つのことに気付きます。

1点目は、詳細ページ以外のリンクが含まれていることです。下から4つのリンクは、詳細ページのものではありません。id="listBook"のul要素に含まれているという条件を追加すると、目的のリンクに絞り込めます。

2点目は、すべて相対URLで表示されることです。絶対URLに変換しましょう。urljoin()関数（**3.6.1**参照）を使っても良いですが、lxml.html.HtmlElementクラスでは、より使いやすいメソッドが提供されています。make_links_absolute()メソッドの第1引数に基準となる絶対URLを指定すると、ドキュメント内のすべてのリンクのhref属性を絶対URLに変換してくれます。

これらの処理を追加すると**リスト3.7**のようになります。response.urlでページのURLを取得できるので、それをmake_links_absolute()メソッドに指定します。

▼ リスト3.7　python_crawler_2.py — 一覧ページからURLの一覧を抜き出す（2）

```python
import requests
import lxml.html

response = requests.get('https://gihyo.jp/dp')
root = lxml.html.fromstring(response.content)
root.make_links_absolute(response.url)  # すべてのリンクを絶対URLに変換する。

# id="listBook"である要素の子孫のa要素のみを取得する。
for a in root.cssselect('#listBook a[itemprop="url"]'):
    url = a.get('href')
    print(url)
```

これをpython_crawler_2.pyという名前で保存して実行します。電子書籍の詳細ページのリンクのみを、絶対URLで取得できています。

```
(scraping) $ python python_crawler_2.py
https://gihyo.jp/dp/ebook/2015/978-4-7741-7477-8
https://gihyo.jp/dp/ebook/2015/978-4-7741-7473-0
https://gihyo.jp/dp/ebook/2015/978-4-7741-7482-2
https://gihyo.jp/dp/ebook/2015/978-4-7741-7465-5
...
https://gihyo.jp/dp/ebook/2015/978-4-7741-7419-8
https://gihyo.jp/dp/ebook/2015/978-4-7741-7411-2
```

このままではあとで拡張して利用しづらいので、関数を使ってリファクタリングしておきます。**リスト3.8**では、main()関数からscrape_list_page()関数を呼び出す形にしています。scrape_list_page()関数の戻り値はlistなどと同様に繰り返し可能なジェネレーターイテレーター[25]です。実行結果は先ほどと変わりません。

▼ リスト3.8　python_crawler_3.py ── 一覧ページからURLの一覧を抜き出す(3)

```python
import requests
import lxml.html


def main():
    """
    クローラーのメインの処理。
    """
    response = requests.get('https://gihyo.jp/dp')
    # scrape_list_page()関数を呼び出し、ジェネレーターイテレーターを取得する。
    urls = scrape_list_page(response)
    for url in urls:  # ジェネレーターイテレーターはlistなどと同様に繰り返し可能。
        print(url)


def scrape_list_page(response):
    """
    一覧ページのResponseから詳細ページのURLを抜き出すジェネレーター関数。
    """
    root = lxml.html.fromstring(response.content)
    root.make_links_absolute(response.url)

    for a in root.cssselect('#listBook a[itemprop="url"]'):
        url = a.get('href')
        yield url  # yield文でジェネレーターイテレーターの要素を返す。

if __name__ == '__main__':
    main()
```

3.7.2　詳細ページからスクレイピングする

続いて、詳細ページから必要な情報をスクレイピングします。一覧ページのときと同じように開発者ツールで確認すると、それぞれ**表3.7**のCSSセレクターで取得できることがわかります。目次は全体を取得すると量が多くなり、確認しづらくなるので、章レベルの目次だけを取得することにします。

---

[25] ジェネレーターやyield文について詳しくはPythonのチュートリアル（https://docs.python.org/3/tutorial/classes.html#generators）を参照してください。

第3章 強力なライブラリの活用

▼ 表3.7　詳細ページで取得したい要素とCSSセレクター

取得したい要素	CSSセレクター
タイトル	#bookTitle
価格	.buy（直接の子である文字列のみ）
目次	#content > h3

詳細ページをクロールし、書籍の情報をスクレイピングする処理を追加すると、**リスト3.9**になります。

▼ リスト3.9　python_crawler_4.py ― 詳細ページからスクレイピングする（1）

```python
import requests
import lxml.html


def main():
    session = requests.Session()  # 複数のページをクロールするのでSessionを使う。
    response = session.get('https://gihyo.jp/dp')
    urls = scrape_list_page(response)
    for url in urls:
        response = session.get(url)  # Sessionを使って詳細ページを取得する。
        ebook = scrape_detail_page(response)  # 詳細ページからスクレイピングして電子書籍の情報を得る。
        print(ebook)  # 電子書籍の情報を表示する。
        break  # まず1ページだけで試すため、break文でループを抜ける。


def scrape_list_page(response):
    root = lxml.html.fromstring(response.content)
    root.make_links_absolute(response.url)

    for a in root.cssselect('#listBook a[itemprop="url"]'):
        url = a.get('href')
        yield url


def scrape_detail_page(response):
    """
    詳細ページのResponseから電子書籍の情報をdictで取得する。
    """
    root = lxml.html.fromstring(response.content)
    ebook = {
        'url': response.url,  # URL
        'title': root.cssselect('#bookTitle')[0].text_content(),  # タイトル
        'price': root.cssselect('.buy')[0].text,  # 価格（.textで直接の子である文字列のみを取得）
        'content': [h3.text_content() for h3 in root.cssselect('#content > h3')],  # 目次
    }
    return ebook  # dictを返す。

if __name__ == '__main__':
    main()
```

複数のページをクロールするので、RequestsのSessionオブジェクトを使います。main()関数のfor文の中では詳細ページを取得します。詳細ページのresponseを引数としてscrape_detail_page()を呼び出し、得られた電子書籍の情報を表示します。

電子書籍の情報を表示したあと、break文で終了していることに注目してください。スクレイピングは試行錯誤を伴う作業なので、まずは最初の1ページのみで試し、成功してから全ページを対象にします。

scrape_detail_page()関数ではCSSセレクターを使ってスクレイピングを行います。タイトルと価格は、root.cssselect()で取得したリストの最初の要素に注目して文字列を取得します。タイトルは要素内のすべての文字列を取得するためにtext_content()メソッドを使い、価格は直接の子である文字列を取得するためにtext属性を使います。目次は、リスト内包表記[*26]を使って章の見出しのリストを取得します。

python_crawler_4.pyという名前で保存して実行すると、書籍の情報を取得できます。

```
(scraping) $ python python_crawler_4.py
{'title': 'WEB+DB PRESS Vol.87', 'price': '1,598円 ', 'url': 'https://gihyo.jp/dp/ebook/2015/
978-4-7741-7477-8', 'content': ['\r\n特集1\r\n今すぐ活かす！ 最新JavaScript\r\n進化した仕様
ECMAScript 6をまるごと解説\r\n', '\r\n特集2\r\n[速習] Google Cloud Platform\r\n世界一のインフラで
サービスを動かす！\r\n', '\r\n特集3\r\nゲームルールの作り方\r\nボードゲーム開発から学ぶ「楽しさ」の源泉
\r\n', '一般記事', '連載', 'コラム', 'Special Report']}
```

おおむね狙い通りに取得できていますが、価格の末尾に空白が入っている点と、目次の要素に改行が含まれている点が気になります。

価格の末尾の空白は、strクラスのstrip()メソッドで削除します。目次の要素に含まれる改行については、normalize_spaces()関数を作り、正規表現で連続する空白を1つのスペースに置き換えます。これらの変更を加えるとリスト3.10のようになります。

▼ リスト3.10　python_crawler_5.py ― 詳細ページからスクレイピングする(2)

```
import re  # reモジュールをインポートする。

import requests
import lxml.html

# (省略)

def scrape_detail_page(response):
    """
    詳細ページのResponseから電子書籍の情報をdictで取得する。
```

[*26] リスト内包表記(List Comprehensions)は、繰り返し可能なオブジェクトに対してある操作を行って、新しいlistを生成するための表記法です。詳しくはPythonのチュートリアル(https://docs.python.org/3/tutorial/datastructures.html#list-comprehensions)を参照してください。

```python
    """
    root = lxml.html.fromstring(response.content)
    ebook = {
        'url': response.url,  # URL
        'title': root.cssselect('#bookTitle')[0].text_content(),  # タイトル
        'price': root.cssselect('.buy')[0].text.strip(),  # 価格 (strip()で前後の空白を削除)
        'content': [normalize_spaces(h3.text_content()) for h3 in root.cssselect('#content > h3')],  # 目次
    }
    return ebook

def normalize_spaces(s):
    """
    連続する空白を1つのスペースに置き換え、前後の空白は削除した新しい文字列を取得する。
    """
    return re.sub(r'\s+', ' ', s).strip()

if __name__ == '__main__':
    main()
```

これを`python_crawler_5.py`という名前で保存して実行すると、うまく取得できます。

```
(scraping) $ python python_crawler_5.py
{'url': 'https://gihyo.jp/dp/ebook/2015/978-4-7741-7477-8', 'content': ['特集1 今すぐ活かす！ 最新
JavaScript 進化した仕様ECMAScript 6をまるごと解説', '特集2 ［速習］Google Cloud Platform 世界一の
インフラでサービスを動かす！', '特集3 ゲームルールの作り方 ボードゲーム開発から学ぶ「楽しさ」の源泉',
'一般記事', '連載', 'コラム', 'Special Report'], 'price': '1,598円', 'title': 'WEB+DB PRESS Vol.87'}
```

3.7.3　詳細ページをクロールする

それでは、すべてのページをクロールしてみましょう。リスト3.11のようにtimeモジュールをインポートし、main()関数の処理を変更すると、すべてのページをクロールできます。main()関数のfor文からbreak文を削除し、代わりに`time.sleep(1)`で1秒間のウェイトを入れます。これによって、サーバーに負荷をかけ過ぎないようにします。

3.7 Pythonによるクローラーの作成

▼リスト3.11　python_crawler_6.py — 詳細ページをクロールする

```python
import time  # timeモジュールをインポートする。
import re

import requests
import lxml.html


def main():
    session = requests.Session()
    response = session.get('https://gihyo.jp/dp')
    urls = scrape_list_page(response)
    for url in urls:
        time.sleep(1)   # 1秒のウェイトを入れる
        response = session.get(url)
        ebook = scrape_detail_page(response)
        print(ebook)

# (省略)
```

これを`python_crawler_6.py`という名前で保存して実行すると、1秒ごとに電子書籍の情報が表示されていき、30個表示されたら終了します。なお、途中で止めるには Ctrl + C を押します。

```
(scraping) $ python python_crawler_6.py
{'title': 'WEB+DB PRESS Vol.87', 'price': '1,598円', 'content': ['特集1 今すぐ活かす！
新JavaScript 進化した仕様ECMAScript 6をまるごと解説', '特集2 [速習]Google Cloud Platform
世界一のインフラでサービスを動かす！', '特集3 ゲームルールの作り方 ボードゲーム開発から学ぶ「楽しさ」の
源泉', '一般記事', '連載', 'コラム', 'Special Report'], 'url': 'https://gihyo.jp/dp/ebook/2015/
978-4-7741-7477-8'}
{'title': 'ほんの1秒もムダなく片づく 情報整理術の教科書', 'price': '1,780円', 'content':
['はじめに なぜ，仕事には整理が必要なのか？', '第1章 仕事を整理する準備をする', '第2章 ファイルを整理して
管理の手間を最小限にする', '第3章 メールを整理してミスやストレスをなくす', '第4章 スケジュールを整理して
使える時間を最大化する', '第5章 ToDoを整理してやるべきことをミスなく効率的にこなす', '第6章 メモやノートを
効率的に記録し，整理して，活用する', '第7章 アイデアや課題を効率的に整理する', '第8章 大量の情報を
効率的に収集し，整理する', '第9章 コミュニケーションを整理してチームでの共同作業を効率化する', 'おわりに
仕事のサイクルを作ろう'], 'url': 'https://gihyo.jp/dp/ebook/2015/978-4-7741-7473-0'}
...
```

3.7.4　スクレイピングしたデータを保存する

　最後の仕上げに、取得したデータをMongoDBに保存しましょう。単に保存するだけでは面白くないので、**3.6.3**で述べたようにキーを設計し、2回目以降はクロール済みのURLはクロールしないようにします。

　リスト3.12がMongoDBに保存する機能を追加した、最終的なクローラーです。

第 3 章 | 強力なライブラリの活用

▼ リスト3.12　python_crawler_final.py ― 最終的なクローラー

```python
import time
import re

import requests
import lxml.html
from pymongo import MongoClient


def main():
    """
    クローラーのメインの処理。
    """
    client = MongoClient('localhost', 27017)  # ローカルホストのMongoDBに接続する。
    collection = client.scraping.ebooks  # scrapingデータベースのebooksコレクションを得る。
    # データを一意に識別するキーを格納するkeyフィールドにユニークなインデックスを作成する。
    collection.create_index('key', unique=True)

    response = requests.get('https://gihyo.jp/dp')  # 一覧ページを取得する。
    urls = scrape_list_page(response)  # 詳細ページのURL一覧を得る。
    for url in urls:
        key = extract_key(url)  # URLからキーを取得する。

        ebook = collection.find_one({'key': key})  # MongoDBからkeyに該当するデータを探す。
        if not ebook:  # MongoDBに存在しない場合だけ、詳細ページをクロールする。
            time.sleep(1)
            response = requests.get(url)
            ebook = scrape_detail_page(response)
            collection.insert_one(ebook)  # 電子書籍の情報をMongoDBに保存する。

        print(ebook)  # 電子書籍の情報を表示する。


def scrape_list_page(response):
    """
    一覧ページのResponseから詳細ページのURLを抜き出す。
    """
    root = lxml.html.fromstring(response.content)
    root.make_links_absolute(response.url)

    for a in root.cssselect('#listBook a[itemprop="url"]'):
        url = a.get('href')
        yield url


def scrape_detail_page(response):
    """
    詳細ページのResponseから電子書籍の情報をdictで得る。
    """
```

```python
    root = lxml.html.fromstring(response.content)
    ebook = {
        'url': response.url,  # URL
        'key': extract_key(response.url),  # URLから抜き出したキー
        'title': root.cssselect('#bookTitle')[0].text_content(),  # タイトル
        'price': root.cssselect('.buy')[0].text.strip(),  # 価格
        'content': [normalize_spaces(h3.text_content()) for h3 in root.cssselect('#content > h3')],  # 目次
    }
    return ebook

def extract_key(url):
    """
    URLからキー（URLの末尾のISBN）を抜き出す。
    """
    m = re.search(r'/([^/]+)$', url)
    return m.group(1)

def normalize_spaces(s):
    """
    連続する空白を1つのスペースに置き換え、前後の空白は削除した新しい文字列を取得する。
    """
    return re.sub(r'\s+', ' ', s).strip()

if __name__ == '__main__':
    main()
```

　main()関数の冒頭でMongoDBに接続して、ebooksコレクションを取得します。このコレクションにはkeyという名前のユニークなインデックスを作成します。keyはパーマリンクから取得したキーを格納するためのフィールドです。

　パーマリンクからキーを取得するためのextract_key()関数も追加しています。この関数は例えばhttps://gihyo.jp/dp/ebook/2015/978-4-7741-7477-8というURLから、ISBNを表す978-4-7741-7477-8をキーとして抜き出します。scrape_detail_page()関数では、keyフィールドにextract_key()で取得したキーを設定しています。

　main()関数のfor文では、URLをクロールする前にそのURLからキーを抜き出して、データが既にデータベースに存在しないか確認します。既に存在する場合は、そのURLにはアクセスせず、データベースに格納されているデータを表示します。既に存在しない場合は、実際にWebページの取得とスクレイピングを行い、データベースにデータを格納します。

　これをpython_crawler_final.pyという名前で保存して実行すると、先ほどと同様に1秒ごとに電子書籍の情報が表示されていきます。あらかじめMongoDBを起動しておくのを忘れないでください（3.5.2参照）。

```
(scraping) $ python python_crawler_final.py
{'title': 'WEB+DB PRESS Vol.87', 'content': ['特集1 今すぐ活かす! 最新JavaScript 進化した仕様
ECMAScript 6をまるごと解説', '特集2 [速習]Google Cloud Platform 世界一のインフラでサービスを動かす!',
'特集3 ゲームルールの作り方 ボードゲーム開発から学ぶ「楽しさ」の源泉', '一般記事', '連載', 'コラム',
'Special Report'], 'url': 'https://gihyo.jp/dp/ebook/2015/978-4-7741-7477-8', '_id':
ObjectId('557ee91df6d98709befe63dd'), 'price': '1,598円', 'key': '978-4-7741-7477-8'}
{'title': 'ほんの1秒もムダなく片づく 情報整理術の教科書', 'content': ['はじめに なぜ, 仕事には整理が
必要なのか?', '第1章 仕事を整理する準備をする', '第2章 ファイルを整理して管理の手間を最小限にする',
'第3章 メールを整理してミスやストレスをなくす', '第4章 スケジュールを整理して使える時間を最大化する',
'第5章 ToDoを整理してやるべきことをミスなく効率的にこなす', '第6章 メモやノートを効率的に記録し, 整理して,
活用する', '第7章 アイデアや課題を効率的に整理する', '第8章 大量の情報を効率的に収集し, 整理する',
'第9章 コミュニケーションを整理してチームでの共同作業を効率化する', 'おわりに 仕事のサイクルを作ろう'],
'url': 'https://gihyo.jp/dp/ebook/2015/978-4-7741-7473-0', '_id': ObjectId('557ee91ff6d98709befe63
de'), 'price': '1,780円', 'key': '978-4-7741-7473-0'}}
...
```

クローラーが終了したあとに再度実行すると、既に取得済みのデータはデータベースから取得して表示されていることがわかるでしょう。例えばこのクローラーを1日1回動かすと、新しく追加された電子書籍の情報だけを効率的にクロールできます。

解説はここまでですが、ページから取得する情報を増やしたり、ページャーをたどってさらに多くの書籍を取得したりと拡張してみても良いでしょう。

3.8 まとめ

本章では、強力なサードパーティライブラリを活用し、Pythonでクローラーを作成しました。Webページの取得、スクレイピング、データの保存のいずれの工程も、標準ライブラリに比べて簡単かつ強力にできることがわかったでしょうか。ライブラリを使うと、Pythonでできることが大幅に広がります。ぜひ様々なライブラリを使ってみましょう[27]。

Pythonで基本的なクローラーを作成できるようになりましたが、実際のWebサイトを対象にクローラーを実行してデータを取得する際は、知っておくべきことが他にもあります。次章では、相手のWebサイトに迷惑をかけないための注意事項や、Webサイトの変化に対応する方法など実用に欠かせない知識やテクニックを紹介します。

---

[27] Awesome Python (http://awesome-python.com/) には、開発環境やWeb開発、テキスト処理や画像処理、データ解析など、非常に多岐にわたる分野の便利なライブラリが紹介されています。一度目を通してみることをオススメします。

第 4 章

Python Crawling & Scraping

実用のためのメソッド

第4章 実用のためのメソッド

　実際のWebサイトを対象としてクローラーを実行する前に、押さえておくべき注意点や設計方法があります。Webページを次々と取得するクローリングは、多少なりとも相手のWebサイトに影響を与える社会的な行為です。クローラーが相手の迷惑にならないよう、良識的な振る舞いをする必要があります。自分の都合だけを考えて大量のページを高速にクロールすると、相手のWebサイトに過度な負荷を与えかねません。本章では、問題を避けるための注意点や、効率よく動作させるためのより良い設計を解説します。

4.1 クローラーの分類

　一口にクローラーと言っても、対象となるWebサイトによってその性質は様々です。クローラーの分類を知っておくことで、クロール対象のWebサイトに合わせて適切なクローラーを作成できるようになるでしょう。

　本節では、次の3つの軸でクローラーを分類し、それぞれの特徴を見ていきます。

- 状態を持つかどうか
- JavaScriptを解釈するかどうか
- 不特定多数のサイトを対象とするかどうか

　前章までで作成したクローラーは、状態を持たず、JavaScriptを解釈せず、特定のWebサイトだけを対象とするシンプルなクローラーに分類されます。

4.1.1 状態を持つかどうかによる分類

　状態を持つかどうかでクローラーを分類すると、次の2つに分類できます。

- 状態を持つ（ステートフルな）クローラー
- 状態を持たない（ステートレスな）クローラー

　HTTPはステートレスに設計されたプロトコルであり、あるリクエストは他のリクエストの影響を受けません。しかしWebアプリケーションでは、ECサイトのショッピングカートや会員制サイトでのロ

グインのように利用者を識別して状態を保持する機能が必要とされました。そこで、ステートレスなHTTP上で状態を保持するために、Cookieが広く使われています。

Cookie（クッキー） はHTTPリクエスト・レスポンスに小さなデータを付加して送受信する仕組みです。サーバーがHTTPレスポンスのSet-Cookieヘッダーで値を送信すると、クライアントはその値を保存します。クライアントが次回以降そのWebサイトにHTTPリクエストを送る際は、保存しておいた値をCookieヘッダーで送ります。サーバーが利用者一人ひとりに異なるデータを送ることで、利用者を識別できます。

▼ 図4.1　Cookieの仕組み

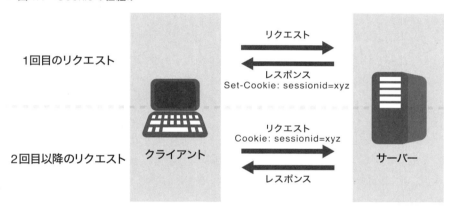

クローラーの作成にあたっては、Cookieの送受信を必ずしも実装する必要性はありません。ですが、ログインが必要なWebサイトをクロールするにはCookieに対応する、すなわち状態を持つクローラーを作成する必要があります。Requests（**3.2**参照）では、Sessionオブジェクトを使うと、サーバーから受信したCookieを次回以降のリクエストで自動的に送信できます。

HTTPで状態を表現するための別の手段として、Referer（リファラー）があります。**Referer** は1つ前に閲覧したページ（リンク元のページ）のURLをサーバーに送るためのHTTPヘッダーです。

Webサイトによっては、このRefererの値によってリクエストを許可するかどうか判断することがあります。例えば画像ファイルへのリクエストで、Refererの値が同一サイト内のURLである場合のみ許可するケースです。この場合、通常のブラウザーと同じように画像のリンク元のページのURLをRefererヘッダーとして送る必要があります。

5.5では状態を持つクローラーを作成し、Webサイトにログインして情報を取得します。

4.1.2 JavaScriptを解釈するかどうかによる分類

JavaScriptを解釈するかどうかでクローラーを分類すると、次の2つに分類できます。

- JavaScriptを解釈するクローラー
- JavaScriptを解釈しないクローラー

今日の多くのWebサイトではJavaScriptが使われています。簡単なアニメーションや入力値のチェックなど補助的に使われる場合もありますが、近年ではSingle Page Application（SPA）と呼ばれる、データの表示をすべてJavaScriptで行うWebサイトも出てきています。このようなWebサイトをクロールするには、JavaScriptを解釈する必要があります。

JavaScriptを解釈するクローラーを作成するには、Seleniumを利用しましょう。**Selenium**[1]はプログラムからブラウザーを自動操作するツールです。FirefoxやGoogle Chromeなどの一般的なブラウザーだけでなく、ヘッドレスブラウザーと呼ばれる画面を持たないブラウザーも自動操作できます。ヘッドレスブラウザーは、GUIがないサーバー環境でも動かしやすく、メモリなどのリソース消費も少なくて済むというメリットがあります。

Seleniumから使えるヘッドレスブラウザーとしては、PhantomJSが有名です。**PhantomJS**[2]は、Safariで使われているWebレンダリングエンジンのWebKitをベースにしたヘッドレスブラウザーです。これらのツールはWebサイトの自動テストツールとして発展してきたものですが、クローラーの作成にも役立ちます。本書ではPhantomJSをSelenium経由で使い、PythonでJavaScriptを解釈するクローラーを作成します。

このようなJavaScriptを解釈するクローラーは役立つ場面も多いですが、HTMLのみを解釈するクローラーに比べて1ページあたりの処理に時間がかかり、メモリ消費も増える傾向があります。通常のブラウザーと同じように外部のJavaScriptやCSS、画像を読み込んだり、JavaScriptを実行したりするためです。JavaScriptの実行が必要なページに絞って使うなど工夫することで、手軽さと高速さを両立させましょう。

5.6ではJavaScriptを解釈するクローラーを作成します。

---

[1] http://www.seleniumhq.org/
[2] http://phantomjs.org/

4.1.3 不特定多数のサイトを対象とするかどうかによる分類

クロール対象のサイトが不特定多数かどうかでクローラーを分類すると、次の2つに分類できます。

- 特定のWebサイトだけを対象とするクローラー
- 不特定多数のWebサイトを対象とするクローラー

前者のクローラーは、特定のWebサイトからデータを収集したい場合に使います。そのWebサイトに合わせて調整できるため、比較的容易に作成できます。

後者のクローラーはGoogle検索エンジンを実現するGooglebotや、利用者が入力した任意のURLをクロールするためのクローラーなどが該当します。あらゆるWebサイトに対応する汎用性が必要となるため、難易度が上がります。手書きのHTMLで構成されたサイトやJavaScriptを多用したサイトなど、実に様々なWebサイトがあるためです。ページ内から一番主要と思われる文章や画像を取得するといった、ページの構造に依存しない仕組みが必要とされることも多くあります。また不特定多数のWebサイトを対象にクロールする場合、クロール対象のページも膨大になるので、同時並行処理による高速化が重要になってきます。抜き出したデータをストレージに保存する際の書き込み速度の対策なども必要になります。

4.2 クローラー作成にあたっての注意

クローラーの作成にあたって、著作権を侵害したり、クロール先のWebサイトに迷惑をかけたりしないために注意すべき点があります。

2010年には、岡崎市立中央図書館の蔵書検索システムから新着図書データを取得するためにクロールしていた開発者が、偽計業務妨害罪で逮捕されるという事件が発生しました。結果的に強い故意が認められなかったために不起訴となりましたが、クローラー作成者には大きな衝撃を与えました。特に、1秒に1アクセスという常識的なクローラーでありながら逮捕に至ったこと、トラブルの根本的な原因が蔵書検索システム側の不具合にあったことから議論を呼びました。

このような事態を避けるためにも、適切なクロール間隔を空けること、連絡先を明示すること、適切なエラー処理を行うことなどを守るようにしましょう。

4.2.1 著作権と利用規約

クローラーの作成にあたって注意すべき著作権と利用規約について解説します。筆者は法律の専門家ではなく、独自研究によるものを紹介しています。個別の事案に対する法的リスクなどについては弁護

第 4 章 | 実用のためのメソッド

士に相談してください。

著作物の要件「思想又は感情を創作的に表現したものであつて、文芸、学術、美術又は音楽の範囲に属するもの」を満たすものは、著作権法[*3]によって保護されます。この要件はわかりにくいですが、Webページは基本的に著作物だと考えておくと良いでしょう。著作権法では、著作物の利用を許諾したり禁止したりする権利として、表4.1[*4]の著作権（財産権）が著作権者に認められています。

▼ 表4.1　著作権（財産権）（著作物の利用を許諾したり禁止する権利）

権利 （括弧内は著作権法の条文の番号）	説明
複製権（21条）	著作物を印刷，写真，複写，録音，録画その他の方法により有形的に再製する権利
上演権・演奏権（22条）	著作物を公に上演し，演奏する権利
上映権（22条の2）	著作物を公に上映する権利
公衆送信権等（23条）	著作物を公衆送信し，あるいは，公衆送信された著作物を公に伝達する権利
口述権（24条）	著作物を口頭で公に伝える権利
展示権（25条）	美術の著作物又は未発行の写真の著作物を原作品により公に展示する権利
頒布権（26条）	映画の著作物をその複製物の譲渡又は貸与により公衆に提供する権利
譲渡権（26条の2）	映画の著作物を除く著作物をその原作品又は複製物の譲渡により公衆に提供する権利（一旦適法に譲渡された著作物のその後の譲渡には，譲渡権が及ばない）
貸与権（26条の3）	映画の著作物を除く著作物をその複製物の貸与により公衆に提供する権利
翻訳権・翻案権等（27条）	著作物を翻訳し，編曲し，変形し，脚色し，映画化し，その他翻案する権利
二次的著作物の利用に関する権利（28条）	翻訳物，翻案物などの二次的著作物を利用する権利

特にクローラーの作成において問題になるのは、次の3つの権利でしょう。

- 複製権：収集したWebページを保存する権利
- 翻案権：収集したWebページから新たな著作物を創造する権利
- 公衆送信権：収集したWebページをサーバーから公開する権利

これらの行為には基本的に著作権者の許諾が必要ですが、私的使用の範囲内の複製など、使用目的によっては著作権者の許諾なく自由に行うことが認められています。さらに2009年の著作権法改正によって、情報解析を目的とした複製や検索エンジンサービスの提供を目的とした複製・翻案・自動公衆送信が、著作権者の許諾なく行えるようになりました。

ただし、これらの利用については一定の条件があるため注意が必要です。特に検索エンジンサービスを目的としたクロールにおいては、次のように細かく条件が定められているため、詳しくは著作権法第47条の6や関連する政令等を参照してください。

[*3] 著作権法第2条第1項第1号より。著作権については日本の著作権法に基づいて解説しますが、日本が加入している条約により、海外のWebページも日本のWebページと同様に著作権法で保護されます。

[*4] 文化庁のWebサイト（http://www.bunka.go.jp/seisaku/chosakuken/seidokaisetsu/gaiyo/kenrinaiyo.html）より引用。

- 会員のみが閲覧可能なサイトのクロールには著作権者の許諾が必要なこと
- robots.txtやrobots metaタグで拒否されているページをクロールしないこと（**4.2.2**で解説）
- クロールした後に拒否されたことがわかった場合は保存済みの著作物を消去すること
- 検索結果では元のWebページにリンクすること
- 検索結果として表示する著作物は必要と認められる限度内であること
- 違法コンテンツであることを知った場合は公衆送信をやめること

著作権以外に気をつけるべき点として、Webサイトの利用規約があります。Webサイトによっては、利用規約でクローリングが明示的に禁止されている場合があります。利用規約に同意した上で閲覧しているWebサイトをクロールする場合には、Webサイトの利用規約をよく読み、クローリングが禁止されていないか事前に確認する必要があります。

4.2.2 robots.txtによるクローラーへの指示

Webサイトがクローラーに対して特定のページをクロールしないよう指示するために、robots.txtとrobots metaタグが広く使われています。これらについて解説します。

● robots.txt

robots.txt[*5]はWebサイトのトップディレクトリに配置されるテキストファイルです。例えば、https://gihyo.jp/のrobots.txtはhttps://gihyo.jp/robots.txtに置かれます。

robots.txtの中身はRobots Exclusion Protocolとして標準化されており、GoogleやBingなど主要な検索エンジンのクローラーはこの標準に従っていると表明しています。表4.2のディレクティブ[*6]でクローラーへの指示が記述されます。

▼ 表4.2 robots.txtの代表的なディレクティブ

ディレクティブ	説明
User-Agent	以降のディレクティブの対象となるクローラーを表す。
Disallow	クロールを禁止するパスを表す。
Allow	クロールを許可するパスを表す。
Sitemap	XMLサイトマップのURLを表す（**4.2.3**で解説）。
Crawl-delay	クロール間隔を表す（**4.2.4**で解説）。

リスト4.1は、すべてのクローラーに対してすべてのページのクロールを許可しないrobots.txtです。`User-agent: *`はすべてのクローラーが対象であることを意味します。`Disallow: /`は/で始まるすべて

[*5] http://www.robotstxt.org/robotstxt.html
[*6] 標準化されているのは`User-agent`ディレクティブと`Disallow`ディレクティブのみですが、多くのクローラーが拡張として他のディレクティブもサポートしているため、広く使われています。

のパス、すなわちこのサイトのすべてのページのクロールを許可しないという意味になります。

▼ リスト4.1　すべてのページのクロールを許可しないrobots.txt
```
User-agent: *
Disallow: /
```

リスト4.2のようにDisallowディレクティブが空の場合は、何も禁止しないという意味になるので、すべてのページのクロールが許可されていることになります。

▼ リスト4.2　すべてのページのクロールを許可するrobots.txt
```
User-agent: *
Disallow:
```

リスト4.3の場合、User-Agentヘッダー（4.2.5で解説）にannoying-botという文字列を含むクローラーはすべてのページのクロールを禁止し、その他のクローラーは/old/と/tmp/以下のみ禁止するという意味になります。

▼ リスト4.3　特定のクローラーに対してクロールを許可しないrobots.txt
```
User-agent: *
Disallow: /old/
Disallow: /tmp/

User-agent: annoying-bot
Disallow: /
```

リスト4.4のようにAllowディレクティブが使われている場合、/articles/以下のパスは許可するが、他のパスはすべて許可しないという意味になります。

▼ リスト4.4　/articles/以下のみクロールを許可するrobots.txt
```
User-agent: *
Allow: /articles/
Disallow: /
```

● robots.txtのパース

Pythonの標準ライブラリのurllib.robotparserにはrobots.txtをパースするためのRobotFileParserクラスが含まれています。次のようにrobots.txtを簡単に扱えます。

```
>>> import urllib.robotparser
>>> rp = urllib.robotparser.RobotFileParser()
>>> rp.set_url('http://gihyo.jp/robots.txt')  # set_url()でrobots.txtのURLを設定する。
>>> rp.read()  # read()でrobots.txtを読み込む。
# cat_fetch()の第1引数にUser-Agentの文字列を、第2引数に対象のURLを指定すると、
# そのURLのクロールが許可されているかどうかを取得できる。
>>> rp.can_fetch('mybot', 'http://gihyo.jp/')
True
```

Allowディレクティブの扱いは実装によって異なるため注意が必要です。Python標準ライブラリの`RobotFileParser`クラスは、AllowディレクティブもDisallowディレクティブも一緒に上から順に評価し、最初にパスがマッチするものを採用します。一方で、Google検索エンジンのクローラーであるGooglebotは、基本的にパスが長いディレクティブから順に評価し、最初にマッチするものを採用します。

● robots metaタグ

robots.txtと同様の目的で使われる方法として、**robots metaタグ**[7]があります。次のように、HTMLのmetaタグにクローラーへの指示が記述されます。

```
<meta name="robots" content="noindex">
```

content属性に使用される値としては、次のものがあります。カンマで区切って複数の値が指定されることもあります。

- nofollow: このページ内のリンクをたどることを許可しない
- noarchive: このページをアーカイブとして保存することを許可しない
- noindex: このページを検索エンジンにインデックスすることを許可しない

robots.txtやrobots metaタグは、拘束力のない紳士協定です。これらの指示に従うかどうかは、クローラー作成者が決められます。ですが、相手のWebサイトに迷惑をかけないようにするため、クローラーを作成する際には、これらの指示に従うべきです。特に著作権法で認められている検索エンジンサービスの提供を目的としてクロールを行う際は、robots.txtやrobots metaタグに従う必要があります。

4.2.3 XMLサイトマップ

XMLサイトマップ[8]は、Webサイトがクローラーに対してクロールして欲しいURLのリストを提示するためのXMLファイルです。

---

[7] http://www.robotstxt.org/meta.html
[8] http://www.sitemaps.org/ja/

XMLサイトマップにはWebサイトがクロールを望むページのURLがすべて列挙されます。XMLサイトマップを参照してクロールすると、やみくもに複数のページのリンクをたどっていくのに比べて、クロールが必要なページ数が少なくて済むので効率的です。XMLサイトマップはWebサイトの構造を知らせるために設けるサイトマップページとは別物です。

リスト4.5にXMLサイトマップの例を示しています。ルート要素として`urlset`要素があり、複数の`url`要素を持ちます。`loc`要素にページの絶対URLが記述されます。

▼ リスト4.5　XMLサイトマップの例

```xml
<?xml version="1.0" encoding="UTF-8"?>
<urlset xmlns="http://www.sitemaps.org/schemas/sitemap/0.9">
    <url>
        <loc>http://www.example.com/</loc>
        <lastmod>2005-01-01</lastmod>
        <changefreq>monthly</changefreq>
        <priority>0.8</priority>
    </url>
    ...
</urlset>
```

大規模なサイトのXMLサイトマップはファイルサイズが大きくなるので、gzip圧縮されることも多いです。1つのXMLサイトマップは10MB以内、かつ含まれるURLが50,000個以内とされており、この制限を超える場合は複数のサイトマップに分割されます。このとき、分割した複数のサイトマップのURLをクローラーに知らせるために、サイトマップインデックスが使われる場合もあります。**サイトマップインデックス**は、複数のサイトマップのURLを含むXMLファイルです。

リスト4.6に2つのサイトマップのURLを含むサイトマップインデックスの例を示しています。ルート要素として`sitemapindex`要素があり、複数の`sitemap`要素を持ちます。`loc`要素にサイトマップの絶対URLが記述されます。

▼ リスト4.6　サイトマップインデックスの例

```xml
<?xml version="1.0" encoding="UTF-8"?>
<sitemapindex xmlns="http://www.sitemaps.org/schemas/sitemap/0.9">
    <sitemap>
        <loc>http://www.example.com/sitemap1.xml.gz</loc>
        <lastmod>2005-01-01</lastmod>
    </sitemap>
    <sitemap>
        <loc>http://www.example.com/sitemap2.xml.gz</loc>
        <lastmod>2005-01-01</lastmod>
    </sitemap>
</sitemapindex>
```

XMLサイトマップまたはサイトマップインデックスのURLは、robots.txtのSitemapディレクティブに記述されます。Sitemapディレクティブは複数存在する場合もあります。

```
Sitemap: http://www.example.com/sitemap.xml
```

4.2.4　クロール先の負荷

クローラーを実行する際には、クロール先のWebサイトの負荷を考慮する必要があります。あなたのクローラーがWebサーバーの処理能力の多くを占めてしまうと、他の人がそのWebサイトを閲覧できなくなってしまいます。商用サイトの場合は、業務妨害となる可能性もあります。クロール先に負荷をかけ過ぎないようにする方法を解説します。

まず考慮すべき点として、**同時接続数**があります。1つのWebサーバーが同時に処理できる接続数は限られているので、同時接続数を増やすと、それだけあなたのクローラーがWebサーバーの処理能力を専有してしまうことになります。

最近のブラウザーは、1ホストあたり最大6の同時接続を張ると言われていますが、クローラーの同時接続数はこれよりも減らすべきでしょう。ブラウザーは基本的に人間がリンクをクリックしたときにしかアクセスしないのに対し、クローラーは複数のページを長時間に渡って順次取得していくため、負荷のかかり方が異なるためです。

同時接続数が1であっても、間隔を空けずに次々とWebページを取得すると相手のサーバーに負荷をかけます。このため、**クロール間隔**についても考慮が必要です。並列にクロールしなければウェイトは必要ないという考え方もありますが、慣例としてクロールの間には1秒以上のウェイトを入れることが望ましいでしょう。例えば、国立国会図書館が国や地方公共団体、大学などの公的機関を対象に運用しているクローラーも1秒以上の間隔を空けています[*9]。

また、robots.txtの`Crawl-delay`ディレクティブでは、Webサイトがクローラーに守ってほしいクロール間隔を提示できます。robots.txtに`Crawl-delay`ディレクティブが存在する場合は、その秒数の間隔を空けてリクエストするようにしましょう。

同時接続数やクロール間隔の適切な値は相手のWebサイトによるため一概には決められません。特に個人や小さな企業・組織が運営しているWebサイトでは、多くの同時接続数や短いクロール間隔に耐えられないこともあります。一般に、静的なHTMLファイルを提供するのに比べて、PHPやJavaなどのプログラムで自動生成したページを提供するほうがサーバーの処理に負荷がかかります。基本的には単一の接続で1秒以上のウェイトを空けてクローラーを動かし、Webサイトの挙動を見て調整するのが良いでしょう。

[*9]　http://warp.da.ndl.go.jp/bulk_info.pdf

RSSやXMLサイトマップなど、HTMLを取得する以外の手段が存在する場合は、なるべくその手段を利用しましょう。様々な情報が含まれているHTMLに比べてサーバーの負荷が少なく、ダウンロードするファイルサイズも小さくて済むことが多いためです。また、一度クロールしたページはキャッシュし、一定の時間内は同じページをクロールしないようにすることで負荷を軽減できます。

4.2.5 連絡先の明示

サーバー管理者から見ると、クローラーからのアクセスに困っているときに、クローラーの作成者に連絡する手段があると問題を解決しやすくなります。

連絡先を明示する手段として、クローラーの **User-Agent** ヘッダーに連絡先のURLやメールアドレスを書く方法があります。HTTPのUser-Agentヘッダーには任意の文字列を記入でき、Webサーバーのアクセスログの一部として記録されることが多いため、サーバー管理者がアクセスログを見て連絡を取ることができます。

Google検索エンジンのクローラー、Googlebotは次のUser-Agentヘッダーを使います。

```
Mozilla/5.0 (compatible; Googlebot/2.1; +http://www.google.com/bot.html)
```

この中には、http://www.google.com/bot.html というURLが含まれており、サーバーの管理者はこのURLにアクセスしてクローラーの情報を得ることができます。このようなページを用意できない場合でも、Webサービスのトップページなど、連絡先がわかるページのURLを書くと良いでしょう。データ解析目的の場合やWebサービスが開発中の場合など、適当なURLがない場合は連絡先のメールアドレスを記します。

4.2.6 ステータスコードとエラー処理

余計な負荷をかけない行儀の良いクローラーを作るためには、エラー処理も大切です。Webサーバーがアクセス過多であるというレスポンスを返しているにも関わらず、何度も繰り返しリクエストを送ると、いつまで経ってもアクセス過多の状態が解消されません。

● HTTP通信におけるエラーの分類

Webサーバーにアクセスする際のエラーは、大きく2種類に分けられます。

- ネットワークレベルのエラー
- HTTPレベルのエラー

前者のエラーは、DNS解決の失敗や通信のタイムアウトなどがあり、サーバーと正常に通信できて

いない場合に発生します。

　後者のエラーは、サーバーと正常に通信できているものの、HTTPレベルで問題がある場合に発生します。WebサーバーはHTTPレスポンスのステータスコードでリクエストの結果を返します。代表的なステータスコードは表4.3のもので、4xxがクライアントのエラーを、5xxがサーバーのエラーを表します。

▼ 表4.3　代表的なHTTPステータスコード（※は一時的なエラーと考えられるもの）

ステータスコード	説明
100 Continue	リクエストが継続している。
200 OK	リクエストは成功した。
301 Moved Permanently	リクエストしたリソースは恒久的に移動した。
302 Found	リクエストしたリソースは一時的に移動した。
304 Not Modified	リクエストしたリソースは更新されていない。
400 Bad Request	クライアントのリクエストに問題があるため処理できない。
401 Unauthorized	認証されていないため処理できない。
403 Forbidden	リクエストは許可されていない。
404 Not Found	リクエストしたリソースは存在しない。
408 Request Timeout（※）	一定時間内にリクエストが完了しなかった。
500 Internal Server Error（※）	サーバー内部で予期せぬエラーが発生した。
502 Bad Gateway（※）	ゲートウェイサーバーが背後のサーバーからエラーを受け取った。
503 Service Unavailable（※）	サーバーは一時的にリクエストを処理できない。
504 Gateway Timeout（※）	ゲートウェイサーバーから背後のサーバーへのリクエストがタイムアウトした。

● HTTP通信におけるエラーへの対処法

　エラーが発生したときの対処法は、時間を置いてリトライするか、そのページを単に諦めるかです。一時的なエラーと考えられる場合はリトライし、リトライしても変わらないと考えられる場合は単に諦めるのが良いでしょう。

　ネットワークレベルのエラーは、設定が間違っているのでない限り一時的なエラーと考えられます。HTTPレベルのエラーのうち、**表4.3**で※をつけたステータスコードは一時的なエラーと考えられます。

　時間を置いてリトライする場合は、リトライ回数が増える度に指数関数的にリトライ間隔を増やす（例：1秒、2秒、4秒、8秒...）と、サーバーが一時的にアクセス過多になっている場合に負荷を軽減できます。

　時間を置いて何回かリトライしても同様のエラーが返ってくる場合、そのページは諦めた方が良いでしょう。単一のページだけでなく、同じサイトの別のページでも同じエラーが継続的に発生する場合は、クローラーまたはサーバーに深刻な問題が発生している可能性があります。この場合はクローラーを停止するのが安全です。

第4章 実用のためのメソッド

● Pythonによるエラー処理

　Requestsを使ってWebページを取得する際に、エラー処理を行う例を**リスト4.7**に示しました。fetch()という関数を定義し、一時的なエラーが発生した場合には最大3回までリトライします。

　ここでアクセスしているURL（http://httpbin.org/status/200,404,503）は、ランダムに200, 404, 503のいずれかのステータスコードを返します[*10]。200と404が返ってきたときはResponseオブジェクトをreturnし、503が返ってきたときはリトライします。

▼ リスト4.7　error_handling.py ── ステータスコードに応じたエラー処理

```python
import time

import requests

TEMPORARY_ERROR_CODES = (408, 500, 502, 503, 504)  # 一時的なエラーを表すステータスコード。


def main():
    """
    メインとなる処理。
    """
    response = fetch('http://httpbin.org/status/200,404,503')
    if 200 <= response.status_code < 300:
        print('Success!')
    else:
        print('Error!')


def fetch(url):
    """
    指定したURLを取得してResponseオブジェクトを返す。一時的なエラーが起きた場合は最大3回リトライする。
    """
    max_retries = 3  # 最大で3回リトライする。
    retries = 0  # 現在のリトライ回数を示す変数。
    while True:
        try:
            print('Retrieving {0}...'.format(url))
            response = requests.get(url)
            print('Status: {0}'.format(response.status_code))
            if response.status_code not in TEMPORARY_ERROR_CODES:
                return response  # 一時的なエラーでなければresponseを返す。

        except requests.exceptions.RequestException as ex:
            # ネットワークレベルのエラー (RequestException) の場合はリトライする。
            print('Exception occured: {0}'.format(ex))
```

　[*10]　http://httpbin.org/ はHTTPクライアントのテストに使えるWebサービスで、他にも様々な機能があります。

```
            retries += 1
            if retries >= max_retries:
                raise Exception('Too many retries.')  # リトライ回数の上限を超えた場合は例外を発生させる。

            wait = 2**(retries - 1)  # 指数関数的なリトライ間隔を求める(**はべき乗を表す演算子)。
            print('Waiting {0} seconds...'.format(wait))
            time.sleep(wait)  # ウェイトを取る。

if __name__ == '__main__':
    main()
```

このスクリプトをerror_handling.pyという名前で保存して実行します。実行結果は次のようになります。運が悪ければ(ある意味良ければ)3回とも503が返ってきて例外が発生します。

```
(scraping) $ python error_handling.py
Retrieving http://httpbin.org/status/200,404,503...
Status: 503
Waiting 1 seconds...
Retrieving http://httpbin.org/status/200,404,503...
Status: 200
Success!
```

リトライ処理は定型的な記述が多いので、ライブラリで記述を省略できます。retrying[11]は関数に@retryデコレーター[12]を付加することで、リトライ処理を簡潔に書けるライブラリです。リスト4.8はretryingを使ってリスト4.7のfetch()関数を書き直したものです。fetch()関数内では1回の処理についてのみ記述すれば、例外が発生したときはデコレーターに指定した条件でリトライされます。本質的な処理に集中でき、見通しが良くなります。

▼ リスト4.8　error_handling_with_retrying.py — retryingを使ってリトライ処理を簡潔に書く

```
import requests
from retrying import retry  # pip install retrying

# (省略)

# stop_max_attempt_numberは最大リトライ回数を指定する。
# wait_exponential_multiplierは指数関数的なウェイトを取る場合の、初回のウェイトをミリ秒単位で指定する。
@retry(stop_max_attempt_number=3, wait_exponential_multiplier=1000)
def fetch(url):
    """
```

[11] https://pypi.python.org/pypi/retrying　本書ではバージョン1.3.3を使用します。
[12] デコレーターは関数やクラスを修飾するための構文です。詳しくはPythonの用語集(https://docs.python.org/3/glossary.html#term-decorator)を参照してください。

```python
    """
    指定したURLを取得してResponseオブジェクトを返す。一時的なエラーが起きた場合は最大3回リトライする。
    """
    print('Retrieving {0}...'.format(url))
    response = requests.get(url)
    print('Status: {0}'.format(response.status_code))
    if response.status_code not in TEMPORARY_ERROR_CODES:
        return response  # 一時的なエラーでなければresponseを返す。

    # 一時的なエラーの場合は例外を発生させてリトライする。
    raise Exception('Temporary Error: {0}'.format(response.status_code))

if __name__ == '__main__':
    main()
```

4.3　繰り返しの実行を前提とした設計

クローラー作成の際には、たとえ1回しか実行しないつもりのものでも、繰り返し実行することを念頭に置いて作成するのが大切です。これは主に2つの理由によります。

- 更新されたデータだけを取得できるようにするため
- エラーなどで停止した後に途中から再開できるようにするため

例えば、ブログを対象とするクローラーを毎日1回動かして記事を収集する場合、更新された記事だけをクロールすれば素早く完了します。結果的に相手のサーバーに与える負荷も減らせます。

クローリングには失敗がつきもので、様々な要因により途中でクローラーが止まってしまうことがあります。このような場合でも続きから再開できるようにしておくと、途中までのクロール結果が無駄になりません。

さて、繰り返し実行できるようにするためには、どうすれば良いでしょうか。**3.6.3**で紹介したように、クロール済みのURLから取得したキーをデータベースに保存していれば、キーが存在しない場合のみクロールできます。実際、**3.7.4**で作成したクローラーは、クロール済みのURLはクロールしないようになっています。

ただ、クロール済みのWebページが更新されたときに再度クロールしたい場合は、もう少し複雑な処理が必要です。クローラーを繰り返し実行することを念頭に置き、更新されたデータだけを取得する方法を解説します。

4.3.1　更新されたデータだけを取得する

更新されたデータだけを取得するための単純な方法としては、クロール時にその日時を保存しておき、

1日や1週間のように一定時間経過したら再度クロールするというものがあります。こうすることで、最近アクセスしていないページのみをクロールできます。

しかし、特に不特定多数のWebサイトをクロールする場合はWebサイトによって更新頻度が異なるため、HTTPのキャッシュポリシーに従うと良いでしょう。HTTPのキャッシュについてはRFC 7234[13]で定められています。HTTPサーバーはレスポンスに表4.4のようなキャッシュに関するヘッダーをつけることで、HTTPクライアントに対してコンテンツのキャッシュ方針を指示できます。

▼ 表4.4　キャッシュに関するHTTPヘッダー

HTTPヘッダー	説明
Last-Modified	コンテンツの最終更新日時を表す。
ETag	コンテンツの識別子を表す。コンテンツが変わるとETagの値も変わる。
Cache-Control	コンテンツをキャッシュしても良いかなど、キャッシュ方針を指示する。
Pragma	Cache-Controlと似たものだったが、現在では後方互換のためだけに残されている。
Expires	コンテンツの有効期限を示す。

これらのヘッダーを自分で処理するのは手間がかかるので、ライブラリを使います。例えばWebページの取得にRequestsを使う場合は、CacheControl[14]が役立ちます。リスト4.9のようにRequestsのSessionオブジェクトをラップし、透過的にキャッシュを扱えます。

▼ リスト4.9　request_with_cache.py — CacheControlを使ってキャッシュを処理する

```
import requests
from cachecontrol import CacheControl  # pip install CacheControl


session = requests.session()
cached_session = CacheControl(session)   # sessionをラップしたcached_sessionを作る。

# 1回目はキャッシュがないので、サーバーから取得しキャッシュする。
response = cached_session.get('https://docs.python.org/3/')
print(response.from_cache)  # False

# 2回目はETagとLast-Modifiedの値を使って更新されているかを確認する。
# 更新されていない場合のコンテンツはキャッシュから取得するので高速に処理できる。
response = cached_session.get('https://docs.python.org/3/')
print(response.from_cache)  # True
```

デフォルトではメモリ上にキャッシュを保存しますが、ファイルやkey-valueストアのRedisへの保存も可能です。詳しくはCacheControlのドキュメント[15]を参照してください。

---

[13] https://tools.ietf.org/html/rfc7234
[14] https://pypi.python.org/pypi/CacheControl　本書ではバージョン0.11.6を使用します。
[15] http://cachecontrol.readthedocs.io/en/latest/

column プロキシサーバーでのキャッシュ

Pythonスクリプトではなく、プロキシサーバーでもキャッシュできます。**プロキシサーバー**は、クライアントとサーバーの間に立ち、クライアントの代わりにサーバーと通信してレスポンスを返すためのサーバーです（図4.2）。

▼図4.2 プロキシサーバー

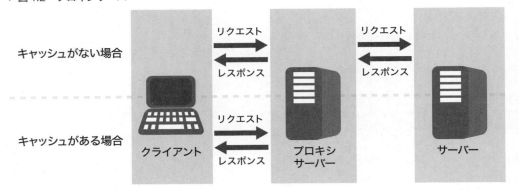

サーバーとの通信の途中で、プロキシサーバーが透過的にキャッシュすることで、Pythonのプログラムがシンプルになるというメリットがあります。一方、キャッシュのためにプロキシサーバーを起動する必要があるので、実行時の依存関係が増えることになります。

プロキシサーバーの例としては、次のものがあります。

- Squid (http://www.squid-cache.org/)
- Polipo (https://www.irif.univ-paris-diderot.fr/~jch//software/polipo/)

クローラーでプロキシサーバーを使う

標準ライブラリの`urllib.request`やサードパーティライブラリのRequestsを使ってWebページを取得する場合、環境変数`http_proxy`と`https_proxy`にプロキシサーバーのURLを指定すると、プロキシ経由でWebページを取得できます。これらの環境変数が設定されていない場合、OS XやWindowsではOSのプロキシ設定が使われます。

あらかじめ、`export 環境変数名=値`というコマンドを実行しておくと、そのシェル中で環境変数が有効になります。

```
(scraping) $ export http_proxy=http://localhost:3128/
(scraping) $ export https_proxy=http://localhost:3128/
(scraping) $ python crawler_using_proxy.py
```

4.4 クロール先の変化に対応する

クローラーを運用していく上では、変化への対応が必要不可欠です。継続的にクローラーを実行していると、リニューアルなどでWebサイトの構造が変化し、データを取得できなくなってしまうことがしばしばあります。大規模なリニューアルは稀かもしれませんが、例えばECサイトでセール期間中だけ価格が強調表示されるなど、細かな変更はよくあります。

人間であれば、多少デザインに変化があっても問題なく対応できますが、プログラムはそうはいきません。class名が変わっただけでも、要素を取得できなくなってしまいます[*16]。クローラー側でいち早く変化を検知して通知することで、人間がプログラムを書き換え、Webサイトの変化に対応できます。変化を検知する方法と、変化が起きた場合に通知する方法を解説します。

4.4.1 変化を検知する

クローラーで取得したWebページからCSSセレクターやXPathで要素を取得して、存在するはずの要素が存在しない場合、変化が起きたと判断できます。メールなどで通知してから、クローラーを終了し、人間がページの変化を確認します。

要素は変わらず存在するものの、取得できる値が変わってしまうこともあります。商品の価格を取得したいのに、空白文字列しか取得できなくなるようなケースです。このような状況に対応するには、正規表現などで、取得した値が特定の条件を満たしていることを確認します。例えば、価格ならリスト4.10のように数字と桁区切りのカンマのみを含むか確認すれば何らかの異常があったときに通知できます。

▼ リスト4.10　validate_with_re.py ─ 正規表現で価格として正しいかチェックする

```
import re

value = '3,000'
if not re.search(r'^[0-9,]+$', value):    # 数字とカンマのみを含む正規表現にマッチするかチェックする。
    raise ValueError('Invalid price')    # 正しい値でない場合は例外を発生させる。
```

Webページから取得する値の種類が増えてくると、if文で値を1つずつチェックするのは非効率的です。このようなときは、バリデーションのためのライブラリを使うのが有効です。このためのライブラ

[*16] 機械学習などを使い、人間のようにWebサイトの変化に対応できるクローラーを作ることも可能でしょうが、本書では取り上げません。

リは数多くあり[*17]、デファクトスタンダードがないですが、ここではVoluptuous[*18]を紹介します。

　Voluptuousは Pythonの基本的なデータ型（数値、文字列、リスト、辞書、オブジェクトなど）に対して、シンプルにスキーマ（ルールの集合）を定義できるライブラリです。**リスト4.11**のようにSchemaオブジェクトでスキーマを定義し、関数として呼び出すことで引数のオブジェクトを対象にバリデーションを行います。

▼ リスト4.11　validate_with_voluptuous.py ― Voluptuousによるバリデーション

```python
from voluptuous import Schema, Match  # pip install voluptuous

# 次の4つのルールを持つスキーマを定義する。
schema = Schema({  # ルール1：オブジェクトはdictである。
    'name': str,   # ルール2：nameの値は文字列である。
    'price': Match(r'^[0-9,]+$'),  # ルール3：priceの値は正規表現にマッチする。
}, required=True)  # ルール4：dictのキーは必須である。

# Schemaオブジェクトを関数として呼び出すと、引数のオブジェクトを対象にバリデーションを行う。
schema({
    'name': 'ぶどう',
    'price': '3,000',
})  # スキーマに適合するので例外は発生しない。

schema({
    'name': None,
    'price': '3,000',
})  # スキーマに適合しないので、例外MultipleInvalidが発生する。
```

　このようにして変化を検知できたら、メールなどで通知し、クローラーを終了します。前節で述べたように、クローラーが再実行を考慮して作られていれば、途中から再開しても時間のロスは最小限で済みます。

　ただし、明確に変化が起きたと判断できたときだけ通知するのでは、問題に気づけない場合もあります。一覧・詳細パターンのWebサイトをクロールするときに起点となる一覧ページのURLが変わり、404 Not Foundになっていたとします。404のエラーは一時的なエラーではないので単に無視していたとすると、詳細ページを1ページもクロールすることなくクローラーは正常終了してしまいます。

　このように明確なエラーにならない状況を検出するためには、ある程度場当たり的な条件を設定する必要があります。例えば、リトライの発生回数や無視したエラーの数が一定の数や割合を超えた場合、クローラー終了時に通知するといった条件を設定することが考えられます。

　すべてのリクエスト数やリトライの発生回数、無視したエラーの数など、クローラーの実行結果を毎

[*17] http://awesome-python.com/#data-validationを参照してください。
[*18] https://github.com/alecthomas/voluptuous　本書ではバージョン0.8.11を使用します。

回通知して人間が確認するのも1つのやり方ですが、あまりオススメはしません。失敗したかどうかに関わらず常にメールが送られてくると、次第にメール自体を無視するようになってしまうのが人間の性だからです。適切な粒度で通知することを心がけましょう。

4.4.2 変化を通知する

変化を検知して、通知しましょう。ここでは、Pythonからメールを送信して通知する方法を紹介します。

● Pythonからメールを送信する

Pythonからメールを送信するには、標準ライブラリのemailモジュールとsmtplibモジュールを使います。リスト4.12のようにして、メールのMIMEメッセージを組み立てて、SMTPサーバーに送信できます。

▼ リスト4.12　send_email.py ― メールを送信する

```
import smtplib
from email.mime.text import MIMEText
from email.header import Header

msg = MIMEText('メールの本文です。')  # MIMETextオブジェクトでメッセージを組み立てる。
msg['Subject'] = Header('メールの件名', 'utf-8')  # 件名に日本語を含める場合はHeaderオブジェクトを使う。
msg['From'] = 'me@example.com'  # 差出人のメールアドレス
msg['To'] = 'you@example.com'  # 送信先のメールアドレス

with smtplib.SMTP('localhost') as smtp:  # SMTP()の第1引数にSMTPサーバーのホスト名を指定する。
    smtp.send_message(msg)  # メールを送信する。
```

一般的なクライアント環境ではこのコードではメールを送信できない場合があります(**7.2.2**で解説)。この場合、SMTPサーバーとしてGmailのサーバーを使うのが手軽です。GmailのSMTPサーバーではTLS/SSLの使用が必須なので、SMTPクラスの代わりにSMTP_SSLクラスを使います。

GmailのSMTPサーバーからメールを送信するには認証が必要です。ユーザー名とパスワードによる認証と、OAuth 2.0による認証をサポートしています。本来はOAuth 2.0を用いた認証[19]が望ましいですが、ここでは手短な前者の認証を紹介します。重要な情報を外部に公開することのないよう注意して操作してください。

---

[19] https://github.com/google/gmail-oauth2-tools/wiki/OAuth2DotPyRunThrough でOAuth 2.0を使って認証する方法が解説されています。なお、この解説で使われている **oauth2.py** は、本書の執筆時点ではPython 2.xにしか対応していないため注意してください。

Googleアカウントで2段階認証を設定していない場合は、Googleアカウントのセキュリティの設定[20]で「安全性の低いアプリの許可」を有効にする必要があります。2014年7月以降に新規作成したアカウントではデフォルトで無効になっています。有効にするとセキュリティが低下するので、注意して自己責任で設定してください。2段階認証を設定している場合は、セキュリティの設定でアプリ用のパスワードを生成し、パスワードの代わりに使用します。

リスト4.12でメールを送信する部分を次のように置き換えると、GmailのSMTPサーバーからメールを送信できます。

```
with smtplib.SMTP_SSL('smtp.gmail.com') as smtp:
    # Googleアカウントのユーザー名とパスワードを指定してログインする。
    # 2段階認証を設定している場合は、アプリパスワードを生成して使用する。
    smtp.login('ユーザー名', 'パスワード')
    smtp.send_message(msg)  # send_message()メソッドでメールを送信する。
```

4.5　まとめ

本章では、クローラーを作成するにあたっての注意点や、より良い設計を解説しました。一度にすべてを実装するのは難しいかもしれませんが、まずは注意点の部分から取り入れてみてください。

次章では、これまで解説してきたことを活かして、実際のWebサイトを対象としてクローリング・スクレイピングを行います。取得したいデータの提供形式に合わせて最適な方法で取得し、データを有効活用する方法を解説します。

---

[20] https://myaccount.google.com/security

第5章 クローリング・スクレイピングの実践とデータの活用

第5章 クローリング・スクレイピングの実践とデータの活用

第5章 クローリング・スクレイピングの実践とデータの活用

本章では、いよいよ実際のWebサイトやデータを対象に本格的にクローリング・スクレイピングを行います。さらに取得したデータの活用もします。データの取得にデータセットやAPIを用いたり、取得したデータの有効活用としてグラフの作成や自然言語処理を行ったり、実践的な方法を解説します。

5.1　データセットの取得と活用

ここではクローリングを行わず、**データセット**を取得して利用します。Wikipediaの記事データをダウンロードし、自然言語処理技術を用いて頻出単語を抽出します。

Wikipediaなど一部のWebサイトでは、コンテンツをデータセットとして提供しており、Webサイトをクロールする代わりにそちらを使うよう案内しています。このような場合はなるべくデータセットをダウンロードし、クローラーは使わないようにしましょう。

データセットを使うことで、構造化されたデータが簡単に手に入り、相手のWebサイトに負荷をかけずに済みます。特にデータを研究目的に使用する場合は、一般に公開されているデータセットを使用することで、他の人が再現実験をしやすくなるというメリットもあります。例えば国立情報学研究所の情報学研究データリポジトリ[1]では、Yahoo!や楽天、ニコニコ動画などのデータセットが提供されており、一定の条件のもとで研究用途に利用できます。

5.1.1　Wikipediaのデータセットのダウンロード

Wikipediaのデータセットをダウンロードし、記事の本文を抽出します。

● Wikipediaのデータセットの概要

Wikipediaの文章は、出典を示すなど一定の条件に従えば自由に利用できます[2]。Wikipedia日本語版のデータセットは次のページで公開されています。

---

[1] http://www.nii.ac.jp/dsc/idr/
[2] ライセンスについて詳しくは、'https://ja.wikipedia.org/wiki/Wikipedia:データベースダウンロード' を参照してください。

- Index of /jawiki/

    https://dumps.wikimedia.org/jawiki/

このページには日付のディレクトリへのリンクがあり、データセットが不定期に（およそ1ヶ月に1回程度）更新されています。リンクをクリックするとその日付のデータセットを取得するためのページが表示されます。データセットのダンプは時間をかけて行われるので、最新のデータセットがダンプ中の場合は、それよりも前のデータセットを使いましょう。

データセットは、XMLやSQL、プレーンテキストなどの形式で提供されています。ファイルによっては、bzip2（*.bz2）、7z（*.7z）、gzip（*.gz）などの形式で圧縮されているため、使用時に解凍する必要があります。代表的なファイルを次に示します。実際のファイル名には jawiki-20150805- のようにプロジェクト名と日付の接頭辞が付きます。

- pages-articles.xml.bz2: ノートページ、利用者ページを除く記事ページの最新版のダンプ
- pages-meta-current.xml.bz2: 全ページの最新版のダンプ
- pages-meta-history.xml.7z: 全ページのすべての版のダンプ
- all-titles-in-ns0.gz: 全項目のページ名一覧（標準の名前空間のみ）
- abstract.xml.gz: ページの最初の段落とリンクのみを抽出したダンプ
- geo_tags.sql.gz: ページにつけられた位置情報
- category.sql.gz: カテゴリの情報
- langlinks.sql.gz: 各言語間のリンクの情報
- externallinks.sql.gz: 外部へのリンクの情報
- pagelinks.sql.gz: ページ間のリンクの情報

● データセットをダウンロードする

Wgetで記事ページの最新版のダンプ[3]をダウンロードします。

```
$ wget http://dumps.wikimedia.org/jawiki/20150805/jawiki-20150805-pages-articles1.xml.bz2
```

bzcatコマンドとlessコマンド[4]を組み合わせて、ダウンロードしたファイル全体を解凍することなく中身を閲覧できます。

```
$ bzcat jawiki-20150805-pages-articles1.xml.bz2 | less
```

---

[3] 本来はすべての記事ページが含まれている jawiki-20xxxxxx-pages-articles.xml.bz2 というファイルを使用するところですが、ファイルサイズが大きく処理に時間が掛かるため、ここでは jawiki-20xxxxxx-pages-articles1.xml.bz2 のように分割されているファイルを1つだけ使用します。ファイルサイズや処理時間が気にならない場合は、すべての記事ページが含まれているファイルを使用しても構いません。参考までに、筆者のMacBook Pro Late 2013（CPU: Intel Core i7 2.8GHz 2コア4スレッド，メモリ: 16GB）では記事本文の抽出に40分程度かかりました。

[4] lessコマンド実行中には、jキーで下にスクロール、kキーで上にスクロール、qキーで終了できます。

中身は次のようなXMLファイルです。mediawiki要素の中には、最初にsiteinfo要素があり、その後に複数のpage要素が続きます。page要素はWikipediaの1つのページに対応し、title要素がページのタイトルを、revision要素がページの各版を表します。このデータセットには最新の版だけが含まれているので、page要素内のrevision要素は1つだけです。

```xml
<mediawiki xmlns="http://www.mediawiki.org/xml/export-0.10/" xmlns:xsi="http://www.w3.org/2001/
XMLSchema-instance" xsi:schemaLocation="http://www.mediawiki.org/xml/export-0.10/ http://
www.mediawiki.org/xml/export-0.10.xsd" version="0.10" xml:lang="ja">
  <siteinfo>
    <sitename>Wikipedia</sitename>
    <dbname>jawiki</dbname>
    ....
  </siteinfo>
  <page>
    ...
  </page>
  <page>
    <title>アンパサンド</title>
    <ns>0</ns>
    <id>5</id>
    <revision>
      <id>55518301</id>
      <parentid>55426175</parentid>
      <timestamp>2015-05-12T11:07:28Z</timestamp>
      ...
      <text xml:space="preserve">{{WikipediaPage|ウィキペディアにおける「アンパサンド (&amp;)」の使用に
ついては、[[WP:JPE#具体例による説明]]をご覧ください。}}
{{記号文字|&amp;amp;}}
[[Image:Trebuchet MS ampersand.svg|right|thumb|100px|[[Trebuchet MS]] フォント]]
'''アンパサンド''' ({{lang|en|ampersand}}、'''&amp;amp;''') とは「…と…」を意味する[[記号]]である。
[[英語]]の {{lang|en|&quot;and&quot;}} に相当する[[ラテン語]]の {{lang|la|&quot;et&quot;}} の
[[合字]]で、{{lang|en|&quot;etc.&quot;}} (et cetera = and so forth)を {{lang|en|&quot;
&amp;amp;c.&quot;}} と記述することがあるのはそのため。[[Trebuchet MS]]フォントでは、
[[ファイル:Trebuchet MS ampersand.svg|10px]]と表示され &quot;et&quot; の合字であることが容易にわかる。
...</text>
      <sha1>irwvaj2g5cjb1s2vbjztw964ng1xztc</sha1>
    </revision>
  </page>
  ...
</mediawiki>
```

● Wikipediaのデータセットから文章を抽出する

記事の本文はrevision要素内のtext要素に含まれています。ただし、text要素内の文字列は単なる文字列ではなく、MediaWiki（Wikipediaで使用されるWikiエンジン）の書式でマークアップされています。日本語の文章として解析するためには、このマークアップを取り除く必要があります。

自分で実装しても良いですが、WikiExtractor*5というPythonのスクリプトを使うと簡単に文章を抜き出せます。次のコマンドでスクリプトをダウンロードします。

```
(scraping) $ wget https://github.com/attardi/wikiextractor/raw/master/WikiExtractor.py
```

WikiExtractor.pyを実行するとWikipediaのダンプファイルをテキストに変換できます。オプションの意味は次の通りです。

- `--no-templates`: ページの冒頭などに貼られるテンプレートを展開しないことを指示する。
- `-o`: 出力先のディレクトリを指定する。
- `-b`: 分割するファイルのサイズ（この例では100MB）を指定する。

```
(scraping) $ python WikiExtractor.py --no-templates -o articles -b 100M jawiki-20150805-pages-
articles1.xml.bz2
```

コマンドを実行すると、-oオプションで指定したディレクトリ内にAAというディレクトリが作成され、wiki_で始まる連番のファイルが生成されます。

```
(scraping) $ tree articles/
articles/
└── AA
    ├── wiki_00
    ├── wiki_01
    ├── wiki_02
    └── wiki_03
1 directory, 4 files
```

wiki_で始まるファイルは100MB程度で、中身は次のようになります。個々の記事が`<doc id="..." url="..." title="...">`と`</doc>`で囲まれたブロックになっており、そのブロックが続いています。XMLに似ていますが、ルート要素がないため正しいXMLではありません。このファイルを読み込む際は、XML用のライブラリを使うのではなく、あくまでテキストとして処理するのが良いでしょう。

```
<doc id="1" url="https://ja.wikipedia.org/wiki?curid=1" title="Wikipedia:アップロードログ 2004年4月">
Wikipedia:アップロードログ 2004年4月

<ul>

</doc>
```

---

*5　https://github.com/attardi/wikiextractor　本書ではバージョン2.58（2016-06-20）を使用します。

```
<doc id="2" url="https://ja.wikipedia.org/wiki?curid=2" title="Wikipedia:削除記録/過去ログ 2002年12月">
Wikipedia:削除記録/過去ログ 2002年12月

Below is a list of the most recent deletions.
All times shown are server (U.S. Pacific) time.


</doc>
<doc id="5" url="https://ja.wikipedia.org/wiki?curid=5" title="アンパサンド">
アンパサンド

アンパサンド（,  &）とは「…と…」を意味する記号である。英語の に相当するラテン語の の合字で、 ⏎
(et cetera = and so forth)を と記述することがあるのはそのため。Trebuchet MSフォントでは、⏎
と表示され "et" の合字であることが容易にわかる。
その使用は1世紀に遡ることができ（1)、5世紀中葉（2,3）から現代（4-6）に至るまでの変遷がわかる。
...
```

出力結果に関して次の点は注意が必要です。

- 見出しは取り除かれる。--sectionsオプションで含めることが可能。
- 表や箇条書きは取り除かれる。--listsオプションで箇条書きを含めることが可能。
- MediaWikiのテンプレートが使われている箇所は取り除かれる。--no-templatesオプションを外すと、テンプレートが展開されるようになるが、所要時間が増えるので注意が必要。

5.1.2　自然言語処理技術を用いた頻出単語の抽出

　抽出した文章から頻出単語を抜き出します。頻出単語を抜き出すには、まず文章から単語を区別して抜き出す必要があります。英語の文章であればスペースで区切られているので単語に分割するのも簡単ですが、日本語だとそうはいきません。

　日本語や英語など、人が普段使用する自然言語をコンピューターで処理するための技術を、**自然言語処理技術**と呼びます。スペルチェッカー、日本語入力システム、検索エンジン、機械翻訳などでは、この自然言語処理技術が使われています。

　自然言語処理の基礎となる技術に形態素解析があります。**形態素解析**とは、与えられた文章を形態素と呼ばれる言語の最小単位に分割し、品詞や読みを判別する作業を指します。オープンソースの形態素解析エンジンとして、MeCab[*6]が有名です。本項ではMeCabを使って文章を形態素に分割し、名詞のみを単語として抽出します。

[*6]　http://taku910.github.io/mecab/

5.1 データセットの取得と活用

● MeCabのインストール

MeCabと、MeCabが内部的に使用するIPA辞書をインストールします。

```
$ brew install mecab mecab-ipadic   # OS Xの場合
```

```
$ sudo apt-get install -y mecab mecab-ipadic-utf8 libmecab-dev   # Ubuntuの場合
```

インストールできたら、次のコマンドでバージョンを確認できます。

```
$ mecab -v
mecab of 0.996
```

● PythonからMeCabを使用する

MeCab公式のPythonバインディングは執筆時点ではPython 2にしか対応していません。ここではPython 3に対応したmecab-python3[*7]を使います。

mecab-python3をインストールします。あらかじめMeCabがインストールされている必要があります。

```
(scraping) $ pip install mecab-python3
```

リスト5.1のようにして、PythonからMeCabを使って形態素解析を行います。

▼ リスト5.1　mecab_sample.py ─ MeCabをPythonから使う

```python
import MeCab

tagger = MeCab.Tagger()
tagger.parse('')  # これは .parseToNode() の不具合を回避するために必要。

# .parseToNode() で最初の形態素を表すNodeオブジェクトを取得する。
node = tagger.parseToNode('すもももももももものうち')

while node:
    # .surfaceは形態素の文字列、.featureは品詞などを含む文字列をそれぞれ表す。
    print(node.surface, node.feature)
    node = node.next  # .nextで次のNodeを取得する。
```

mecab_sample.pyという名前で保存して実行すると、形態素解析結果が表示されます[*8]。

[*7]　https://pypi.python.org/pypi/mecab-python3　本書ではバージョン0.7を使用します。
[*8]　echo すもももももももものうち | mecabというコマンドを実行してもほぼ同様の結果が得られます。

```
(scraping) $ python mecab_sample.py
 BOS/EOS,*,*,*,*,*,*,*,*
すもも 名詞,一般,*,*,*,*,すもも,スモモ,スモモ
も 助詞,係助詞,*,*,*,*,も,モ,モ
もも 名詞,一般,*,*,*,*,もも,モモ,モモ
も 助詞,係助詞,*,*,*,*,も,モ,モ
もも 名詞,一般,*,*,*,*,もも,モモ,モモ
の 助詞,連体化,*,*,*,*,の,ノ,ノ
うち 名詞,非自立,副詞可能,*,*,*,うち,ウチ,ウチ
 BOS/EOS,*,*,*,*,*,*,*,*
```

● 文章から頻出単語を抽出する

準備が整ったので、MeCabでWikipediaの文章から頻出単語を抽出してみましょう。**リスト5.2**に頻出単語を抽出するスクリプトを示しています。このスクリプトは、コマンドライン引数にWikiExtractorの出力結果を格納したディレクトリを指定して実行すると、頻出単語上位30件を表示します。スクリプトは3つの関数で構成されており、main()関数からiter_docs()関数とget_tokens()関数を呼び出しています。

数百MBなど、ある程度大きいサイズのファイルを扱うときは、一度にファイル全体をメモリに読み込まないことが大切です。iter_docs()関数ではfor文を使って1行ずつ読み込んでいます。処理に必要な部分だけをメモリに読み込むことで、メモリの消費が抑えられます。結果的にスワップアウトが減り、高速に処理できます。

get_tokens()関数の処理内容は**リスト5.1**と似ていますが、node.featureから品詞の情報を取り出し、固有名詞または一般名詞の場合だけ処理するようにしています。これは、「は」「に」「を」のような助詞や「、」「。」などの記号が頻出単語として抜き出されてしまうことを防ぐためです。

▼ リスト5.2 word_frequency.py — Wikipediaの文章から頻出単語を抜き出す

```python
import sys
import os
from glob import glob
from collections import Counter

import MeCab


def main():
    """
    コマンドライン引数で指定したディレクトリ内のファイルを読み込んで、頻出単語を表示する。
    """

    input_dir = sys.argv[1]  # コマンドラインの第1引数で、WikiExtractorの出力先のディレクトリを指定する。

    tagger = MeCab.Tagger('')
```

```python
        tagger.parse('')  # parseToNode() の不具合を回避するために必要。
        # 単語の頻度を格納するCounterオブジェクトを作成する。
        # Counterクラスはdictを継承しており、値としてキーの出現回数を保持する。
        frequency = Counter()
        count_proccessed = 0

        # glob()でワイルドカードにマッチするファイルのリストを取得し、マッチしたすべてのファイルを処理する。
        for path in glob(os.path.join(input_dir, '*', 'wiki_*')):
            print('Processing {0}...'.format(path), file=sys.stderr)

            with open(path) as file:  # ファイルを開く。
                for content in iter_docs(file):  # ファイル内の全記事について反復処理する。
                    tokens = get_tokens(tagger, content)  # ページから名詞のリストを取得する。
                    # Counterのupdate()メソッドにリストなどの反復可能オブジェクトを指定すると、
                    # リストに含まれる値の出現回数を一度に増やせる。
                    frequency.update(tokens)

                    # 10,000件ごとに進捗を表示。
                    count_proccessed += 1
                    if count_proccessed % 10000 == 0:
                        print('{0} documents were processed.'.format(count_proccessed),
                                file=sys.stderr)

        # 全記事の処理が完了したら、上位30件の名詞と出現回数を表示する。
        for token, count in frequency.most_common(30):
            print(token, count)


def iter_docs(file):
    """
    ファイルオブジェクトを読み込んで、記事の中身（開始タグ <doc ...> と終了タグ </doc> の間のテキスト）を
    順に返すジェネレーター関数。
    """

    for line in file:
        if line.startswith('<doc '):
            buffer = []  # 開始タグが見つかったらバッファを初期化する。
        elif line.startswith('</doc>'):
            # 終了タグが見つかったらバッファの中身を結合してyieldする。
            content = ''.join(buffer)
            yield content
        else:
            buffer.append(line)  # 開始タグ・終了タグ以外の行はバッファに追加する。


def get_tokens(tagger, content):
    """
    文書内に出現した名詞のリストを取得する関数。
    """
```

```
        tokens = []  # この記事で出現した名詞を格納するリスト。

        node = tagger.parseToNode(content)
        while node:
            # node.featureはカンマで区切られた文字列なので、split()で分割して
            # 最初の2項目をcategoryとsub_categoryに代入する。
            category, sub_category = node.feature.split(',')[:2]
            # 固有名詞または一般名詞の場合のみtokensに追加する。
            if category == '名詞' and sub_category in ('固有名詞', '一般'):
                tokens.append(node.surface)
            node = node.next

        return tokens

if __name__ == '__main__':
    main()
```

word_frequency.pyという名前で保存して実行します。

```
(scraping) $ python word_frequency.py articles
Processing articles/AA/wiki_00...
10000 documents were processed.
Processing articles/AA/wiki_01...
...
80000 documents were processed.
月 250179
日本 115037
時代 56854
駅 45311
世界 40861
列車 39695
作品 39378
番組 37490
東京 36991
昭和 35007
...
```

　この結果から、最頻出単語は「月」の約25万回で、2位の「日本」の約12万回に大きな差をつけていることがわかります。これは記事に日付が多く書かれているためでしょう[*9]。2位の「日本」は、日本語版では日本の事情について書かれていることが多いためと考えられます。3位以降を見ると日本語版Wikipediaにどのような記事が多いのかなんとなくわかってきます。

[*9] 今回利用したIPA辞書では、「年」や「日」は名詞 - 接尾 - 助数詞という品詞に分類され、抜き出す対象とした固有名詞または一般名詞に該当しないため出現していません。

● 形態素解析のさらなる活用

　これまで見てきたように、MeCabを使うと簡単に形態素解析を行えます。今回は名詞を抽出するという大変簡単な処理でしたが、自然言語処理技術を使うと工夫次第で色々なことができるでしょう。

　なお、MeCabで使用したIPA辞書には、辞書作成時点よりも後に生まれた新しい単語が含まれていないという弱点があります。特に新しい単語が使われることの多いWeb上の文章を解析したときには、思ったように解析できないことがあります。この問題に対応するために、Wikipedia[10]やはてなキーワード[11]、ニコニコ大百科[12]などのデータセットから単語を抽出し、MeCabのユーザー辞書に登録することが広く行われています。また、mecab-ipadic-NEologd[13]というWeb上の様々なデータを取り込んだ辞書を使うこともできます。これによって新しい単語に対応できるようになります。

　形態素解析には、Web APIを使うこともできます。

- Yahoo! JAPAN 日本語形態素解析: http://developer.yahoo.co.jp/webapi/jlp/ma/v1/parse.html
- gooラボ 形態素解析API: https://labs.goo.ne.jp/api/jp/morphological-analysis/

　今回のWikipediaの記事のように大量のデータを一括処理するには向きませんが、Webアプリケーションなどでユーザーの入力に応じて形態素解析を行うときには、気軽に利用できます。目的に応じて使い分けると良いでしょう。

5.2　APIによるデータの収集と活用

　APIを用いたデータの収集と活用について解説します。前節と同じくスクレイピングは行わず、Webサイトが提供しているAPIを使ってデータを収集します。APIを使うことで、Webサイト側は負荷が少なくて済み、データ収集側はスクレイピングの手間を軽減できるため、APIが用意されている場合はなるべくAPIを使うようにしましょう。ただしAPIで取得できるデータが限られていたり、呼び出し回数が制限されていたりする場合もあります。用途によってはクローリング・スクレイピングが必要なこともあるでしょう。

　ここではTwitter、Amazon、YouTubeのAPIを使用してデータを収集します。

---

[10] ページのタイトルだけが含まれている`all-titles-in-ns0.gz`を使用します。
[11] http://d.hatena.ne.jp/hatenadiary/20060922/1158908401
[12] http://www.nii.ac.jp/dsc/idr/nico/nico.html
[13] https://github.com/neologd/mecab-ipadic-neologd

5.2.1 Twitterからのデータの収集

Twitterではデータ収集に使えるAPI[14]として、REST APIとStreaming APIの2つが提供されています。REST APIはStreaming APIと比べると一般的なAPIです。HTTPリクエストを送るとHTTPレスポンスが返ってくるというプル型のフローで、ツイートやユーザー、リストなどの情報を取得できます。書き込み権限があれば、ツイートを投稿したり、ユーザーをフォローしたりすることも可能です。このAPIは呼び出し回数の制限が厳しく、APIによっては1ユーザー当たり15分につき15回しか呼び出せないなど、あまり大規模なデータ収集には向いていません。

Streaming APIは、Twitterに投稿される大量のツイートを効率よく取得するためのAPIです。一度リクエストを送るとサーバーとの間でコネクションが確立されたままになり、新しいデータが生まれるたびにサーバーからデータが送られてくるプッシュ型のフローです。日々大量のツイートが投稿されるTwitterならではのAPIと言えるでしょう。

Streaming APIにはいくつかの種類がありますが、一般ユーザーが使えるのは次のものです。

- Public streams: Twitterのユーザー全体の公開ストリーム
  filter: 特定のキーワードやユーザーで絞り込んだストリーム
  sample: 公開された全ツイートのうち一部をランダムにサンプリングしたストリーム
- User streams: ユーザーのタイムラインなど、1人のユーザーに関するストリーム

● Twitter APIの認証

Twitter APIの利用にはOAuth 1.0aによる認証が必要です。具体的には、アプリケーション単位で発行されるConsumer KeyとConsumer Secret、ユーザー単位で発行されるAccess TokenとAccess Token Secretの4つを入手する必要があります。

まずTwitterの認証情報を取得するためアプリケーションを登録します[15]。アプリケーションの管理画面（https://apps.twitter.com/）にTwitterアカウントでログインし、「Create New App」というボタンを押すとアプリケーションの作成画面が表示されます。アプリケーションの名前、説明、Webサイト[16]を入力し、利用規約に同意した上でアプリケーションを作成します。今回のようにデータ収集を目的として使う場合は、Callback URLを入力する必要はありません。

アプリケーションを作成して、「Keys and Access Tokens」というリンクをクリックすると、画面にConsumer KeyとConsumer Secretが表示されます[17]。「Create my access token」というボタンを押す

---

[14] 本書執筆時点でのAPIのバージョンは1.1です。
[15] アプリケーションを登録するアカウントでは、携帯電話番号の確認を済ませておく必要があります。
[16] 適当なWebサイトがない場合は、自身のTwitterのユーザーページのURLなどでも問題ありませんが、もしアプリケーションを公開する場合は変更するようにしましょう。
[17] データ収集のみに使用する場合は、誤って破壊的な操作をしてしまうことを避けるため、ここで「modify app permissions」のリンクからアプリケーションのAccess LevelをRead onlyに変更しておくと良いでしょう。

と、自分のアカウントに紐づくAccess TokenとAccess Token Secretが生成、表示されます。それぞれ控えておきましょう。以上で必要な4つの値が得られたので、実際にAPIを利用します。

● APIを使用するためのライブラリの選定

TwitterのREST APIのようなHTTPのAPIを使用するときには、2つの方法が考えられます。

- RequestsなどのHTTPクライアントライブラリを使用する。
- Twitter APIをラップして抽象化したライブラリを使用する。

前者の方法は、特別なライブラリをあまり使用しないため学習コストが低いというメリットがあります。APIのドキュメントを読んで指定されたURLにリクエストを送るだけで使いはじめられます。

後者の方法は、うまく抽象化されたライブラリであれば、APIの細かい仕様を意識せずに簡単に使えるメリットがあります。特に認証方法はAPIによって異なり、処理が煩雑なこともあるのでライブラリを使うと簡略化できます。一方で、ライブラリで使われているモデルがAPIのそれとは微妙に異なっていたり、APIの更新にライブラリの更新が追いついていなかったりするデメリットもありえます。マイナーなAPIの場合は、このようなライブラリを誰も作成していないかもしれません。このようなメリット・デメリットを考慮した上で使用するライブラリを選定すると良いでしょう。ここではそれぞれの方法を実践し、違いを把握します。

● 薄いライブラリによるTwitter REST APIの利用

まずはRequestsを使ってAPIを呼び出します。RequestsにOAuth認証を追加するRequests-OAuthlib[*18]を使います。次のコマンドでインストールします。

```
(scraping) $ pip install requests-oauthlib
```

Requests-OAuthlibを使ってTwitterのタイムラインを取得するコードは**リスト5.3**のようになります。OAuth 1.0aによる認証が必要なので、`OAuth1Session`クラスを使います。`OAuth1Session`クラスはRequestsの`Session`を継承していて、コンストラクターにConsumer Keyなど4つの値を指定してインスタンスを作成します。インスタンス作成後は、認証を意識することなくRequestsの`Session`オブジェクトと同じように扱えます。

認証情報は環境変数から取得します。認証情報をスクリプトで利用する方法については後述します。

https://api.twitter.com/1.1/statuses/home_timeline.jsonはユーザーのタイムラインを取得するものです。詳しくはTwitter REST APIのリファレンス[*19]を参照してください。

[*18] https://github.com/requests/requests-oauthlib 本書ではバージョン0.6.1を使用します。
[*19] https://dev.twitter.com/rest/public

第5章 クローリング・スクレイピングの実践とデータの活用

▼リスト5.3　rest_api_with_requests_oauthlib.py — Requests-OAuthlibを使ってタイムラインを取得する

```
import os

from requests_oauthlib import OAuth1Session

# 環境変数から認証情報を取得する。
CONSUMER_KEY = os.environ['CONSUMER_KEY']
CONSUMER_SECRET = os.environ['CONSUMER_SECRET']
ACCESS_TOKEN = os.environ['ACCESS_TOKEN']
ACCESS_TOKEN_SECRET = os.environ['ACCESS_TOKEN_SECRET']

# 認証情報を使ってOAuth1Sessionオブジェクトを得る。
twitter = OAuth1Session(CONSUMER_KEY,
                        client_secret=CONSUMER_SECRET,
                        resource_owner_key=ACCESS_TOKEN,
                        resource_owner_secret=ACCESS_TOKEN_SECRET)

# ユーザーのタイムラインを取得する。
response = twitter.get('https://api.twitter.com/1.1/statuses/home_timeline.json')

# APIのレスポンスはJSON形式の文字列なので、response.json()でパースしてlistを取得できる。
# statusはツイート（Twitter APIではStatusと呼ばれる）を表すdict。
for status in response.json():
    print('@' + status['user']['screen_name'], status['text'])  # ユーザー名とツイートを表示する。
```

● 秘密にすべき認証情報の取り扱い

　APIを使用する際は、認証のための秘密のキーが必要になることが多くあります。TwitterのAPIで必要なConsumer Secretなどもその1つです。これらのキーは他人に公開せず、秘密にしておく必要があります。スクリプトをGitなどのバージョン管理ツールで管理している場合、これらの認証情報はリポジトリにコミットしないようにしましょう。誤ってソースコードをGitHubなどのパブリックリポジトリにプッシュすると、全世界に認証情報を公開してしまうことになります。

　Twitter APIのキーが漏れるとスパムや犯罪予告のツイートを投稿されるかもしれませんし、APIによっては金銭的な被害を被る場合もあります。Amazon Web ServicesのAPIキーを誤って公開してしまったところ、悪意ある第三者に使用されて、請求額が百万円を超えた事例もあります。

　このような被害を未然に防ぐためには、まず必要最低限の権限のみを設定することが大切です。例えばTwitterのAPIでは、アプリケーションごとに次の3つのいずれかの権限を指定できます。不必要に強い権限を指定しないようにしましょう。

- 読み取り専用（Read only）
- 読み書き可能（Read and write）
- 読み書き可能＋ダイレクトメッセージへのアクセス（Read, Write and Access direct messages）

次に、スクリプトに秘密のキーを書かないようにすることが大切です。スクリプトに直書きするのは楽ですが、誤ってバージョン管理ツールにコミットしてしまう可能性があります。代わりに、環境変数から読み込むのがオススメです。Pythonスクリプトでは、次のように os.environ を使って環境変数の値を取得できます。

```
import os

CONSUMER_KEY = os.environ['CONSUMER_KEY']
CONSUMER_SECRET = os.environ['CONSUMER_SECRET']
ACCESS_TOKEN = os.environ['ACCESS_TOKEN']
ACCESS_TOKEN_SECRET = os.environ['ACCESS_TOKEN_SECRET']
```

これで、スクリプトに秘密のキーを書かなくて済みます。このスクリプトをGitHubに公開しても問題ありません。他の人が実行する際に、スクリプトを書き換えなくて済むメリットもあります。

スクリプトの実行時に環境変数を渡すためには、foregoというツールを使うのがオススメです。OS XではHomebrewでインストールします。

```
$ brew install forego
```

Ubuntuではdebファイル[20]をダウンロードしてインストールします。

```
$ wget https://bin.equinox.io/c/ekMN3bCZFUn/forego-stable-linux-amd64.deb
$ sudo dpkg -i forego-stable-linux-amd64.deb
```

スクリプトの実行時に、次のように forego run を先頭につけて実行します。

```
(scraping) $ forego run python my_script.py
```

こうすることで、foregoがカレントディレクトリに存在する.envという名前のファイルから環境変数を読み取ってプログラムに渡してくれます。.envファイルには、各行に名前=値という形式で環境変数を記述します。

```
CONSUMER_KEY=zV9JyHxV***********
CONSUMER_SECRET=DEzaeaKF13kZ1rQSovf9xq**********************
ACCESS_TOKEN=44352445-RmTqUHTTt3sgJP5**********************
ACCESS_TOKEN_SECRET=gQAKidujrHtq2V5kHAQU**********************
```

.envはファイル名が.（ドット）で始まるため、Unix系のOSでは隠しファイル扱いになります。OS

---

[20] 最新版のURLはforegoのWebサイト (https://github.com/ddollar/forego) を参照してください。

XのFinderなど、GUIでファイルを管理するアプリケーションでは、設定をしないと表示されないことが多いので注意してください。コマンドラインでは`ls -a`で表示できます。

この.envファイルをバージョン管理ツールにコミットしてしまっては元も子もありません。.gitignoreファイルに.envと書くなど、必ずバージョン管理ツールで無視する設定をしておきましょう。認証情報は暗号化せずにプレーンテキストとして保存することになるので、.envファイルの扱いには気をつけてください。

本書に掲載しているサンプルコードでは、APIのキーなど秘匿すべき情報はすべて環境変数から読み込みます。スクリプトを実行して`KeyError: 'CONSUMER_KEY'`のような例外が発生する場合は、.envファイルに認証情報を正しく記述しているか、`forego run`を使って実行しているかを確認してください。

リスト5.3を`rest_api_with_requests_oauthlib.py`という名前で保存して実行すると、普段Twitterで見るタイムラインと同じものが取得できます。先述のように.envファイルに`CONSUMER_KEY`など4つの環境変数を保存することを忘れないようにしてください。

```
(scraping) $ forego run python rest_api_with_requests_oauthlib.py
@kmizu 訂正。
あー、確かに。
「最初のIO()と二番目のIO()を順番に実行し、最初の実行結果は無視して、二番目の実行結果を値として持つ」IO()
を返す、辺りが妥当？ https://t.co/Dx58P5FAGT
@sigsawa よし、昼寝タイム。
@fukuyuki なんにもできない。
@trademark_bot［商願2015-71470］
商標:[画像] /
出願人:株式会社大和製砥所 /
出願日:2015年7月24日 /
区分:4(研削油ほか),7(超仕上盤用砥石ほか) http://t.co/eV9y50MK7e
...
```

● TweepyによるTwitter REST APIの利用

続いて、Twitter APIを抽象化したライブラリを使います。Twitterの開発者向けのページ[21]では、様々な言語からTwitter APIを使うためのライブラリが紹介されています。ここでは、PyPIでのダウンロード数が多く、Python 3対応のTweepy[22]を使います。

Tweepyを使ってユーザーのタイムラインを取得するコードは、リスト5.4のようになります。Requests-OAuthlibを使ったコードと比較すると、全体の流れは似ているものの、REST APIのURLが`home_timeline()`メソッドとして抽象化されていることがわかります。また、得られるツイートのオブジェクトも`dict`ではなく、Tweepyの`Status`オブジェクトになっています。

---

[21] https://dev.twitter.com/resources/twitter-libraries
[22] https://github.com/tweepy/tweepy　本書ではバージョン3.3.0を使用します。

5.2 APIによるデータの収集と活用

▼ リスト5.4　rest_api_with_tweepy.py ― Tweepyを使ってタイムラインを取得する

```python
import os

import tweepy  # pip install tweepy

# 環境変数から認証情報を取得する。
CONSUMER_KEY = os.environ['CONSUMER_KEY']
CONSUMER_SECRET = os.environ['CONSUMER_SECRET']
ACCESS_TOKEN = os.environ['ACCESS_TOKEN']
ACCESS_TOKEN_SECRET = os.environ['ACCESS_TOKEN_SECRET']

# 認証情報を設定する。
auth = tweepy.OAuthHandler(CONSUMER_KEY, CONSUMER_SECRET)
auth.set_access_token(ACCESS_TOKEN, ACCESS_TOKEN_SECRET)

api = tweepy.API(auth)  # APIクライアントを取得する。
public_tweets = api.home_timeline()  # ユーザーのタイムラインを取得する。

for status in public_tweets:
    print('@' + status.user.screen_name, status.text)  # ユーザー名とツイートを表示する。
```

rest_api_with_tweepy.pyという名前で保存して実行するとタイムラインのツイートが表示されます。

```
(scraping) $ forego run python rest_api_with_tweepy.py
@BsdHacker RT @sakko_o: 香川のご当地怪獣ウードンが結構キモい件 http://t.co/h8ShrkE9CB
@nmrmsys RT @osada: ふむ、是非とも DNS の浸透を体感せねば！！ &gt; https://t.co/N7LmAYzXc6
@ch1haya デパ地下制服コレクションほしいな・・
@newsycbot Is the Red of Fall Foliage a Warning for Insects? http://t.co/YGIbAJOQW7 (cmts http://
t.co/8IslsItGVd)
@tmiya_ 球座標系でのラプラシアンの導出は、一般相対論(で使う数学)知ってると楽なんだが。
@JapanTechFeeds #apple #テクノロジー
   Galaxy Note 5実機レビュー 画面ロック時でも手書きメモがとれる進化したペン機能 - 週刊アスキー：
サムスンは8月13日(現地時間)、ニューヨークのリンカーン・センター.. http://t.co/DrtQilVhAH
...
```

● TweepyによるTwitter Streaming APIの利用

続いて、Streaming APIを使いましょう。REST APIではTweepyのメリットがわかりにくかったかもしれませんが、Streaming APIを使うと明確になります。

Streaming APIでは、HTTPリクエストを送るとコネクションが確立されたままになり、サーバーから次々にメッセージが送られてきます。各メッセージは改行コードCRLFで区切られています。メッセージの多くはツイートを表すJSON形式の文字列ですが、ツイート以外にコネクションを維持するための空行やメタ情報の通知も送られてくるため、メッセージの種類に応じて適切に処理しなくてはなりません。各メッセージには改行コードLFが含まれていることもあるので、注意が必要です。

また、コネクションは次のような理由で切断されることがあります。エラーの原因を取り除くか、一

第5章 クローリング・スクレイピングの実践とデータの活用

時的なエラーであれば再接続する必要があります。

- 同じ認証情報を使って多くのコネクションを確立した。
- クライアントの読み込みが停止したか遅かった。
- Twitterのサーバーやネットワークに変更があった。

Requestsでもget()メソッドやpost()メソッドのパラメーターにstream=Trueという引数を指定すれば、コネクションを確立したままにして、次々と送られてくるメッセージを処理できます。しかしメッセージの処理は煩雑です。Tweepyを使うと、これらの煩雑な処理を意識することなくツイートの処理に集中できます。

Streaming APIでsampleストリームを受信してツイートを取得するコードは**リスト5.5**のようになります。ツイートを受信したときに、MyStreamListenerクラスのon_status()メソッドが呼び出されます。

▼ リスト5.5　streaming_api_with_tweepy.py — TweepyによるStreaming APIの利用

```python
import os

import tweepy

# 環境変数から認証情報を取得する。
CONSUMER_KEY = os.environ['CONSUMER_KEY']
CONSUMER_SECRET = os.environ['CONSUMER_SECRET']
ACCESS_TOKEN = os.environ['ACCESS_TOKEN']
ACCESS_TOKEN_SECRET = os.environ['ACCESS_TOKEN_SECRET']

# 認証情報を設定する。
auth = tweepy.OAuthHandler(CONSUMER_KEY, CONSUMER_SECRET)
auth.set_access_token(ACCESS_TOKEN, ACCESS_TOKEN_SECRET)


class MyStreamListener(tweepy.StreamListener):
    """
    Streaming APIで取得したツイートを処理するためのクラス。
    """

    def on_status(self, status):
        """
        ツイートを受信したときに呼び出されるメソッド。引数はツイートを表すStatusオブジェクト。
        """
        print('@' + status.author.screen_name, status.text)

# 認証情報とStreamListenerを指定してStreamオブジェクトを取得する。
stream = tweepy.Stream(auth, MyStreamListener())
# 公開されているツイートをサンプリングしたストリームを受信する。
# キーワード引数languagesで、日本語のツイートのみに絞り込む。
stream.sample(languages=['ja'])
```

これを実行すると次々とツイートが表示されます。キャンセルするには Ctrl + C を押します。

```
(scraping) $ forego run python streaming_api_with_tweepy.py
```

5.2.2　Amazonの商品情報の収集

AmazonのProduct Advertising APIを使って商品情報を取得します。

● Product Advertising APIの概要

Product Advertising APIはその名前の通り、Amazonで販売されている商品を宣伝することを目的としたAPIです[*23]。取得した商品情報の利用目的はAmazonのサイトにエンドユーザーを誘導し商品の販売を促進することに限定されています。APIの利用にはAmazonアソシエイト・プログラムへの登録が必要です。下記のページにしたがって登録してください。

- Product Advertising API
  https://affiliate.amazon.co.jp/gp/advertising/api/detail/main.html

Product Advertising APIの利用には、Amazon.co.jpではなくAmazon.comのアカウントが必要です。利用を申し込むと認証に必要なAccess KeyとSecret Access Keyが手に入ります。アソシエイト・プログラムに登録したときに取得できるアソシエイトタグも必要です。

Product Advertising APIではAmazonのショッピングカートを扱う操作を除くと、次の4つの操作が提供されています。商品情報を収集する際は、主に`ItemSearch`を使います。

- `ItemSearch`: 条件を指定して商品を検索する。
- `ItemLookup`: IDを指定して商品の情報を取得する。
- `BrowseNodeLookup`: Browse Nodeと呼ばれる商品カテゴリの情報を取得する。
- `SimilarityLookup`: ある商品に類似した商品を取得する。

Product Advertising APIはRESTとSOAPの2種類がありますが、Pythonのようなスクリプト言語から利用する場合はREST APIのほうが扱いやすいため、本書ではREST APIを使用します。REST APIでは、URLでパラメーターを指定してHTTPリクエストを送ると、XML形式のレスポンスが得られます。APIを呼び出す際には、Secret Access Keyを秘密鍵としてHMAC-SHA256というアルゴリズムで生成した署名が必要です。この署名の処理はやや煩雑なので、ライブラリを使用し簡略化しましょう。

[*23] 執筆時点でのProduct Advertising APIのバージョンは2013-08-01です。

第5章 クローリング・スクレイピングの実践とデータの活用

● python-amazon-simple-product-apiを使って商品情報を検索する

PythonからProduct Advertising APIを使うためのライブラリとして、python-amazon-simple-product-api[*24]があります。**リスト5.6**にpython-amazon-simple-product-apiを使ってAmazon.co.jpの商品情報を検索するコードを示しています。

`search()`メソッドに指定したキーワード引数は、そのままAPIの`ItemSearch`操作に渡されます。指定できる値については、Product Advertising APIのAPIリファレンス[*25]を参照してください。引数名は通常のPythonの引数の命名規則とは異なり、大文字で始まるので注意しましょう。

`ItemSearch`操作では検索結果が複数ページに分割されて取得できます。1ページあたり10個の商品、最大で10ページ（`SearchIndex='All'`の場合は最大5ページ）を取得できます。11個目以降の商品情報を取得しようしたタイミングで透過的に次のページが読み込まれ、最大100個（`SearchIndex='All'`の場合は最大50個）の商品情報を取得できます。

Product Advertising APIには時間あたりの呼び出し回数の制限があり、基本的には1秒間に1回のみしか呼び出しできません。検索結果の次ページを読み込む時など、連続してAPIを呼び出す際には、この制限を超えないよう自動的にウェイトが挟まります。

`AmazonProduct`オブジェクトでは、**表5.1**のようなプロパティで商品の情報を取得できます。その他のプロパティやメソッドについては、ソースコード[*26]を参照してください。

▼ 表5.1　`AmazonProduct`オブジェクトの代表的なプロパティ

名前	説明
`title`	商品名
`offer_url`	商品のURL
`price_and_currency`	価格と通貨のタプル
`asin`	ASIN（Amazonの商品ID）
`large_image_url`	大サイズの画像のURL
`medium_image_url`	中サイズの画像のURL
`small_image_url`	小サイズの画像のURL
`authors`	著者のリスト
`publisher`	出版社
`isbn`	ISBN

スクリプトを実行する前に、認証情報を.envファイルに保存します。

```
AMAZON_ACCESS_KEY=<Access Key>
AMAZON_SECRET_KEY=<Secret Access Key>
AMAZON_ASSOCIATE_TAG=<アソシエイトタグ>
```

[*24] https://pypi.python.org/pypi/python-amazon-simple-product-api　本書ではバージョン2.0.1を使用します。
[*25] http://docs.aws.amazon.com/AWSECommerceService/latest/DG/Welcome.html
[*26] https://github.com/yoavaviram/python-amazon-simple-product-api/blob/master/amazon/api.py

▼ リスト5.6　amazon_product_search.py — Amazon.co.jpの商品情報を検索する

```python
import os

from amazon.api import AmazonAPI  # pip install python-amazon-simple-product-api

# 環境変数から認証情報を取得する。
AMAZON_ACCESS_KEY = os.environ['AMAZON_ACCESS_KEY']
AMAZON_SECRET_KEY = os.environ['AMAZON_SECRET_KEY']
AMAZON_ASSOCIATE_TAG = os.environ['AMAZON_ASSOCIATE_TAG']

# AmazonAPIオブジェクトを作成する。キーワード引数Regionに'JP'を指定し、Amazon.co.jpを選択する。
amazon = AmazonAPI(AMAZON_ACCESS_KEY, AMAZON_SECRET_KEY, AMAZON_ASSOCIATE_TAG, Region='JP')

# search()メソッドでItemSearch操作を使い、商品情報を検索する。
# キーワード引数Keywordsで検索語句を、SearchIndexで検索対象とする商品のカテゴリを指定する。
# SearchIndex='All'はすべてのカテゴリから検索することを意味する。
products = amazon.search(Keywords='kindle', SearchIndex='All')

for product in products:  # 得られた商品(AmazonProductオブジェクト)について反復する。
    print(product.title)       # 商品名を表示。
    print(product.offer_url)   # 商品のURLを表示。
    price, currency = product.price_and_currency
    print(price, currency)     # 価格と通貨を表示。
```

次のように実行すると商品情報が表示されます。商品が10個表示されるごとに1秒程度のウェイトが挟まっていることがわかるでしょう。

```
(scraping) $ forego run python amazon_product_search.py
Kindle Paperwhite (ニューモデル) Wi-Fi 、キャンペーン情報つき
http://www.amazon.co.jp/dp/B00QJDQM9U/?tag=orangain-22
14280 JPY
Kindle Wi-Fi、ブラック、キャンペーン情報つきモデル、電子書籍リーダー
http://www.amazon.co.jp/dp/B00KDROTZM/?tag=orangain-22
8980 JPY
【Kindle, Kindle Paperwhite 保護フィルム】BUFFALO 気泡ができにくい 反射防止フィルム 2枚入り
http://www.amazon.co.jp/dp/B00O4RWLW0/?tag=orangain-22
1350 JPY
...
```

5.2.3　YouTubeからの動画情報の収集

　YouTubeはGoogleが運営する世界最大の動画共有サービスで、日々多くの動画が世界中から投稿されています。YouTube Data APIを公開しており、多くの処理をAPI経由で行えます。執筆時点のYouTube Data APIのバージョンはv3です。

　APIで動画の投稿やコメントの追加など、ユーザーに紐付いた処理を行う場合はOAuth 2.0による認証

が必要ですが、動画の検索やチャンネルの取得のような参照系のAPIであればリクエストにAPIキーを含めるだけで使えます。なお、APIで取得できるのは動画のメタデータだけで、動画ファイル自体の取得はできません。YouTubeのAPIで動画情報の収集を行います。収集後にMongoDBに格納し、利用します。

● APIキーの取得

APIキーを取得するにはGoogleアカウントが必要です。Googleアカウントにログインした状態で、Google API Console（https://console.developers.google.com/）にアクセスし、新しいプロジェクトを作成します。Google API Consoleではすべてのリソースをこのプロジェクト単位で管理します。API Managerのライブラリには様々なAPIが表示されます。この中から「YouTube Data API」をクリックして有効にします（図5.1）。YouTube Data APIが表示されていない場合は、検索欄から検索しましょう。

▼ 図5.1　APIの一覧からYouTube Data APIをクリックする

APIを有効にしたら、メニューから「認証情報」をクリックします。図5.2の画面で、「認証情報を作成」→「APIキー」とたどり、APIキーを作成します[*27]。作成するキーの種類を尋ねられたら「サーバーキー」を選択し、適当な名前を設定します。作成できたらAPIキーが表示されるので控えておきます[*28]。

[*27] 初回利用時はウィザードが表示されるなど一部表示が異なることがあります。この場合はウィザードをスキップしてAPIキーを作成してください。

[*28] このAPIキーは、YouTube Data APIに直接関連付けられているわけではなく、プロジェクトに関連付けられています。プロジェクト内で他のAPIを有効にすれば、そのAPIでもこのキーが使えます。

▼ 図5.2 APIキーを作成する

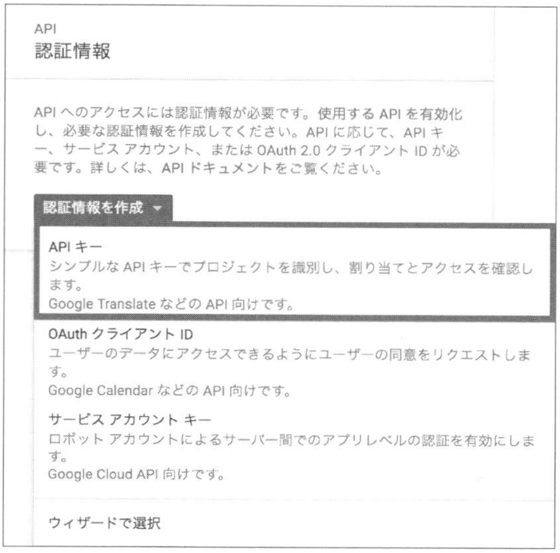

● curlコマンドでYouTube Data APIを使う

YouTube Data APIはREST形式のシンプルなAPIです。所定のURLにHTTPリクエストを送るとJSON形式のレスポンスが得られます。まずはcurlコマンド[*29]で試してみましょう。次のコマンドで「手芸」というキーワードを含む動画を検索できます。リクエストパラメーターの意味は表5.2の通りです。

```
$ curl "https://www.googleapis.com/youtube/v3/search?key=<APIキー>&part=snippet&q=手芸&type=video"
{
 "kind": "youtube#searchListResponse",
 "etag": "\"oyKLwABI4napfYXnGO8jtXfIsfc/Y2SPJJEFgHT-qcczWrVR2KxrFSg\"",
 "nextPageToken": "CAUQAA",
 "pageInfo": {
  "totalResults": 2395,
  "resultsPerPage": 5
 },
 "items": [
  {
   "kind": "youtube#searchResult",
   "etag": "\"oyKLwABI4napfYXnGO8jtXfIsfc/CIXPUO5Mm4MhOCpx36ZNKnvAZYM\"",
   "id": {
    "kind": "youtube#video",
    "videoId": "muxH23R0DT0"
   },
   "snippet": {
```

[*29] Ubuntuでcurlコマンドが利用できない場合は、`sudo apt-get install -y curl`でインストールしましょう。

第5章 クローリング・スクレイピングの実践とデータの活用

```
      "publishedAt": "2014-10-15T01:00:03.000Z",
      "channelId": "UCHMAJIjvmE-qe79idxcSopQ",
      "title": "UV樹脂レジン　初心者　基本　簡単作り方　広島手芸雑貨店「Leche れちぇ」",
      "description": "手芸材料小売・卸販売・雑貨販売 http://leche-handmade.com/ 広島 手芸雑貨店 ⏎
「Leche れちぇ」ハンドメイドママの店 【1day1handmade 略して「ワンハン...",
      "thumbnails": {
        "default": {
          "url": "https://i.ytimg.com/vi/muxH23R0DT0/default.jpg"
        },
        "medium": {
          "url": "https://i.ytimg.com/vi/muxH23R0DT0/mqdefault.jpg"
        },
        "high": {
          "url": "https://i.ytimg.com/vi/muxH23R0DT0/hqdefault.jpg"
        }
      },
      "channelTitle": "Leche2011",
      "liveBroadcastContent": "none"
    }
  },
  ...
  ]
}
```

▼ 表5.2　検索リクエストパラメーターの意味

パラメーター名	説明
key	APIキー。
part	レスポンスに含めるプロパティのカンマ区切りのリスト。 idとsnippetを指定可能（※ただしidは明示的に指定しなくても必ず含まれるようです）。
q	検索クエリ。
type	検索対象にするリソースの種類のカンマ区切りのリスト。 channel, playlist, videoを指定可能。

　レスポンスはJSON形式の文字列です。全体はオブジェクトになっており、itemsプロパティにアイテムのリストが含まれています。各アイテムにはkind、etagプロパティに加えて、リクエストパラメーターのpartで指定したプロパティが含まれています。
　YouTube Data APIによる操作は、操作の対象となるリソースとメソッドの組み合わせで表されます。今回動画の検索に使用したのは、searchリソースのlistメソッド（以降ではsearch.listメソッドと表記します）です。このメソッドでは他にも様々なパラメーターを指定可能です[30]。

---

[30] https://developers.google.com/youtube/v3/docs/search/list

● Google API Client for Pythonを使う

　ここまで見てきたように、YouTube Data APIはシンプルなREST APIなので、Requestsのようなライブラリだけでも問題なく使えます。しかし、GoogleのAPIに共通して使えるGoogle API Client for Python[*31]というライブラリがあり、公式ドキュメントのサンプルコード[*32]でもこれが使われています。このため、本書でもGoogle API Client for Pythonを使います。先ほどのcurlコマンドと同じように動画を検索したのが**リスト5.7**です。

▼ **リスト5.7**　search_youtube_videos.py — YouTubeの動画を検索する

```python
import os

from apiclient.discovery import build  # pip install google-api-python-client

YOUTUBE_API_KEY = os.environ['YOUTUBE_API_KEY']  # 環境変数からAPIキーを取得する。

# YouTubeのAPIクライアントを組み立てる。build()関数の第1引数にはAPI名を、
# 第2引数にはAPIのバージョンを指定し、キーワード引数developerKeyでAPIキーを指定する。
# この関数は、内部的に https://www.googleapis.com/discovery/v1/apis/youtube/v3/rest という
# URLにアクセスし、APIのリソースやメソッドの情報を取得する。
youtube = build('youtube', 'v3', developerKey=YOUTUBE_API_KEY)

# キーワード引数で引数を指定し、search.listメソッドを呼び出す。
# list()メソッドでgoogleapiclient.http.HttpRequestオブジェクトが得られ、
# execute()メソッドを実行すると実際にHTTPリクエストが送られて、APIのレスポンスが得られる。
search_response = youtube.search().list(
    part='snippet',
    q='手芸',
    type='video',
).execute()

# search_responseはAPIのレスポンスのJSONをパースしたdict。
for item in search_response['items']:
    print(item['snippet']['title'])  # 動画のタイトルを表示する。
```

　これを保存して実行すると、次のように動画のタイトルが表示されます。curlコマンドを実行したときと同じ結果が得られていることがわかるでしょう。あらかじめカレントディレクトリの.envファイルに、APIキーを保存しておく必要があります。

```
YOUTUBE_API_KEY=<Google API Consoleで取得したAPIキー>
```

[*31] https://pypi.python.org/pypi/google-api-python-client/ 本書ではバージョン1.5.0を使用します。
[*32] https://developers.google.com/youtube/v3/code_samples/python

```
(scraping) $ forego run python search_youtube_videos.py
UV樹脂レジン  初心者  基本  簡単作り方  広島手芸雑貨店「Leche れちぇ」
靴パンプス簡単リメイク方法  DIYレース華やか  広島手芸雑貨店「Leche れちぇ」
【GARAGE-MO1】バッグを作ってみた。(マチ90)【おっさんの手芸】
【おでかけバッグの編み方】クラフトバンド (紙バンド手芸) 講座
プラ板で作るイヤリング簡単作り方  アクセサリー着色ネイル  広島手芸雑貨店「Leche れちぇ」
```

● **動画の詳細なメタ情報を取得する**

videos.listメソッドで、より詳細な動画のメタ情報を取得できます。例えばpart引数にsnippet,statisticsを指定し、id引数に動画のIDを指定して、次のようにcurlコマンドを実行します。リクエストを送信するURLの内、パスの最後の部分（?の直前）がsearchからvideosに変わっていることに注意してください。

```
$ curl "https://www.googleapis.com/youtube/v3/videos?key=<APIキー>&id=muxH23R0DT0&part=snippet,statistics"
```

結果を見ると、snippetプロパティに含まれる内容がsearch.listメソッドのときより増えています。カテゴリやタグ、概要の全文などより詳細なメタ情報が取得できます。statisticsプロパティでは、次のようにビュー数や評価数など、統計情報が得られます。videos.listメソッドの引数partには他にも様々な値が指定できます[33]。

```
"statistics": {
  "viewCount": "23167",
  "likeCount": "67",
  "dislikeCount": "3",
  "favoriteCount": "0",
  "commentCount": "8"
}
```

● **動画情報をMongoDBに格納して検索する**

それでは、APIで取得した動画情報をデータベースに格納して検索できるようにしてみましょう。YouTube Data APIのレスポンスはJSON形式なので、データベースとしてMongoDBを使うとデータをほぼそのまま格納できます[34]。

ここでは、検索して得られた最大250個の動画から、ビュー数の上位5件を取得します。search.listメソッドの引数sortでviewCountを指定してもビュー数の多い動画を検索できますが、一度データベースに格納することで、条件を柔軟に設定できたりローカルで高速に検索できたりといったメリットがあります。データベースを使った検索では、取得済みのデータだけが検索対象になることに注意してください。

---

[33] https://developers.google.com/youtube/v3/docs/videos/list
[34] MySQLなどのリレーショナルデータベースでもJSON形式のカラムがサポートされるようになってきていますが、比較的最近のバージョンでしかサポートされていないため、ここではMongoDBを使います。

5.2 APIによるデータの収集と活用

リスト5.8はAPIで取得した情報をMongoDBに格納し、検索可能にするスクリプトです。main()関数がsearch_videos()、save_to_mongodb()、show_top_videos()の3つの関数を呼び出しています。

▼リスト5.8　save_youtube_video_metadata.py — 動画の情報をMongoDBに格納し検索可能にする

```python
import os
import sys

from apiclient.discovery import build
from pymongo import MongoClient, DESCENDING

YOUTUBE_API_KEY = os.environ['YOUTUBE_API_KEY']  # 環境変数からAPIキーを取得する。


def main():
    """
    メインの処理。
    """
    mongo_client = MongoClient('localhost', 27017)  # MongoDBのクライアントオブジェクトを作成する。
    collection = mongo_client.youtube.videos  # youtubeデータベースのvideosコレクションを取得する。
    collection.delete_many({})  # 既存のすべてのドキュメントを削除しておく。

    # 動画を検索し、ページ単位でアイテム一覧を保存する。
    for items_per_page in search_videos('手芸'):
        save_to_mongodb(collection, items_per_page)

    show_top_videos(collection)  # ビュー数の多い動画を表示する。


def search_videos(query, max_pages=5):
    """
    動画を検索して、ページ単位でlistをyieldする。
    """
    youtube = build('youtube', 'v3', developerKey=YOUTUBE_API_KEY)  # YouTubeのAPIクライアントを組み立てる。

    # search.listメソッドで最初のページを取得するためのリクエストを得る。
    search_request = youtube.search().list(
        part='id',  # search.listでは動画IDだけを取得できれば良い。
        q=query,
        type='video',
        maxResults=50,  # 1ページあたり最大50件の動画を取得する。
    )

    # リクエストが有効、かつページ数がmax_pages以内の間、繰り返す。
    # ページ数を制限しているのは実行時間が長くなり過ぎないようにするためなので、
    # 実際にはもっと多くのページを取得してもよい。
    i = 0
    while search_request and i < max_pages:
        search_response = search_request.execute()  # リクエストを送信する。
```

```python
            video_ids = [item['id']['videoId'] for item in search_response['items']]  # 動画IDのリストを得る。

            # videos.listメソッドで動画の詳細な情報を得る。
            videos_response = youtube.videos().list(
                part='snippet,statistics',
                id=','.join(video_ids)
            ).execute()

            yield videos_response['items']  # ページに対応するitemsをyieldする。

            # list_next()メソッドで次のページを取得するためのリクエスト (次のページがない場合はNone) を得る。
            search_request = youtube.search().list_next(search_request, search_response)
            i += 1


def save_to_mongodb(collection, items):
    """
    MongoDBにアイテムのリストを保存する。
    """
    # MongoDBに保存する前に、後で使いやすいようにアイテムを書き換える。
    for item in items:
        item['_id'] = item['id']  # 各アイテムのid属性を_id属性として使う。

        # statisticsに含まれるviewCountプロパティなどの値が文字列になっているので、数値に変換する。
        for key, value in item['statistics'].items():
            item['statistics'][key] = int(value)

    result = collection.insert_many(items)  # コレクションに挿入する。
    print('Inserted {0} documents'.format(len(result.inserted_ids)), file=sys.stderr)


def show_top_videos(collection):
    """
    MongoDBのコレクション内でビュー数の上位5件を表示する。
    """
    for item in collection.find().sort('statistics.viewCount', DESCENDING).limit(5):
        print(item['statistics']['viewCount'], item['snippet']['title'])

if __name__ == '__main__':
    main()
```

MongoDBが起動した状態 (**3.5.2**参照) で、**リスト5.8**を保存して実行すると、ビュー数の多い動画上位5件のビュー数とタイトルが表示されます。

```
(scraping) $ forego run python save_youtube_video_metadata.py
Inserted 50 documents
Inserted 50 documents
Inserted 50 documents
```

```
Inserted 50 documents
Inserted 50 documents
119757 入園準備☆名前を刺繍する方法(アウトラインステッチ)【手芸】Embroidery
70176 【哲也】で学ぶ　左手芸
55002 グルーガンの使い方(スイーツデコ,工作,手芸に便利な道具ホットボンド)
46112 プラ板で作るイヤリング簡単作り方　アクセサリー・着色ネイル　広島手芸雑貨店「Leche れちぇ」
42382 ゴムの結び方　処理方法　ブレスレット簡単作り方　リクエスト　広島手芸雑貨店「Leche れちぇ」
```

5.3 時系列データの収集と活用

　為替、国債金利、有効求人倍率などの時系列データを取得し、活用する方法を解説します。時系列に沿ったデータは、グラフで可視化すると傾向がわかりやすくなります。Pythonでグラフを描画するライブラリとしては、matplotlibが人気です。数値解析用のソフトウェアであるMATLABに似た簡単なインターフェイスで、様々なグラフを作成できます。

　利用するデータは、官公庁のWebサイトからCSVファイルやExcelファイルとしてダウンロードします。csvモジュール(**2.6.1**参照)などを利用して、CSVファイルを読み込むコードを書いても良いですが、ここではpandasというデータ処理用のライブラリを使います。データ分析に使われるR言語のデータフレームと似たインターフェイスで、CSVファイルやExcelファイルのような2次元の表形式のデータを手軽に処理できます。取得したデータをpandasで読み込み、matplotlibでグラフとして可視化します。

5.3.1　為替などの時系列データの収集

ここでは、時系列データとして次のデータを取得します。

- 為替(取得元:日本銀行、形式:CSVファイル)
- 国債金利(取得元:財務省、形式:CSVファイル)
- 有効求人倍率(取得元:厚生労働省、形式:Excelファイル)

　本節ではデータ活用に焦点を当てるため、データのダウンロード処理は手作業で行います。定期的にダウンロードしたい場合など、ダウンロード処理を自動化するためには、後ほど **5.5** で紹介するRoboBrowserや **5.6** で紹介するSeleniumを使うと良いでしょう。

● 為替データの取得

　為替データは、日本銀行の時系列統計データ検索サイト(http://www.stat-search.boj.or.jp/)から取得します。このサイトを表示し、主要指標グラフの欄から「為替」をクリックします(図5.3)。

第 5 章 | クローリング・スクレイピングの実践とデータの活用

▼ 図5.3　時系列統計データ検索サイト

　ドル・円の月中平均価格が赤線で、実質実効為替レート指数が青線で示されたグラフが表示されます。「系列追加」ボタンから他にも様々な系列を追加できますが、ここではこのままにしておきます。デフォルトでは1980年からのデータが表示されるので、期間の欄に「1970」年からと入力し、「データ表示」ボタンをクリックします（図5.4）。

▼ 図5.4　為替のグラフで期間を指定して、「データ表示」ボタンをクリックする

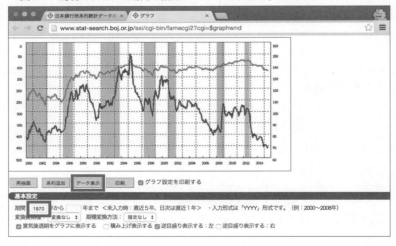

　ダウンロード形式を指定する画面が表示されるので、そのまま「ダウンロード」ボタンをクリックし、表示されるリンクをクリックしてダウンロードします。単純にダウンロードすると、nme_R031.22179.20150913113410.01.csvのように扱いづらい長いファイル名になるので、短い名前のexchange.csvに変更します。

　得られたCSVファイルの中身は**リスト5.9**のようになっています。ヘッダーが2行あり、3行目から

154

実際のデータが始まります。1列目は年月、2列目はドル・円の月中平均価格、3列目は実質実効為替レート指数を表します。データは1970年から始まっていますが、ドル・円の列に有効な値が格納されているのは1973年からです。

▼ リスト5.9　exchange.csv — 日本銀行からダウンロードした為替データ

```
データコード,ST'FXERM07,ST'FX180110002
系列名称,"東京市場　ドル・円　スポット　17時時点/月中平均","実質実効為替レート指数"
1970/01,    ,58.64
1970/02,    ,58.49
...
2015/07,123.31,69.07
2015/08,123.17,
2015/09,    ,
2015/10,    ,
2015/11,    ,
2015/12,    ,
```

● 国債金利データの取得

国債金利データは、財務省のWebサイト (http://www.mof.go.jp/jgbs/reference/interest_rate/index.htm) から取得します。図5.5のページで「過去の金利情報」のリンクをクリックして、CSV形式の過去の金利データをダウンロードします。

▼ 図5.5　財務省の国債金利情報のWebページ

得られたCSVファイルの中身は**リスト5.10**のようになっています。1行目はヘッダーで2行目以降が実際のデータです。1列目は日付、2列目以降はn年の国債の金利を表します。

第5章 クローリング・スクレイピングの実践とデータの活用

▼ リスト5.10　jgbcm_all.csv — 財務省からダウンロードした国債金利データ

```
基準日,1,2,3,4,5,6,7,8,9,10,15,20,25,30,40
S49.9.24,10.327,9.362,8.83,8.515,8.348,8.29,8.24,8.121,8.127,-,-,-,-,-,-
S49.9.25,10.333,9.364,8.831,8.516,8.348,8.29,8.24,8.121,8.127,-,-,-,-,-,-
S49.9.26,10.34,9.366,8.832,8.516,8.348,8.29,8.24,8.122,8.128,-,-,-,-,-,-
S49.9.27,10.347,9.367,8.833,8.517,8.349,8.29,8.24,8.122,8.128,-,-,-,-,-,-
...
```

● 有効求人倍率データの取得

　有効求人倍率のデータは厚生労働省のWebサイトにある「一般職業紹介状況（職業安定業務統計）」というページ（http://www.mhlw.go.jp/toukei/list/114-1.html）からリンクをたどって取得します。このページでは、統計の目的や最新の結果の概要も閲覧できますが、生データを得るには「統計表一覧」というリンクをクリックします（図5.6）。

▼ 図5.6　一般職業紹介状況（職業安定業務統計）ページ

　取得可能な最新の月が表示されるので、「X年Y月」というリンクをクリックします。ダウンロード可能なファイルが一覧で表示されます。有効求人倍率のデータは長期時系列表の3番目にあります。「Excel」と書かれたリンクをクリックして、第3表.xlsという名前のファイルをダウンロードします（図5.7）。

▼ 図5.7　統計表一覧ページ

ダウンロードしたファイルをMicrosoft Excelなどで開くと、図5.8のように似た形式の表が左右に並んでいます。A列とV列に書いてあるように、左側の表は有効求人倍率の実数値を、右側の表は有効求人倍率の季節調整値をそれぞれ表します。季節調整値とは、実数値から季節による求人倍率の変動を除去した数値であり、月々の変動を見る場合にはこの値が利用されます。

▼ 図5.8　第3表.xls ― 厚生労働省からダウンロードした有効求人倍率データ

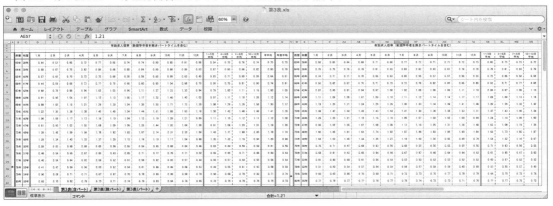

5.3.2　CSV/Excelファイルの読み込み

ダウンロードしたCSV/Excelファイルを読み込み、必要な部分を抜き出すためにpandasを使います。**pandas**はデータ分析のためのデータ構造とツールを提供するライブラリです。内部的に数値計算のためのライブラリであるNumPyを使用しており、高速に動作します。

前項でダウンロードしたCSV/Excelファイルは、多かれ少なかれ人間が読むことを想定しており、プログラムから扱いやすいとは言えません。人間が読むことを想定した冗長なファイルから必要な部分のみを抜き出すという意味では、これもスクレイピングと言えるでしょう。

第 5 章 クローリング・スクレイピングの実践とデータの活用

ファイルを1回だけ読み込み、そこから必要な情報を抜き出せるようにするなら、手作業で編集したほうが楽かもしれません。定期的に最新のファイルをダウンロードして処理したり、同じ形式のファイルを複数処理する場合は、pandasを使うべきです。

● pandasの基礎知識

pandas[*35]の基礎知識を解説します。pandasをインストールします。

```
(scraping) $ pip install pandas
```

pandasの重要なデータ構造として、シリーズとデータフレームがあります。

シリーズ (Series) は1次元のラベル付きの配列です。値の配列に加えて、**インデックス**と呼ばれるラベルの配列を持ちます。

```
>>> import pandas as pd  # pandasをpdという名前でインポートする。
>>> s1 = pd.Series([4, -2, 5])  # Seriesのコンストラクターにlistを渡してインスタンスを生成する。
# 文字列として表示したときに、左の列がインデックスを、右の列が対応する値を表す。
# インデックスはデフォルトで数値の連番となる。最終行のdtypeは含まれるデータの型を表す。
>>> s1
0    4
1   -2
2    5
dtype: int64

>>> s1.index  # index属性でインデックスの配列を取得する。
RangeIndex(start=0, stop=3, step=1)
>>> list(s1.index)  # インデックスの配列は反復可能オブジェクト。
[0, 1, 2]
>>> s1.values  # values属性で値の配列を取得する。
array([ 4, -2,  5])
>>> list(s1.values)  # 値の配列は反復可能オブジェクト。
[4, -2, 5]

>>> s2 = pd.Series([4, -2, 5], index=['a', 'b', 'c'])  # インデックスを指定してシリーズを作成できる。
>>> s2
a    4
b   -2
c    5
dtype: int64
>>> s2.index
Index(['a', 'b', 'c'], dtype='object')

>>> s2['a']  # インデックスの値をキーとして、dictのように値を取得・設定できる。
4
```

[*35] http://pandas.pydata.org/　本書ではバージョン0.18.0を使用します。

```
>>> s2['c'] = 2
>>> s2
a    4
b   -2
c    2
dtype: int64
```

データフレーム (DataFrame) は2次元の表形式のデータを表します。キーが列ラベル、値が列を表すシリーズの辞書型のオブジェクトです。

```
>>> df = pd.DataFrame({'math': [78, 64, 53], 'english': [45, 87, 67]}, index=['001', '002', '003'], ↵
columns=['math', 'english'])
>>> df
     math  english
001    78       45
002    64       87
003    53       67
>>> df['math']   # dictのように[]内にラベル名を指定することで列を表すシリーズを取得できる。
001    78
002    64
003    53
Name: math, dtype: int64
>>> df.english   # ラベル名の属性でもシリーズを取得できる。
001    45
002    87
003    67
Name: english, dtype: int64
>>> df.ix['001']   # ix属性にインデックスのラベルを指定することで行を取得できる。
math       78
english    45
Name: 001, dtype: int64
>>> df.ix[0]   # ix属性に行番号を指定して行を取得することも可能。
math       78
english    45
Name: 001, dtype: int64
>>> df.english['001']   # 列はシリーズなので、添字でセルの値を取得できる。
45

# describe()メソッドで個数、平均値、標準偏差、最小値、パーセンタイル、最大値などの統計量を一度に得られる。
>>> df.describe()
            math    english
count   3.000000   3.000000
mean   65.000000  66.333333
std    12.529964  21.007935
min    53.000000  45.000000
25%    58.500000  56.000000
50%    64.000000  67.000000
75%    71.000000  77.000000
max    78.000000  87.000000
```

第 5 章 | クローリング・スクレイピングの実践とデータの活用

ここで紹介したのはpandasの豊富な機能のごく一部に過ぎません。詳しくはpandasの公式ドキュメント*36や書籍『Pythonによるデータ分析入門』(**参考文献参照**)を参考にしてください。

● CSVファイルの読み込み (為替データ)

ダウンロードしたCSVファイルをpandasのデータフレームとして読み込みましょう。まずは、日本銀行からダウンロードした為替データ **exchange.csv** です。

pandasの **read_csv()** 関数を使うと、CSVファイルを読み込んでデータフレームを得られます。この関数では引数を指定して、必要な部分のみを抜き出したり、自動的にセルの型を判断して変換したりできます。多くの引数があり、CSVファイルに合わせてパラメーターを試行錯誤することになります。

```
>>> import pandas as pd   # pandasをpdという名前でインポートする。
# read_csv()関数の第1引数にはファイルパス、URL、ファイルオブジェクトのいずれかを指定できる。
# キーワード引数encodingでファイルのエンコーディングを指定できる。
>>> pd.read_csv('exchange.csv', encoding='cp932')
     データコード            ST'FXERM07 ST'FX180110002
0     系列名称  東京市場 ドル・円 スポット  17時時点/月中平均    実質実効為替レート指数
1     1970/01                               58.64
2     1970/02                               58.49
3     1970/03                               58.76
...
548   2015/08            123.17                NaN
549   2015/09                                  NaN
550   2015/10                                  NaN
551   2015/11                                  NaN
552   2015/12                                  NaN

[553 rows x 3 columns]
```

得られたデータフレームにはいくつか気になる点があります。

- CSVファイルではヘッダーが2行あるが、2行目はデータとして扱われている。
- 列名が長い日本語で扱いづらい。
- 列「東京市場 ドル・円 スポット 17時時点/月中平均」で値がない箇所がNaN (Not a Number, 非数) ではなく文字列 (6個のスペース) のままになっている。
- 年月の列があるのにインデックスとして連番が使われている。

次のようにすると、これらの問題を解決できます。それぞれのキーワード引数については**表5.3**を参照してください。

---

*36 http://pandas.pydata.org/pandas-docs/stable/ 特に「10 Minutes to pandas (http://pandas.pydata.org/pandas-docs/stable/10min.html)」というチュートリアルから読みはじめるのがわかりやすいでしょう。

```
>>> df_exchange = pd.read_csv('exchange.csv', encoding='cp932', header=1, names=['date', 'USD',
'rate'], skipinitialspace=True, index_col=0, parse_dates=True)
>>> df_exchange
              USD    rate
date
1970-01-22    NaN   58.64
1970-02-22    NaN   58.49
1970-03-22    NaN   58.76
...
2015-08-22  123.17   NaN
2015-09-22    NaN    NaN
2015-10-22    NaN    NaN
2015-11-22    NaN    NaN
2015-12-22    NaN    NaN

[552 rows x 2 columns]
```

▼ 表5.3　read_csv()関数に指定できる代表的なキーワード引数

キーワード引数	説明
encoding	ファイルのエンコーディング。
header	ヘッダーとして使用する行番号（0始まり）。これより前の行は無視される。Noneを指定すると先頭行からすべてデータと見なされる。
names	列の名前のリスト。
skipinitialspace	Trueとすると、区切り文字（カンマ）の後に続くスペースを無視する。
index_col	インデックスとして使用する列番号（0始まり）。
parse_dates	Trueにすると、インデックスに使用した列に対して日時としてのパースを試みる。日時のフォーマットは推測される。
date_parser	日時をパースする関数。
na_values	デフォルトの値に追加でNaNと見なす文字列のリスト。

　1列目が日付（date列）となり、インデックスとして使われています。年月日のうち「日」が22日という中途半端な値になっているのは、実行した時の「日」がデフォルト値として使われるためです。他の日に実行すると、別の値になります。気になる場合は、キーワード引数date_parserに文字列を日時に変換する関数を指定すると、望むとおりにパースできます。ここではグラフの描画に使用するだけで、月中平均株価をその月内のどの日で代表させてもさほど問題にならないため、このままにします。

　read_csv()関数で特筆すべき点として、型推論によって各列の型の推論と変換が自動的に行われる点があります。例えば列USDや列rateの値はNumPyの浮動小数点型であるnumpy.float64に変換されています。

```
>>> df_exchange.rate[0]
58.640000000000001
>>> type(df_exchange.rate[0])
<class 'numpy.float64'>
```

第 5 章 クローリング・スクレイピングの実践とデータの活用

● CSVファイルの読み込み（国債金利データ）

続いて、財務省のWebサイトからダウンロードした国債金利データ jgbcm_all.csv を読み込みましょう。このデータでは日付がH27.8.31のように和暦になっているため、そのままでは日付フォーマットの推測が機能せず、パースできません。そこで、和暦の文字列を datetime オブジェクトに変換する関数 parse_japanese_date() を定義しておきます。

```
>>> from datetime import datetime
>>> def parse_japanese_date(s):
...     base_years = {'S': 1925, 'H': 1988}  # 昭和・平成の0年に相当する年を定義しておく。
...     era = s[0]  # 元号を表すアルファベット1文字を取得。
...     year, month, day = s[1:].split('.')  # 2文字目以降を．（ピリオド）で分割して年月日に分ける。
...     year = base_years[era] + int(year)  # 元号の0年に相当する年と数値に変換した年を足して西暦の年を得る。
...     return datetime(year, int(month), int(day))  # datetimeオブジェクトを作成する。
...
```

この関数は次のように和暦の文字列をパースできます。

```
>>> parse_japanese_date('S49.9.24')
datetime.datetime(1974, 9, 24, 0, 0)
>>> parse_japanese_date('H27.8.31')
datetime.datetime(2015, 8, 31, 0, 0)
```

準備が整ったので、CSVファイルをデータフレームとして読み込みます。read_csv()関数のキーワード引数 date_parser に関数 parse_japanese_date を指定しています。さらに、キーワード引数 na_values で - と書かれたセルがNaNと見なされるようにしています。

```
>>> df_jgbcm = pd.read_csv('jgbcm_all.csv', encoding='cp932', index_col=0, parse_dates=True, ↵
date_parser=parse_japanese_date, na_values=['-'])
>>> df_jgbcm
                1       2       3       4       5       6       7       8       9  \
基準日
1974-09-24  10.327   9.362   8.830   8.515   8.348   8.290   8.240   8.121   8.127
1974-09-25  10.333   9.364   8.831   8.516   8.348   8.290   8.240   8.121   8.127
...
2015-08-31   0.005   0.007   0.011   0.040   0.075   0.107   0.150   0.241   0.314

                10      15      20      25      30      40
基準日
1974-09-24     NaN     NaN     NaN     NaN     NaN     NaN
1974-09-25     NaN     NaN     NaN     NaN     NaN     NaN
...
2015-08-31   0.392   0.775   1.168   1.326   1.426   1.544

[10605 rows x 15 columns]
```

列のラベルの数値は国債の年数を表しています。列数が多いので、10年以降の列は段が切り替わって表示されています。

● Excel ファイルの読み込み

続いて、厚生労働省のWebサイト経由でダウンロードした有効求人倍率データのExcelファイルを読み込みます。Excelファイルには大きく分けて2種類があります。

- Excel 2003以前から使われている.xlsファイル（プロプライエタリなバイナリフォーマット）
- Excel 2007以降で標準となった.xlsxファイル（Office Open XMLとして標準化されているオープンなフォーマット）

.xlsxファイルの利用が広まっていますが、今回のように未だに.xlsファイルが使われることもあります。Pythonで.xlsファイルを読み込むライブラリとしては、xlrd[*37]が有名です。.xlsファイルと.xlsxファイルの両方を読み込めます。

pandasにはxlrdでExcelファイルを読み込むための`read_excel()`関数があり、`read_csv()`関数と同様にデータフレームを得られます。pandasをインストールしてもxlrdは自動的にはインストールされないので、明示的にインストールする必要があります。

```
(scraping) $ pip install xlrd
```

読み込む前に、ダウンロードした有効求人倍率データのファイル第3表.xlsをMicrosoft Excelなどで開いて中身を確認してみましょう。ダウンロード時にも確認したように、左右に2つの表があり、必要なのは右側の季節調整値です（図5.9）。具体的には、西暦の年を表すW列と各月の値が含まれるY列（1月）〜AJ列（12月）の値が取れれば十分です。行方向に目を向けると、4行目に表のヘッダーがあり、3行目までは無視しても構いません。ファイルの下部を見ると、最後の2行（この例では58, 59行目）は注釈なので無視しても良いでしょう（図5.10）。

[*37] https://pypi.python.org/pypi/xlrd　本書ではバージョン0.9.4を使用します。

第 5 章 クローリング・スクレイピングの実践とデータの活用

▼図5.9　ダウンロードしたExcelファイルの右側

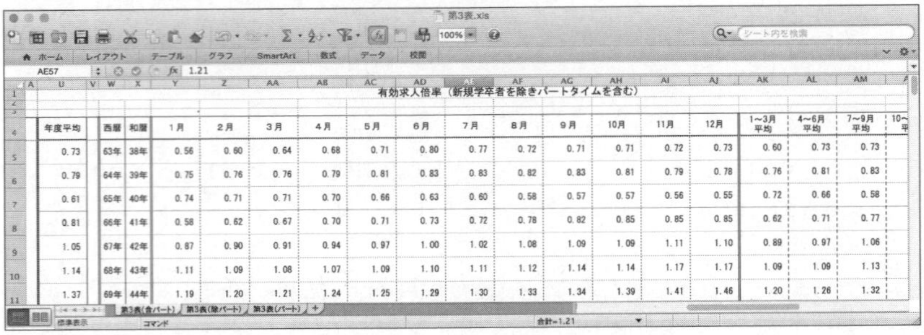

▼図5.10　ダウンロードしたExcelファイルの下部

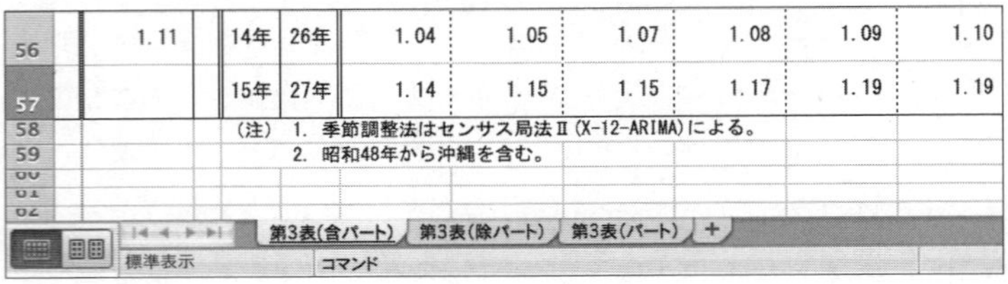

　これらをread_excel()関数の引数に落とし込むと、次のようになります。skiprows=3とskip_footer=2はそれぞれ冒頭の3行と末尾の2行を無視することを意味し、parse_cols='W,Y:AJ'はW列とY列〜AJ列のみをパースすることを意味します。さらに、西暦の列をインデックスとして使うためにindex_col=0を指定しています。

```
>>> import pandas as pd
>>> df_jobs = pd.read_excel('第3表.xls', skiprows=3, skip_footer=2, parse_cols='W,Y:AJ', index_col=0)
>>> df_jobs
      1月   2月   3月   4月   5月   6月   7月   8月   9月   10月  11月  12月
西暦
63年  0.56 0.60 0.64 0.68 0.71 0.80 0.77 0.72 0.71 0.71 0.72 0.73
64年  0.75 0.76 0.76 0.79 0.81 0.83 0.83 0.82 0.83 0.81 0.79 0.78
...
14年  1.04 1.05 1.07 1.08 1.09 1.10 1.10 1.10 1.10 1.10 1.12 1.14
15年  1.14 1.15 1.15 1.17 1.19 1.19 1.21 NaN  NaN  NaN  NaN  NaN
```

　縦軸が年、横軸が月の2次元になっていて、月ごとの変動を見るにはこのままだと扱いづらいです。データフレームのstack()メソッドで、2次元のデータフレームを1次元のシリーズに変換できます。

```
>>> s_jobs = df_jobs.stack()
>>> s_jobs
西暦
63年  1月    0.56
      2月    0.60
      3月    0.64
...
15年  1月    1.14
      2月    1.15
      3月    1.15
      4月    1.17
      5月    1.19
      6月    1.19
      7月    1.21
dtype: float64
```

このシリーズのインデックスは、年、月という階層を持ち、階層型インデックスと呼ばれます。このインデックスを反復すると、年と月の2要素からなるタプルが得られます。

```
>>> list(s_jobs.index)
[('63年', '1月'), ('63年', '2月'), ('63年', '3月'), ('63年', '4月'), ...
```

このままでは扱いづらいので、インデックスを日付に変換するparse_year_and_month()関数を定義しておきます。

```
>>> from datetime import datetime
>>> def parse_year_and_month(year, month):
...     year = int(year[:-1])    # "年"を除去して数値に変換。
...     month = int(month[:-1])  # "月"を除去して数値に変換。
...     year += (1900 if year >= 63 else 2000)  # 63年以降は19xx年、63年より前は20xx年。
...     return datetime(year, month, 1)  # datetimeオブジェクトを作成する。
...
```

この関数は、2桁の年と月を文字列で与えるとdatetimeオブジェクトを返します。なお、Excelファイルでは1～9月はいわゆる全角文字になっていますが、Pythonでは問題なくintに変換できます。

```
>>> parse_year_and_month('63年', '1月')
datetime.datetime(1963, 1, 1, 0, 0)
>>> parse_year_and_month('14年', '12月')
datetime.datetime(2014, 12, 1, 0, 0)
```

この関数を使って、インデックスを日付に変換します。シリーズのindex属性にリストを代入するとインデックスを置き換えることができます。

```
>>> s_jobs.index = [parse_year_and_month(y, m) for y, m in s_jobs.index]
>>> s_jobs
1963-01-01    0.56
1963-02-01    0.60
1963-03-01    0.64
...
2015-06-01    1.19
2015-07-01    1.21
dtype: float64
```

データの読み込みは完了です。このデータをグラフとして可視化します。

5.3.3　グラフによる可視化

Pythonでグラフを描画するライブラリとして、matplotlib[*38]が有名です。matplotlibではMATLABに似た簡単なインターフェイスでグラフを描画できます。

OS Xでは不要ですが、Ubuntuでmatplotlibをインストールするには、あらかじめ開発用パッケージをインストールする必要があります。グラフ中で日本語を使うために必要な日本語フォントも一緒にインストールしておきます[*39]。続いてmatplotlibをインストールします。

```
(scraping) $ sudo apt-get build-dep -y python3-matplotlib  # Ubuntuの場合
(scraping) $ sudo apt-get install -y fonts-migmix  # Ubuntuの場合
```

```
(scraping) $ pip install matplotlib
```

● matplotlibの使い方

インタラクティブシェルで使い方を確認します。なお、Vagrant上のUbuntuなどデスクトップ環境がない場合は、plot()関数実行時に_tkinter.TclErrorという例外が発生します。後述のバックエンドの切り替えで対処します。

```
>>> import matplotlib.pyplot as plt  # matplotlib.pyplotモジュールをpltという名前でインポートする。
# plot()関数にX軸のリストとY軸のリストを指定するとグラフを描画できる。
>>> plt.plot([1, 2, 3, 4, 5], [1, 4, 9, 16, 25])
[<matplotlib.lines.Line2D object at 0x1056ba780>]
>>> plt.show()  # show()関数でグラフをウィンドウに表示する。
```

[*38] http://matplotlib.org/　本書ではバージョン1.4.3を使用します。
[*39] matplotlibを使いはじめた後に新しくインストールしたフォントを使いたい場合は、`rm ~/.cache/matplotlib/fontList.py3k.cache`でフォントのキャッシュを削除してください。

show()関数を実行すると、新しいウィンドウが開き図5.11のグラフが表示されます。X軸とY軸の値はそれぞれplot()関数の第1引数と第2引数に指定したリストの値に対応しています。plot()関数の引数にリストを1つだけ指定した場合、そのリストはY軸の値として使用され、X軸の値はリストのインデックスの値になります。

▼ 図5.11　X軸とY軸の値を指定して作成したグラフ

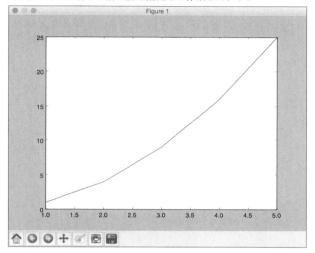

他にも様々なパラメーターを指定してグラフを描画できます。**リスト5.11**に系列を増やし、線の色やスタイルを変更、ラベルやタイトルを追加したソースコードを示します。スクリプトとして実行するときに使いやすいように、グラフを表示するのではなく画像ファイルに保存するよう変更しています。

matplotlibではデスクトップ環境での描画（ウィンドウ表示）や、画像ファイルへの描画など、描画先を様々に切り替えられます。それぞれの描画先での具体的な描画処理は**バックエンド**と呼ばれる仕組みが担っており、利用するバックエンドを切り替えるだけで、Pythonのコードを変更することなくグラフの描画先を変更できます。バックエンドは大きく分けて2種類あります。

- ユーザーインターフェイスを持つインタラクティブなバックエンド
- 画像ファイルへの描画のようなインタラクティブでないバックエンド

手元で試行しつつグラフを作成するにはインタラクティブなバックエンドが便利ですが、スクリプトファイルでグラフを作成するなら、インタラクティブでないバックエンドのほうがシンプルに使えます。インタラクティブでないバックエンドは、デスクトップ環境がないVagrant上のUbuntuなどでも問題なく使えます。

▼ リスト5.11　plot_advanced_graph.py — 様々なパラメーターを指定してグラフを描画する

```python
import matplotlib
matplotlib.use('Agg')  # 描画のバックエンドとしてデスクトップ環境が不要なAggを使う。
# 日本語を描画できるようフォントを指定する。OS XとUbuntu用に2種類のフォントを列挙している。
# デフォルトでは英語用のフォントが使われ、日本語が□（いわゆる豆腐）で表示されてしまう。
matplotlib.rcParams['font.sans-serif'] = 'Hiragino Kaku Gothic Pro, Osaka, MigMix 1P'
import matplotlib.pyplot as plt

# plot()の第3引数に系列のスタイルを表す文字列を指定できる。
# 'b'は青色、'x'はバツ印のマーカー、'-'はマーカーを実線で繋ぐことを意味する。
# キーワード引数labelで指定した系列の名前は、凡例で使用される。
plt.plot([1, 2, 3, 4, 5], [1, 2, 3, 4, 5], 'bx-', label='1次関数')
# スタイルの'r'は赤色、'o'は丸印のマーカー、'--'は点線を意味する。
plt.plot([1, 2, 3, 4, 5], [1, 4, 9, 16, 25], 'ro--', label='2次関数')
plt.xlabel('Xの値')  # xlabel()関数でX軸のラベルを指定する。
plt.ylabel('Yの値')  # ylabel()関数でY軸のラベルを指定する。
plt.title('matplotlibのサンプル')  # title()関数でグラフのタイトルを指定する。
plt.legend(loc='best')  # legend()関数で凡例を表示する。loc='best'は最適な位置に表示することを意味する。
plt.xlim(0, 6)  # X軸の範囲を0〜6とする。ylim()関数で同様にY軸の範囲を指定できる。
plt.savefig('advanced_graph.png', dpi=300)  # グラフを画像ファイルに保存する。
```

　これを保存して実行すると、カレントディレクトリにadvanced_graph.pngというファイルが生成されます。画像ビューアーで開くと図5.12のグラフが表示されます。

```
(scraping) $ python plot_advanced_graph.py
```

▼ 図5.12　advanced_graph.png — 様々なパラメーターを指定したグラフ

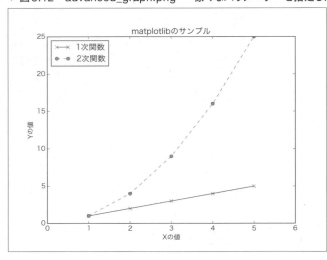

matplotlib.pyplotモジュールで利用可能なAPIは他にも多くあります[*40]。

● 読み込んだデータをグラフとして描画

この節の集大成として、ダウンロードしたCSV/Excelファイルから読み込んだデータをグラフとして描画しましょう。matplotlibのサブプロットという、1つの図の中に複数のグラフを描画する機能を使って、3つのグラフを縦に並べて比較できるようにします。

グラフを描画するソースコードは**リスト5.12**です。一見すると長いですが、安心してください。3つの関数のうち、main()以外の2つの関数parse_japanese_date()とparse_year_and_month()は前項で出てきたものと同じです。main()関数の前半も前項と同じpandasによるデータの読み込み処理です。後半はmatplotlibによるグラフの描画処理です。subplot()関数で、サブプロットを作成していること以外は、通常のグラフ描画処理と変わりません。plot()関数では、第1引数にX軸となるデータフレームやシリーズのインデックスを、第2引数にY軸となるシリーズを指定しています。

▼ リスト5.12　plot_historical_data.py ― 時系列データを可視化する

```
from datetime import datetime

import pandas as pd
import matplotlib
matplotlib.use('Agg')  # 描画のバックエンドとしてデスクトップ環境が不要なAggを使う。
# 日本語を描画できるようフォントを指定する。
matplotlib.rcParams['font.sans-serif'] = 'Hiragino Kaku Gothic Pro, Osaka, MigMix 1P'
import matplotlib.pyplot as plt


def main():
    # 為替データの読み込み。
    df_exchange = pd.read_csv(
        'exchange.csv', encoding='cp932', header=1, names=['date', 'USD', 'rate'],
        skipinitialspace=True, index_col=0, parse_dates=True)
    # 国債金利データの読み込み。
    df_jgbcm = pd.read_csv(
        'jgbcm_all.csv', encoding='cp932', index_col=0, parse_dates=True,
        date_parser=parse_japanese_date, na_values=['-'])
    # 有効求人倍率データの読み込み。
    df_jobs = pd.read_excel('第3表.xls', skiprows=3, skip_footer=2, parse_cols='W,Y:AJ', index_col=0)
    s_jobs = df_jobs.stack()
    s_jobs.index = [parse_year_and_month(y, m) for y, m in s_jobs.index]

    min_date = datetime(1973, 1, 1)   # X軸の最小値
    max_date = datetime.now()         # X軸の最大値
```

[*40] チュートリアル (http://matplotlib.org/users/pyplot_tutorial.html) やリファレンス (http://matplotlib.org/api/pyplot_api.html)、グラフギャラリー (http://matplotlib.org/gallery.html) が参考になります。

第 5 章 クローリング・スクレイピングの実践とデータの活用

```python
    # 1つ目のサブプロット (為替データ)
    plt.subplot(3, 1, 1)            # 3行1列の1番目のサブプロットを作成。
    plt.plot(df_exchange.index, df_exchange.USD, label='ドル・円')
    plt.xlim(min_date, max_date)    # X軸の範囲を設定。
    plt.ylim(50, 250)               # Y軸の範囲を設定。
    plt.legend(loc='best')          # 凡例を最適な位置に表示。
    # 2つ目のサブプロット (国債金利データ)
    plt.subplot(3, 1, 2)            # 3行1列の2番目のサブプロットを作成。
    plt.plot(df_jgbcm.index, df_jgbcm['1'], label='1年国債金利')
    plt.plot(df_jgbcm.index, df_jgbcm['5'], label='5年国債金利')
    plt.plot(df_jgbcm.index, df_jgbcm['10'], label='10年国債金利')
    plt.xlim(min_date, max_date)    # X軸の範囲を設定。
    plt.legend(loc='best')          # 凡例を最適な位置に表示。
    # 3つ目のサブプロット (有効求人倍率データ)
    plt.subplot(3, 1, 3)            # 3行1列の3番目のサブプロットを作成。
    plt.plot(s_jobs.index, s_jobs, label='有効求人倍率 (季節調整値)')
    plt.xlim(min_date, max_date)    # X軸の範囲を設定。
    plt.ylim(0.0, 2.0)              # Y軸の範囲を設定。
    plt.axhline(y=1, color='gray')  # y=1の水平線を引く。
    plt.legend(loc='best')          # 凡例を最適な位置に表示。

    plt.savefig('historical_data.png', dpi=300)  # 画像を保存。


def parse_japanese_date(s):
    """
    和暦の日付をdatetimeオブジェクトに変換する。
    """
    base_years = {'S': 1925, 'H': 1988}  # 昭和・平成の0年に相当する年を定義しておく。
    era = s[0]  # 元号を表すアルファベット1文字を取得。
    year, month, day = s[1:].split('.')  # 2文字目以降を . (ピリオド) で分割して年月日に分ける。
    year = base_years[era] + int(year)   # 元号の0年に相当する年と数値に変換した年を足して西暦の年を得る。
    return datetime(year, int(month), int(day))  # datetimeオブジェクトを作成する。


def parse_year_and_month(year, month):
    """
    ('X年', 'Y月') の組をdatetimeオブジェクトに変換する。
    """
    year = int(year[:-1])    # "年"を除去して数値に変換。
    month = int(month[:-1])  # "月"を除去して数値に変換。
    year += (1900 if year >= 63 else 2000)  # 63年以降は19xx年、63年より前は20xx年。
    return datetime(year, month, 1)  # datetimeオブジェクトを作成する。

if __name__ == '__main__':
    main()
```

　plot_historical_data.pyという名前で保存し実行するとカレントディレクトリにhistorical_data.

pngが生成されます。画像ビューアーで開くと図5.13のグラフが表示されます。

```
(scraping) $ python plot_historical_data.py
```

▼ 図5.13　historical_data.png — 最終的に作成したグラフ

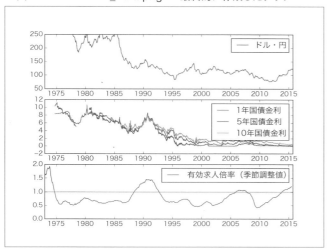

　ここまで紹介したのはmatplotlibの豊富な機能のごく一部に過ぎません。matplotlibを使いこなすうえで役立つ知識はまだまだあります。

　今回使用したmatplotlib.pyplotモジュールは関数ベースのAPIで、現時点での描画状態がグローバルに1つだけ保持されます。このAPIはMATLABに似た使い勝手を実現しており、インタラクティブな環境では便利です。しかし、スクリプトファイルで複雑なグラフをプロットするときには、このグローバルに状態を持つ性質が扱いづらいこともあります。

　このような場合は、matplotlibのオブジェクト指向のAPIを使うと良いでしょう。例えば、図全体はFigureクラス、サブプロットはAxesクラスとしてモデル化されています。このAPIを使うと次のようにグラフを描画できます。

```
import matplotlib.pyplot as plt

fig = plt.figure()   # figはFigureクラスのオブジェクト。
ax1 = fig.add_subplot(3, 1, 1)   # ax1はAxesクラスのオブジェクト。
ax1.plot(df_exchange.index, df_exchange.USD, label='ドル・円')
ax1.set_xlim(min_date, max_date)
ax1.set_ylim(50, 250)
ax1.legend(loc='best')
fig.savefig('historical_data.png', dpi=300)
```

第 5 章 クローリング・スクレイピングの実践とデータの活用

公式のドキュメントなどのサンプルコードを読むときにも、関数ベースのAPIとオブジェクト指向のAPIの2種類があることを知っておくと、混乱することが少なくなるでしょう。

---

column　pandasとmatplotlib

pandasのデータフレームには、内部的にmatplotlibを使ってグラフを描画する`plot()`メソッドがあります。数値データを持つ列が系列として描画され、各列のラベルがグラフで対応する系列のラベルとして使われるなど、データフレームを可視化してデータの特徴を把握するには便利です。しかしグラフの細かな表示を調整したい場合は、結局matplotlibの知識が必要なので、直接matplotlibの関数を使ったほうがわかりやすいでしょう。

---

column　科学技術計算やデータ分析のための便利なツール：IPython・Jupyter・Anaconda

科学技術計算やデータ分析を行う際には試行錯誤がつきものです。このようなときに便利なツールとして、IPythonとJupyterがあります。Python標準のインタラクティブシェルでは物足りないと感じる場合は、使ってみると良いでしょう。

IPython（http://ipython.org/）は高性能なインタラクティブシェルです。標準のインタラクティブシェルに比べて、便利な機能が拡充されています。

- Tabキーによる強力な補完
- オブジェクトや関数に`?`や`??`をつけると中身を詳しく表示できるイントロスペクション
- 関数の実行時間を測る`%timeit`や他のスクリプトを実行する`%run`など、`%`で始まるマジックコマンド
- 例外発生時のわかりやすいスタックトレースの表示やデバッグ
- `plot()`関数実行時に即座にグラフに反映されるといったmatplotlibとの連携
- コンソール内へのグラフの表示やシンタックスハイライトが可能なGUIコンソール

Jupyter（https://jupyter.org/）は、Webベースのインタラクティブなプログラム実行環境です。元はIPython Notebookという名前でしたが、現在ではJupyterと名前を変え、Python以外の言語も使えます。ブラウザーでコードを実行できるだけでなく、コードとその実行結果をHTMLのドキュメントとして共有できます。グラフをインラインで表示したり、pandasのデータフレームを表として表示したりも可能です。

科学技術計算やデータ分析をメインに行う場合は、通常のPythonを使うよりもAnacondaを使うほうが便利な場合もあります。**Anaconda**（https://www.continuum.io/）はContinuum Analytics社が提供するPythonのディストリビューションで、Pythonの実行環境と100を超える主要なライブラリを簡単にインストールします。IPythonやJupyterを含め、本節で紹介したライブラリのほとんどはAnacondaのインストーラーに含まれており、インストール後にすぐ使い始められます。追加のライブラリのインストールや仮想環境の構築に`conda`という独自のコマンドを使うなど、使い方は通常のPythonと若干異なるので注意が必要です。

5.4 オープンデータの収集と活用

近年、政府や自治体、企業などが保有するデータを公開するオープンデータという取り組みが広まっています。本節では、オープンデータでよく使われるフォーマットのうち、PDFファイルとLinked Open Dataからデータを取得する方法を解説します。

5.4.1 オープンデータとは

オープンデータ（Open Data） は政府や自治体、企業などが保有するデータを公開し、自由に活用してもらう取り組みです。特に政府や自治体が公開するオープンデータが注目されており、データの活用による行政の透明性向上、官民協働の推進、行政の効率化、経済の活性化などの効果が期待されています。アメリカ政府やイギリス政府による取り組みは先駆けとして有名で、日本でも取り組みが始まっています。表5.4に、日本で公開されているオープンデータを探すことができるWebサイトの例を示しました。

▼ 表5.4 日本で公開されているオープンデータを探すことができるWebサイトの例

Webサイト	説明
DATA GO JP (http://www.data.go.jp/)	日本政府のオープンデータがカタログ化されている。
Open DATA METI (http://datameti.go.jp/)	経済産業省のオープンデータがカタログ化されている。
e-Stat (http://www.e-stat.go.jp/)	日本の統計データを閲覧・取得できる。
OpenGovLab (http://openlabs.go.jp/)	政府や自治体のオープンデータがまとめられている。
LinkData.org (http://linkdata.org/)	オープンデータやオープンデータを使ったアプリを共有できる。

オープンデータとは、単に公開されているデータという意味ではありません[41]。Open Knowledge Foundationが公開しているオープンデータ・ハンドブックにおける、オープンデータの定義[42]を引用します。

> オープンデータとは、自由に使えて再利用もでき、かつ誰でも再配布できるようなデータのことだ。従うべき決まりは、せいぜい「作者のクレジットを残す」あるいは「同じ条件で配布する」程度である。

短い定義ですが、利用目的を限定せず自由に使える、再利用・再配布できる、誰でも使えるといった重要な要素が詰め込まれています。これによって、オープンデータを組み合わせて新しい価値を生み出しやすくなります。

---

[41] 単にソースコードが公開されているソフトウェアをオープンソースソフトウェアと呼ばないのと似ています。
[42] http://opendatahandbook.org/guide/ja/what-is-open-data/

オープンデータは多くの場合、クリエイティブ・コモンズのCC0やCC BY、CC BY-SAなどの比較的緩い条件で自由に利用できるライセンスで提供されます。また、データのフォーマットも重要です。機械判読しやすいフォーマットで提供されているデータほど利用しやすくなります。

データフォーマットの利用しやすさは、図5.14の5つ星スキームで表されます。星が増えるほど利用しやすいフォーマットと言えます。

1. 形式を問わず利用に関してオープンなライセンスでWeb上に公開されている（例：PDF形式）
2. 構造化されている（例：.xls形式）
3. 非独占的なフォーマットである（例：CSV形式）
4. 物事を表すのにURIが使われている（例：RDF形式）
5. 他のデータにリンクしている（例：Linked Open Data）

▼図5.14　オープンデータの5つ星スキーム

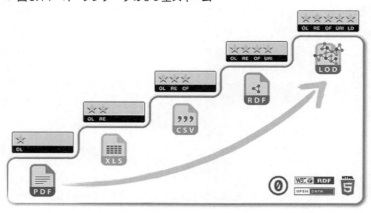

本節ではPDF形式のファイルとLinked Open Dataからデータを取得する方法を解説します。なお、.xls形式やCSV形式のファイルを読み込む方法は**5.3.2**を参照してください。

5.4.2　PDFからのデータの抽出

DATA GO JPで公開されているPDF形式のオープンデータをダウンロードし、PDFMiner.sixというライブラリでテキストを抽出してみましょう。DATA GO JPでは、日本政府が公開しているオープンデータを検索できます。「新幹線」というキーワードで検索すると、次のデータが見つかります[*43]。

[*43] DATA GO JPに公開されているファイルは削除されることもあります。ダウンロードできない場合は、書籍のサンプルファイルに含まれているものを使用してください。

- 新幹線旅客輸送量の推移 - DATA GO JP

    http://www.data.go.jp/data/dataset/mlit_20140919_2423

これは、新幹線における旅客輸送量の年度ごとの推移を示した表で、国土交通省が公開しているものです。PDFファイルをダウンロードします。

```
$ wget http://www.mlit.go.jp/common/000232384.pdf
```

● PDF（Portable Document Format）

PDF（Portable Document Format）はアドビシステムズが開発した文書用のファイルフォーマットです。PDF形式のデータはあまり扱いやすくありませんが、公開されているデータがPDFファイルの中にしかなく、そこからテキストを抽出したいこともあるでしょう。Adobe Acrobat ReaderなどでPDFファイルを開き、テキストを選択してコピーするという手順でもテキストを抽出できますが、処理するファイルの量が多くなると困難です。

PDFは仕様が公開されているので、PDFファイルからテキストを抽出するためのサードパーティライブラリが存在します。ただし、次の点には注意が必要です。

- PDFファイル内の表形式のデータをそのまま抜き出すことは難しい

    PDFファイルの中では、表のそれぞれのセルのテキストや罫線がバラバラの要素として格納されているため、通常は表の構造を保持したまま抜き出すことはできません。ページ全体をベタなテキストとして抜き出した後、プログラムなどで加工する必要があります。

- PDFファイルに画像しか含まれていない場合がある

    公開されているPDFファイルの中には、紙の書類をスキャンした画像だけが含まれているものもあります。画像をテキストに変換するにはOCRソフト[44]を使用する必要があります。

- PDFファイルにパスワードがかかっている場合がある

    PDFファイルには、関係者以外の読み取りを防ぐためにパスワードがかかっている場合があります。この場合はパスワードを入手しないとテキストを抽出できません。

- PDFファイルによっては読み込めない場合がある

    PDFファイルの仕様は非常に複雑です。また、一部公開されていないプロプライエタリな仕様もあり、ファイルによってはライブラリが対応しておらず、うまく扱えないこともあります。

---

[44] オープンソースのOCRソフトとしては現在Googleが開発しているTesseractが有名です。PythonからTesseractを使用するライブラリの例としてPyOCR（https://pypi.python.org/pypi/pyocr）があります。

● PDFMiner.sixによるPDFからのテキストの抽出

PythonでPDFからテキストを抽出するには、PDFMiner.six[*45]が使えます。これはPDFMinerというライブラリのPython 3対応版です。

本書の執筆時点では、PDFMiner.sixをpipでインストールすると後述の`pdf2txt.py`コマンドが正常に動作しません。そのためここでは、次の手順でインストールします。

```
(scraping) $ wget https://pypi.python.org/packages/source/p/pdfminer.six/pdfminer.six-20160202.zip
(scraping) $ unzip pdfminer.six-20160202.zip
(scraping) $ cd pdfminer.six-20160202
(scraping) $ python setup.py install
```

インストールできると、`pdf2txt.py`というコマンドが使えるようになります。まずはこれを試してみましょう。引数にダウンロードしたPDFファイルのパスを指定して実行すると、PDFファイルから抽出したテキストが表示されます。

```
(scraping) $ pdf2txt.py 000232384.pdf
新幹線旅客輸送量の推移

年度

内
…
訳

東
海
道
…
```

このファイルは1ページしかないのですぐに終わりますが、ページ数の多いファイルに対して使用すると時間がかかる場合があります。これは、PDFMiner.sixのLayout Analysisという、PDFファイルのレイアウトを解析する機能の影響です。PDFファイルの仕様では、テキストは1文字ずつ絶対的な座標に配置されており、単語や改行という概念はありません。Layout Analysisは近い文字は同じ単語、離れている文字は別の単語、上下に離れている場合は改行などと認識し、扱いやすい形でテキストを抽出できます。便利な機能ですが、細かな表があるなど複雑な構造のページでは解析に時間がかかってしまう欠点もあります。

次のように`-n`または`--no-laparams`オプションをつけて実行すると、Layout Analysisを無効にし、高速に結果を得ることができます。ただし、含まれるテキストがそのまま抜き出されるので、扱いやすいとは言えません。特に表を含むページでは、複数のセルの値が結合されてしまい、区切り位置がわか

[*45] https://github.com/goulu/pdfminer　本書ではバージョン20160202を使用します。

らなくなってしまいます。

```
(scraping) $ pdf2txt.py -n 000232384.pdf
営業㌔輸送人員輸送人㌔一日平均輸送人員(km)(千人)(百万人㌔)(人)昭和40552.630,96710,65084,
84145552.684,62727,890231,855501,176.5157,21827,800231,855551,176.5125,63641,790344,209602,
011.8179,83355,423492,693平成52,036.5275,85572,563755,76762,036.5262,98568,248720,50772,036.5275,
90070,827753,82582,036.5280,96472,948769,76492,153.9283,...
```

`pdf2txt.py`には多くのオプションがあります。`pdf2txt.py --help`で確認できます。

● PDFMiner.sixのPythonインターフェイス

コマンドだけでも役立ちますが、Pythonのインターフェイスも用意されています。Pythonのスクリプトから呼び出すにはこちらのほうが便利な場合も多いでしょう。リスト5.13はPDFMiner.sixでPDFをパースし、テキストボックスを表示します。

PDFMiner.sixにおいて、レイアウトは`LTPage`というPDFのページに対応するオブジェクトをルートとした木構造で表現されます。テキストボックス(`LTTextBox`)は、1行のテキストを表すテキストライン(`LTTextLine`)をグループ化したオブジェクトです。LTで始まる名前を持つ各オブジェクトについて詳しくは、PDFMinerのドキュメント[*46]とPDFMiner.sixのソースコード[*47]を参照してください。

▼ リスト5.13 print_pdf_textboxes.py — PDFをパースしてテキストボックスを表示する

```python
import sys

from pdfminer.converter import PDFPageAggregator
from pdfminer.layout import LAParams, LTContainer, LTTextBox
from pdfminer.pdfinterp import PDFPageInterpreter, PDFResourceManager
from pdfminer.pdfpage import PDFPage


def find_textboxes_recursively(layout_obj):
    """
    再帰的にテキストボックス (LTTextBox) を探して、テキストボックスのリストを取得する。
    """
    # LTTextBoxを継承するオブジェクトの場合は1要素のリストを返す。
    if isinstance(layout_obj, LTTextBox):
        return [layout_obj]

    # LTContainerを継承するオブジェクトは子要素を含むので、再帰的に探す。
    if isinstance(layout_obj, LTContainer):
        boxes = []
        for child in layout_obj:
```

[*46] https://euske.github.io/pdfminer/programming.html
[*47] https://github.com/goulu/pdfminer/blob/master/pdfminer/layout.py

```python
            boxes.extend(find_textboxes_recursively(child))

    return boxes

return []  # その他の場合は空リストを返す。


laparams = LAParams(detect_vertical=True)  # Layout Analysisのパラメーターを設定。縦書きの検出を有効にする。
resource_manager = PDFResourceManager()  # 共有のリソースを管理するリソースマネージャーを作成。
# ページを集めるPageAggregatorオブジェクトを作成。
device = PDFPageAggregator(resource_manager, laparams=laparams)
interpreter = PDFPageInterpreter(resource_manager, device)  # Interpreterオブジェクトを作成。

with open(sys.argv[1], 'rb') as f:  # ファイルをバイナリ形式で開く。
    # PDFPage.get_pages()にファイルオブジェクトを指定して、PDFPageオブジェクトを順に取得する。
    # 時間がかかるファイルは、キーワード引数pagenosで処理するページ番号(0始まり)のリストを指定すると良い。
    for page in PDFPage.get_pages(f):
        interpreter.process_page(page)  # ページを処理する。
        layout = device.get_result()  # LTPageオブジェクトを取得。

        boxes = find_textboxes_recursively(layout)  # ページ内のテキストボックスのリストを取得する。
        # テキストボックスの左上の座標の順でテキストボックスをソートする。
        # y1(Y座標の値)は上に行くほど大きくなるので、正負を反転させている。
        boxes.sort(key=lambda b: (-b.y1, b.x0))

        for box in boxes:
            print('-' * 10)  # 読みやすいよう区切り線を表示する。
            print(box.get_text().strip())  # テキストボックス内のテキストを表示する。
```

引数にPDFファイルのパスを指定して実行すると、テキストボックスのテキストが線で区切られて表示されます。PDFファイル内のテキストがグループ化されていることがわかります。

```
(scraping) $ python print_pdf_textboxes.py 000232384.pdf
----------
新幹線旅客輸送量の推移
----------
項目
----------
営業キロ
----------
輸送人員
----------
輸送人キロ
----------
一日平均輸送人員
...
```

5.4.3 Linked Open Dataからのデータの収集

Webページが互いにリンクされていることで関連する情報を得られるのと同様に、データ同士がWeb上でリンクされているとデータに関連する情報を得られます。このように、データ同士をリンクさせ、容易に検索できる形で公開するための方法論を **Linked Data** と呼びます。中でも、オープンなライセンスで公開されているLinked Dataを **Linked Open Data** と言います。

Linked Dataにおけるデータ同士のリンクは、RDFというデータモデルで記述されます。また、RDFのデータベースからデータを検索するために、SPARQLというクエリ言語を使えます。これは、リレーショナルデータベースとSQLの関係に似ています。ここではWikipedia日本語版から情報を抽出してLinked Open Dataとして提供するプロジェクト、DBpedia JapaneseからSPARQLで日本の美術館の情報を収集します。

● RDFの概要

RDF (Resource Description Framework) はリソースについて記述するための枠組みです。リソースとは、Web上のリソースに限らないあらゆるものを指します。RDFでは、データを主語(Subject)、述語(Predicate)、目的語(Object)の3つの組でモデル化し、これらを **トリプル (Triple)** と呼びます。例えば「日本の首都は東京である」ということを表す場合、「日本」が主語、「首都」が述語、「東京」が目的語となります。これは通常の日本語の文法における表現とは異なる場合もありますが、あまり気にしないほうが良いでしょう。「日本は東京という首都を持つ」と言い換えたり、主語、述語、目的語をそれぞれエンティティ(Entity)、属性(Attribute)、値(Value)と言い換えるとわかりやすいかもしれません。

RDFのデータモデルでは、トリプルは図5.15のような有向グラフとして表現されます。

▼ 図5.15　RDFのグラフ表現

実際には、リソースを明確に識別するために主語と述語はURI[*48]を使い、目的語はURIまたはリテラル(文字列や数値など)を使います。RDFはグラフを用いた抽象的な構文のみを定義しており、グラ

---

*48　URI (Uniform Resource Identifier) はURLの概念を拡張し、ネットワーク上に存在しないリソースも識別できるようにしたものです。RDF 1.1の仕様ではIRI (Internationalized Resource Identifier) という語が使われていますが、Linked Open Dataの文脈ではURIという語が使われることが多いため、本節ではURIという表記に統一します。

フを文字列として表現する具体的な構文は、Turtle[*49]やRDF/XML[*50]などが別途定義されています。Turtleによるグラフの表現を**リスト5.14**に示しました。主語、述語、目的語をスペースで区切り、最後に.(ピリオド)を置きます。この例ではトリプルの要素として次のURIを使用しています。

- 主語　　: http://example.com/#日本
- 述語　　: http://dbpedia.org/ontology/capital
- 目的語　: http://example.com/#東京

▼ リスト5.14　Turtleによるグラフの表現
```
http://example.com/#日本 http://dbpedia.org/ontology/capital http://example.com/#東京 .
```

● SPARQLでデータを収集する

SPARQLは、RDFのデータベースからデータを検索するためのクエリ言語です。クエリだけでなく、HTTPを使った通信のためのプロトコルも定義されており、**SPARQLエンドポイント**と呼ばれるサーバーに対してクエリを送信して、結果を取得できます。SPARQLによって、サーバーごとに異なるWeb APIの使い方を覚えることなく、統一されたインターフェイスでデータを取得できます。

本書の執筆時点では、日本のオープンデータでSPARQLエンドポイントを提供しているものは多くないですが、今後増えていくでしょう。ここではDBpedia Japanese[*51]を使います。DBpedia[*52]は主に英語版Wikipediaから構造化データを抜き出し、Linked Open Dataとして提供するプロジェクトです。DBpedia Japaneseは日本語版Wikipediaを対象とします。ダンプから生成しているので最新のデータではありませんが、Wikipediaのコンテンツを SPARQLで検索できます。SPARQLエンドポイントでは、Web APIが提供されているだけでなく、多くの場合クエリを簡単に実行するためのGUIも提供されています。まずはこれでクエリを実行してみましょう。

- Virtuoso SPARQL Query Editor
  http://ja.dbpedia.org/sparql

Query Textという欄に**リスト5.15**のクエリがデフォルトで入力されているので、「Run Query」をクリックすると**図5.16**のように実行結果が表形式で表示されます。

▼ リスト5.15　主語が東京都のトリプルをすべて抽出するSPARQLクエリ
```
select distinct * where { http://ja.dbpedia.org/resource/東京都 ?p ?o . }
```

[*49] http://www.w3.org/TR/turtle/
[*50] http://www.w3.org/TR/rdf-syntax-grammar/
[*51] http://ja.dbpedia.org/
[*52] http://wiki.dbpedia.org/

▼ 図5.16　SPARQLクエリの実行結果

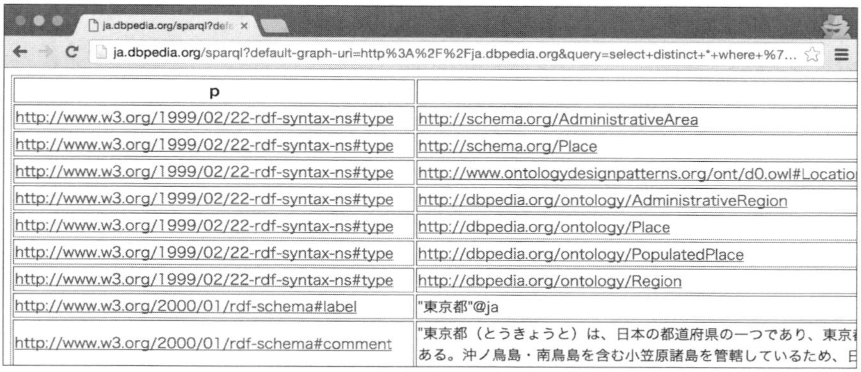

p	
http://www.w3.org/1999/02/22-rdf-syntax-ns#type	http://schema.org/AdministrativeArea
http://www.w3.org/1999/02/22-rdf-syntax-ns#type	http://schema.org/Place
http://www.w3.org/1999/02/22-rdf-syntax-ns#type	http://www.ontologydesignpatterns.org/ont/d0.owl#Locatio
http://www.w3.org/1999/02/22-rdf-syntax-ns#type	http://dbpedia.org/ontology/AdministrativeRegion
http://www.w3.org/1999/02/22-rdf-syntax-ns#type	http://dbpedia.org/ontology/Place
http://www.w3.org/1999/02/22-rdf-syntax-ns#type	http://dbpedia.org/ontology/PopulatedPlace
http://www.w3.org/1999/02/22-rdf-syntax-ns#type	http://dbpedia.org/ontology/Region
http://www.w3.org/2000/01/rdf-schema#label	"東京都"@ja
http://www.w3.org/2000/01/rdf-schema#comment	"東京都（とうきょうと）は、日本の都道府県の一つであり、東京… ある。沖ノ鳥島・南鳥島を含む小笠原諸島を管轄しているため、日

　このクエリは、主語がhttp://ja.dbpedia.org/resource/東京都というリソースであるトリプルを抽出します。SPARQLではSQLと同じキーワードが使われるので、SQLの知識があると馴染みやすい面もありますが、基本的には別物と考えたほうが良いでしょう。特にWHERE節における検索条件の指定方法は大きく異なります。

　検索条件は、WHEREに続く{ }の内部に、主語、述語、目的語の3つが満たすべきパターン（トリプルパターンと呼びます）をスペースで区切って記述し、最後に.（ピリオド）を置きます。このクエリでは主語の場所に東京都を表すURIを指定しているため、主語が東京都であるトリプルがパターンにマッチし、抽出されることになります。?で始まるものは変数で、パターンにマッチしたトリプルの述語と目的語をそれぞれ?pと?oという名前の変数に紐付けるという意味になります。SELECT節の*は{ }内に登場するすべての変数を出力するという意味で、DISTINCTキーワードはSQLのそれと同じように重複した行を1つにまとめるという意味です。

　実行結果には、pとoの2つの列が含まれています。URIが多く表示されるので最初は面食らうかもしれませんが、各行をよく見るとそれぞれの列が述語と目的語を表していることがわかります。

　URIはリソースを厳密に識別できますが、人間にとっては読み書きしやすいとは言えません。そこで、SPARQLクエリでは接頭辞（Prefix）を使って省略した書き方ができます。**リスト5.16**は先ほどのクエリの意味をそのままに、接頭辞を使って書き直したものです。

▼ リスト5.16　接頭辞を使い、主語が東京都のトリプルをすべて抽出するSPARQLクエリ

```
select distinct * where { dbpedia-ja:東京都 ?p ?o . }
```

　接頭辞dbpedia-jaはhttp://ja.dbpedia.org/resource/というURIを表し、:（コロン）の後ろの名前と結合してリソースのURIが組み立てられます。通常のSPARQLクエリでは、接頭辞はPREFIXキーワー

ドによる宣言が必須ですが、DBpedia Japaneseでは、よく使う接頭辞[*53]はあらかじめ定義され、宣言なしに使えます。

● **DBpedia Japaneseから美術館の情報を取得する**

　もう少し複雑なクエリを実行し、日本の美術館の一覧を取得してみましょう。**リスト5.17**はDBpedia Japaneseから美術館の一覧を取得し、変数?addressに美術館の所在地（prop-ja:所在地というプロパティ[*54]）を紐付けるクエリです。

　WHERE節の中に.（ピリオド）で区切って複数のトリプルパターンを書くと、パターンをつなげられます。

　1つ目のパターンは、述語としてrdf:typeを、目的語としてdbpedia-owl:Museumを指定し、そのパターンにマッチする主語を抽出します。ざっくり言うと、Museumクラスのインスタンスであるリソースを探すという意味になります。

　2つ目のパターンは変数?addressにプロパティprop-ja:所在地を紐付けます。トリプルパターンをつなげると、AND条件のように解釈されるので、prop-ja:所在地というプロパティを持たない美術館は含まれなくなります。prop-ja:所在地というプロパティを持たない美術館は少ないので、ここでは無視します。

　ORDER BYキーワードで主語の昇順にソートします。各キーワードに大文字小文字の区別はなく、改行は単なる空白文字として扱われます。

▼ リスト5.17　prop-ja:所在地というプロパティを持つ美術館の一覧を抽出するSPARQLクエリ

```
SELECT * WHERE {
    ?s rdf:type dbpedia-owl:Museum .
    ?s prop-ja:所在地 ?address .
} ORDER BY ?s
```

　これを実行すると、美術館[*55]を表すリソースと住所が一覧表示されます。海外の美術館も多く表示されるので、日本の美術館のみに絞り込んでみましょう。

　日本の住所の定義は難しいですが、ここでは簡単な条件として都道府県名で始まるものを抽出します。**リスト5.18**のように、FILTER節で特定の条件を満たす変数のみを抽出できます。組み込み関数REGEXによって、変数?addressが^\p{Han}{2,3}[都道府県]という正規表現にマッチするもののみを抽出しています。この正規表現は、文字列の先頭に漢字が2文字または3文字出現し、その後に都・道・

[*53]　定義済みの接頭辞の一覧はhttp://ja.dbpedia.org/sparql?nsdeclを参照してください。

[*54]　DBpedia Japaneseで適当な美術館のリソースのページ（例：http://ja.dbpedia.org/page/国立西洋美術館）を見ると、その美術館を主語として持つ全トリプルの述語と目的語が、プロパティと値という形で読みやすく表示されます。

[*55]　英語の「Museum」は日本語の「美術館」よりも広い概念で、博物館なども含まれますが、ここでは「美術館」という表現を使用します。

府・県のいずれかの文字が出現する文字列にマッチします。なお\p{Han}は、Unicode文字プロパティという機能を使った、漢字1文字にマッチする正規表現です。また、""内に\（バックスラッシュ）を含める場合は、2つ重ねてエスケープする必要があります。

.で複数のトリプルパターンをつなげると、同じ変数が何回も登場して記述が冗長になる場合があります。パターンを;(セミコロン)で区切ると、主語が同じ複数のパターンを簡潔に記述できます。

▼ リスト5.18　日本の美術館を抽出するSPARQLクエリ

```
SELECT * WHERE {
    ?s rdf:type dbpedia-owl:Museum ;
       prop-ja:所在地 ?address .
    FILTER REGEX(?address, "^\\p{Han}{2,3}[都道府県]")
} ORDER BY ?s
```

リスト5.18の実行結果は、図5.17のようになります。

▼ 図5.17　日本の美術館を抽出するSPARQLクエリの実行結果

s	address
http://ja.dbpedia.org/resource/BBプラザ美術館	"兵庫県神戸市灘区岩屋中町4丁目2番7号"@ja
http://ja.dbpedia.org/resource/CCA北九州	"福岡県北九州市若松区ひびきの2-5"@ja
http://ja.dbpedia.org/resource/Daiichi_Sankyo_くすりミュージアム	"東京都中央区日本橋本町3-5-1"@ja
http://ja.dbpedia.org/resource/GAS_MUSEUM_がす資料館	"東京都小平市大沼町4-31-25"@ja
http://ja.dbpedia.org/resource/INAXライブミュージアム	"愛知県常滑市奥栄町1-130"@ja

● PythonスクリプトからSPARQLクエリを実行する

　Web上のGUIでクエリを実行するだけでは活用しづらいので、Pythonのスクリプトから実行してみましょう。クエリ言語としてのSPARQLをサーバーに送信して結果を得るためのプロトコルは、SPARQLプロトコルとして定義されています。SPARQLプロトコルはHTTPをベースにしたWeb APIですが、細かな実装上の違いがあり、任意のSPARQLエンドポイントでSPARQLクエリを実行するのは意外と手間です。SPARQL用のライブラリを使うと、エンドポイントのURLとクエリを指定するだけで結果を取得でき、細かな実装の違いを気にしなくて良くなります。

　PythonでSPARQLを使用するライブラリとしては、SPARQLWrapper[56]が有名です。SPARQLWrapperを使ってSPARQLクエリを実行するスクリプトをリスト5.19に示しました。

---

*56　http://rdflib.github.io/sparqlwrapper/　本書ではバージョン1.7.6を使用します。

第5章 クローリング・スクレイピングの実践とデータの活用

▼ リスト5.19　get_museums.py ─ SPARQLを使って日本の美術館を取得するスクリプト

```python
from SPARQLWrapper import SPARQLWrapper  # pip install SPARQLWrapper

# SPARQLエンドポイントのURLを指定してインスタンスを作成する。
sparql = SPARQLWrapper('http://ja.dbpedia.org/sparql')
# 日本の美術館を取得するクエリを設定する。バックスラッシュを含むので、rで始まるraw文字列を使用している。
sparql.setQuery(r'''
SELECT * WHERE {
    ?s rdf:type dbpedia-owl:Museum ;
        prop-ja:所在地 ?address .
    FILTER REGEX(?address, "^\\p{Han}{2,3}[都道府県]")
} ORDER BY ?s
''')
sparql.setReturnFormat('json')  # 取得するフォーマットとしてJSONを指定する。
# query()でクエリを実行し、convert()でレスポンスをパースしてdictを得る。
response = sparql.query().convert()

for result in response['results']['bindings']:
    print(result['s']['value'], result['address']['value'])  # 抽出した変数の値を表示する。
```

これを実行すると美術館のリソースのURIと住所が表示されます。

```
(scraping) $ python get_museums.py
http://ja.dbpedia.org/resource/BBプラザ美術館 兵庫県神戸市灘区岩屋中町4丁目2番7号
http://ja.dbpedia.org/resource/CCA北九州 福岡県北九州市若松区ひびきの2-5
http://ja.dbpedia.org/resource/Daiichi_Sankyo_くすりミュージアム 東京都中央区日本橋本町3-5-1
http://ja.dbpedia.org/resource/GAS_MUSEUM_がす資料館 東京都小平市大沼町4-31-25
http://ja.dbpedia.org/resource/INAXライブミュージアム 愛知県常滑市奥栄町1-130
...
```

● 位置情報の取得

美術館の位置情報も取得してみましょう。次のプロパティで経度と緯度を得られます。

- prop-ja:経度度
- prop-ja:経度分
- prop-ja:経度秒
- prop-ja:緯度度
- prop-ja:緯度分
- prop-ja:緯度秒

リスト5.20のようにして、美術館の位置情報とラベル（人間にとって読みやすい名前）を取得できます。位置情報やラベルが付与されていない美術館もあるので、OPTIONALキーワードで位置情報がある場合のみ取得しています。OPTIONALに続く{ }内のパターンは、パターンにマッチする場合のみ変数に値が紐付けられます。

▼ リスト5.20　日本の美術館の位置情報とラベルがあれば一緒に抽出するSPARQLクエリ

```
SELECT * WHERE {
    ?s rdf:type dbpedia-owl:Museum ;
    prop-ja:所在地 ?address .
    OPTIONAL { ?s rdfs:label ?label . }
    OPTIONAL {
    ?s prop-ja:経度度 ?lon_degree ;
        prop-ja:経度分 ?lon_minute ;
        prop-ja:経度秒 ?lon_second ;
        prop-ja:緯度度 ?lat_degree ;
        prop-ja:緯度分 ?lat_minute ;
        prop-ja:緯度秒 ?lat_second .
    }
    FILTER REGEX(?address, "^\\p{Han}{2,3}[都道府県]")
} ORDER BY ?s
```

5.7.1では、このSPARQLクエリで取得した位置情報を地図上に可視化する方法を紹介します。

---

column　オープンデータとシビックテック

オープンデータと似た文脈で注目を集めている言葉として**シビックテック（Civic Tech）**があります。シビックテックとは、市民がテクノロジーによって地域の課題を解決する取り組みです。オープンデータの公開が地域の課題解決に役立つこともあり、共に注目を集めています。

筆者はシビックテックのコミュニティの1つであるCode for Kobe (https://www.facebook.com/codeforkobe) に参加しています。このコミュニティには兵庫・神戸の市民、技術者、自治体職員が集まり、兵庫・神戸をより良い街にするための活動を行っています。

技術者から見ると、オープンデータとして公開されているデータやフォーマットが使いづらいことがあります。しかし、公開する側の行政職員は技術者ではなく、どのようなデータをどのような形式で公開すれば良いかわからない場合も多くあります。公開したデータが実際に使われないと、公開するデータを増やすことが難しいという事情もあります。

シビックテックのコミュニティを通じて、困っている市民、技術者、行政の職員が直接対話することで、行政から使いやすいデータを引き出し、地域の課題をより良く解決できるようになります。クローリング・スクレイピングは、使いやすい形で公開されていないデータをなんとかして取得しようとする技術ですが、データを持つ側と対話することで面倒なクローリング・スクレイピングを行わずにデータを取得できることもあります。シビックテックのコミュニティは全国各地にあるので、興味があれば参加してみてはいかがでしょうか。

5.5 Webページの自動操作

Webページの自動操作を解説します。自動操作とは、ブラウザーを操作するように実際にWebページに対する操作を指示してクローリングする手法です。自動操作はこれまでのクローリング・スクレイピングと似ているところもありますが、若干趣が異なります。

クローリングの対象によっては、単にリンクをたどるステートレスなクローラーではあまり考慮しない、フォームへの入力などを行う必要があります。Webサイトにログインするときは、Cookieでセッションを維持します（**4.1.1**参照）。ログインが必要なWebサイトの例として、Amazon.co.jpから注文履歴を取得します。

5.5.1 自動操作の実現方法

自動操作を実現するために、Requestsの`Session`オブジェクトを使用しても良いですが、フォームへの入力などがやや面倒です。PerlでWebページの自動操作を行うためのライブラリとして、WWW::Mechanizeが古くから有名です。これと似たライブラリのRoboBrowser[57][58]を利用します。

● RoboBrowserを使う

RoboBrowserをインストールします。RoboBrowserは内部でBeautiful Soup（**3.3.3**参照）を使用しています。chardet[59]というパッケージをインストールすると、Beautiful Soupでのエンコーディング自動判別の精度が向上するので、一緒にインストールします。

```
(scraping) $ pip install robobrowser chardet
```

リスト5.21では、RoboBrowserでGoogle検索しています。RoboBrowserオブジェクトをあたかも通常のブラウザーのように扱えます。ブラウザーでGoogleのトップページから検索する手順を思い浮かべると、ほぼ同じように操作できていることがわかります。

1. Googleのトップページを開く
2. 検索語を入力する

---

[57] https://github.com/jmcarp/robobrowser 本書ではバージョン0.5.3を使用します。

[58] RoboBrowserと同じく自動操作ライブラリとしてMechanicalSoup (https://github.com/hickford/MechanicalSoup) も人気があります。どちらも内部的にRequestsとBeautiful Soupを使用しており、よく似ています。執筆時点では今後どちらが（あるいは別のライブラリが）デファクトスタンダードになるかはわかりませんが、本書では機能とドキュメントが比較的充実しているRoboBrowserを用います。

[59] https://pypi.python.org/pypi/chardet 本書ではバージョン2.3.0を使用します。

3. Google 検索ボタンを押す
4. 検索結果が表示される

ステートレスなクローラーであれば、検索結果のURLがhttps://www.google.co.jp/search?q=Pythonになるというように、URLを組み立ててページを取得します。RoboBrowserでは、URLをあまり意識せず、通常のブラウザーを操作するのと似た感覚でプログラムを書きます。

▼ リスト5.21　robobrowser_google.py — RoboBrowserでGoogle検索する

```python
from robobrowser import RoboBrowser

# RoboBrowserオブジェクトを作成する。キーワード引数parserはBeautifulSoup()の第2引数として使われる。
browser = RoboBrowser(parser='html.parser')

browser.open('https://www.google.co.jp/')   # open()メソッドでGoogleのトップページを開く。

# 検索語を入力して送信する。
form = browser.get_form(action='/search')   # フォームを取得。
form['q'] = 'Python'  # フォームのqという名前のフィールドに検索語を入力。
browser.submit_form(form, list(form.submit_fields.values())[0])   # 一つ目のボタン（Google 検索）を押す。

# 検索結果のタイトルとURLを抽出して表示する。
# select()メソッドはBeautiful Soupのselect()メソッドと同じものであり、
# 引数のCSSセレクターにマッチする要素に対応するTagオブジェクトのリストを取得できる。
for a in browser.select('h3 > a'):
    print(a.text)
    print(a.get('href'))
```

これを保存して実行すると、検索結果が得られます。

```
(scraping) $ python robobrowser_google.py
日本Pythonユーザ会
/url?q=http://www.python.jp/&sa=U&ved=0CBQQFjAAahUKEwiCx8OSu6bHAhULmZQKHT9mChY&usg=AFQjCNELqejY_
005Ae42b32WasF4ZxfcwA
Python - ウィキペディア
/url?q=https://ja.wikipedia.org/wiki/Python&sa=U&ved=0CB8QFjABahUKEwiCx8OSu6bHAhULmZQKHT9mChY&usg=
AFQjCNG0M-PAefbKlN35PwDKmLrobJrrEw
Welcome to Python.org
/url?q=https://www.python.org/&sa=U&ved=0CCkQFjACahUKEwiCx8OSu6bHAhULmZQKHT9mChY&usg=
AFQjCNGmnVbDknSqhbM0lNPMg1-OOCl-XQ
...
```

Googleの検索結果を高頻度でクロールすると、検索結果が表示される前にCAPTCHAと呼ばれる画像が表示され、本当に人間のアクセスであるか確認されるようになります。上記のサンプルはRoboBrowserの使い方を示すためのものであり、WebサイトのSEO（検索エンジン最適化）の効果を確認するなどの目的でGoogleの検索結果をクロールすることはオススメしません。

5.5.2　Amazon.co.jpの注文履歴を取得する

RoboBrowserを使ってAmazon.co.jpの注文履歴を取得してみましょう。注文履歴を確認するためにはAmazon.co.jpアカウントでのログインが必要です。ログインが必要なWebサイトからデータを収集する作業は、RoboBrowserの得意領域です。

Amazon.co.jpの注文履歴のページをブラウザーで確認すると、デフォルトでは過去6ヶ月間の注文履歴が表示されます。1ページには最大10件の注文履歴が表示され、ページャーをたどるとさらに多くの注文履歴を確認できます。個々の注文情報は図5.18のような表示になっているので、上部の注文日と合計金額を取得します。

▼ 図5.18　Amazon.co.jpの個々の注文情報

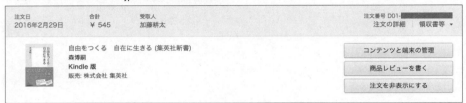

リスト5.22にAmazon.co.jpの注文履歴を取得するためのスクリプトを示しました。このスクリプトでは、正しいページに遷移していることを確認するために、assert文[60]でページのタイトルを確認しています。これによって意図しないページに遷移している場合にスクリプトが停止します。

RoboBrowserのようなライブラリを使うと、通常のブラウザーと同じような感覚でWebサイトをブラウジングできますが、視覚的なフィードバックがないため注意が必要です。例えばメンテナンス中のお知らせが表示されているなど、意図しない状況になっていても気づくのが難しくなります。面倒でも1ページごとにタイトルを確認し、意図したページに遷移しているかを確認することで、結果的に問題に早く気づいて時間を節約できるでしょう。

最初に.envファイルに、Amazon.co.jpアカウントのメールアドレスとパスワードを保存します。このようにアカウントのパスワードをそのまま扱うのは、推奨されるべき行為ではありません。ここでは他の方法が無いのでパスワードを使用していますが、流出することのないよう注意してください。

```
AMAZON_EMAIL=<Amazon.co.jpのメールアドレス>
AMAZON_PASSWORD=<Amazon.co.jpのパスワード>
```

---

[60] assert文は与えた式がTrueの場合は何もせず、Falseの場合に例外AssertionErrorを発生させる文です。Pythonインタプリターに最適化オプション-Oをつけて実行すると、assert文は取り除かれて実行されないので注意してください。

▼ リスト5.22　amazon_order_history.py ― Amazon.co.jpの注文履歴を取得する

```python
import sys
import os

from robobrowser import RoboBrowser

# 認証の情報は環境変数から取得する。
AMAZON_EMAIL = os.environ['AMAZON_EMAIL']
AMAZON_PASSWORD = os.environ['AMAZON_PASSWORD']

# RoboBrowserオブジェクトを作成する。
browser = RoboBrowser(
    parser='html.parser',  # Beautiful Soupで使用するパーサーを指定する。
    # Cookieが使用できないと表示されてログインできない問題を回避するため、
    # 通常のブラウザーのUser-Agent (ここではFirefoxのもの) を使う。
    user_agent='Mozilla/5.0 (Macintosh; Intel Mac OS X 10.10; rv:45.0) Gecko/20100101 Firefox/45.0')


def main():
    # 注文履歴のページを開く。
    print('Navigating...', file=sys.stderr)
    browser.open('https://www.amazon.co.jp/gp/css/order-history')

    # サインインページにリダイレクトされていることを確認する。
    assert 'Amazonサインイン' in browser.parsed.title.string

    # name="signIn" というサインインフォームを埋める。
    # フォームのname属性の値はブラウザーの開発者ツールで確認できる。
    form = browser.get_form(attrs={'name': 'signIn'})
    form['email'] = AMAZON_EMAIL  # name="email" という入力ボックスを埋める。
    form['password'] = AMAZON_PASSWORD  # name="password" という入力ボックスを埋める。

    # フォームを送信する。正常にログインするにはRefererヘッダーとAccept-Languageヘッダーが必要。
    print('Signing in...', file=sys.stderr)
    browser.submit_form(form, headers={
        'Referer': browser.url,
        'Accept-Language': 'ja,en-US;q=0.7,en;q=0.3',
    })

    # ログインに失敗する場合は、次の行のコメントを外してHTMLのソースを確認すると良い。
    # print(browser.parsed.prettify())

    # ページャーをたどる。
    while True:
        assert '注文履歴' in browser.parsed.title.string  # 注文履歴画面が表示されていることを確認する。

        print_order_history()  # 注文履歴を表示する。

        link_to_next = browser.get_link('次へ')  # 「次へ」というテキストを持つリンクを取得する。
        if not link_to_next:
```

```
            break  # 「次へ」のリンクがない場合はループを抜けて終了する。

        print('Following link to next page...', file=sys.stderr)
        browser.follow_link(link_to_next)  # 「次へ」というリンクをたどる。


def print_order_history():
    """
    現在のページのすべての注文履歴を表示する。
    """
    # ページ内のすべての注文履歴について反復する。ブラウザーの開発者ツールでclass属性の値を確認できる。
    for line_item in browser.select('.order-info'):
        order = {}  # 注文の情報を格納するためのdict。
        # 注文の情報のすべての列について反復する。
        for column in line_item.select('.a-column'):
            label_element = column.select_one('.label')
            value_element = column.select_one('.value')
            # ラベルと値がない列は無視する。
            if label_element and value_element:
                label = label_element.get_text().strip()
                value = value_element.get_text().strip()
                order[label] = value  # 注文の情報を格納する。

        print(order['注文日'], order['合計'])  # 注文の情報を表示する。


if __name__ == '__main__':
    main()
```

リスト5.22を実行すると、注文日と価格が表示されます。

```
(scraping) $ forego run python amazon_order_history.py
Navigating...
Signing in...
2016年5月17日 ¥ 1,600
2016年5月14日 ¥ 512
2016年5月13日 ¥ 22,181
2016年5月12日 ¥ 10,800
2016年5月7日 ¥ 721
2016年3月20日 ¥ 398
2016年3月10日 ¥ 2,527
2016年2月29日 ¥ 545
2016年2月24日 ¥ 13,649
2016年2月18日 ¥ 1,880
Following link to next page...
2016年1月1日 ¥ 1,512
```

ページャーをたどって、2ページ目まで取得できています。必要に応じて、さらに過去の注文を取得したり、個々の注文の明細を取得したりと拡張してみてください。

5.6 JavaScriptを使ったページのスクレイピング

近年ではWebサイトにおいてJavaScriptが果たす役割が大きくなっています。かつては補助的な役割を果たすだけのものでしたが、より使いやすいユーザーインターフェイスへのニーズや高速化といった背景から、JavaScriptを活用したアプリケーション作成が一般的になっています。

ユーザーが最初にWebサイトにアクセスしたときにHTMLやJavaScriptなどの必要なリソースを読み込み、ページ遷移を行わないアプリケーションの **Single Page Application (SPA)** はその代表例です。SPAでは、ユーザーがリンクをクリックしたときなど別の画面を表示する際に、内部APIで必要なデータを読み込み、ページを遷移することなく画面の状態を変更します。内部APIとは、Webサイト内部で使われているものの、外部にそのようなAPIが存在していると公開されていないものを指します。SPAの例としてはGoogleマップやGmailなどが古くから有名ですが、近年のJavaScriptフレームワークの発達もあり、採用例が増えています。

こういったページからスクレイピングしてデータを取得しようとしても、取得できるHTMLには目的とするデータが含まれていないことが多いです。SPAでは、データは内部API経由で後から読み込まれ、JavaScriptを使って表示されるためです。本節では、このようなページからスクレイピングする方法を解説します。

5.6.1 JavaScriptを使ったページへの対応方法

JavaScriptを使ったページからスクレイピングするためには、4.1.2で解説したように、JavaScriptを解釈できるクローラーが必要です。JavaScriptを解釈するクローラーとしては、SeleniumとPhantomJSの組み合わせが一般的です。

Seleniumは様々なブラウザーを自動操作するツールです。元々Webアプリケーションの自動テストツールとして発展しましたが、JavaScriptを使ったページからスクレイピングするためにも使えます。ブラウザーを操作するための**ドライバー**が用意されており、ドライバー経由で様々なブラウザーを操作できます。FirefoxやGoogle Chromeなどの通常のブラウザーを操作することもできますが、デスクトップ環境がないサーバーでスクリプトから自動操作する場合は、ヘッドレスブラウザーと呼ばれる画面を必要としないブラウザーを使いましょう。

Seleniumから使用できるヘッドレスブラウザーとして有名なのが、WebKitをベースとしたPhantomJSです。WebKitはSafariで使われているレンダリングエンジンです。ベースとするWebKitのバージョンの違いや実装の違いにより、必ずしもSafariと同一の描画ができるわけではありませんが、おおむね同等の描画を期待できます。

SeleniumとPhantomJSの組み合わせには、前節で紹介したRoboBrowserと比べると、それぞれ異

なる利点があります。目的に合わせてメリットを発揮できる方を使いましょう。

- Selenium+PhantomJSのメリット
  JavaScriptを使用したページからスクレイピングできる
  スクリーンショットを撮影できる
  通常のブラウザーと挙動の差異が少ないのでデバッグしやすい
- RoboBrowserのメリット
  環境構築が容易
  実行時に消費するメモリやCPUのリソースが少ない
  基本的にHTMLしか取得しないので処理時間が短い
  シンプルなので困ったときにソースコードを読むのが楽

● SeleniumとPhantomJSのインストール

Selenium[61]をインストールします。

```
(scraping) $ pip install selenium
```

PhantomJSはOS XではHomebrewでインストールします。

```
$ brew install phantomjs
```

Ubuntuではコンパイル済みのバイナリをダウンロードして使用します。さらに、依存するライブラリと日本語をレンダリングするためのフォントをインストールします。フォントはスクリーンショットに必要になります。

```
$ wget https://bitbucket.org/ariya/phantomjs/downloads/phantomjs-1.9.8-linux-x86_64.tar.bz2
$ tar xvf phantomjs-1.9.8-linux-x86_64.tar.bz2 # bz2ファイルを解凍する
$ sudo cp phantomjs-1.9.8-linux-x86_64/bin/phantomjs /usr/local/bin/ # PATHの通ったところにバイナリを
コピーする
$ sudo apt-get install -y libfontconfig1 fonts-migmix
```

インストールが完了したらPhantomJSのバージョンを確認しましょう。本書ではバージョン1.9.8を使います。

```
$ phantomjs --version
1.9.8
```

---

[61] https://pypi.python.org/pypi/selenium 本書ではバージョン2.47.1を使用します。

5.6 JavaScriptを使ったページのスクレイピング

● Seleniumを使った自動操作

SeleniumでGoogle検索を行うコードを**リスト5.23**に示しました。前節のRoboBrowserでGoogle検索を行うコード（**リスト5.21**）と良く似ていることがわかるでしょう。自動操作に使うオブジェクトを格納した変数が、`browser`から`driver`に変わっていますが、大まかな流れは同じです。

異なる点として、PhantomJSではフォームの要素に対して`send_keys()`メソッドでキーボード入力を送ることができます。ただ検索クエリを入力するだけでなく、`send_keys()`メソッドで Enter キーを送信し、通常のブラウザーで Enter キーを押したときと同じようにフォームを送信できます。`driver.save_screenshot()`メソッドでスクリーンショットを取得し、引数に指定したパスに保存できます。

なお、他のブラウザーを操作したい場合は、5行目で`webdriver.PhantomJS()`としている箇所で、別のドライバーを指定します。例えば、`webdriver.Firefox()`とすると、Firefoxが起動して自動操作できます。他にも様々なブラウザーを自動操作できますが、対象のブラウザーに加えて追加ソフトウェアのインストールが必要な場合もあります[*62]。

▼ リスト5.23　selenium_google.py — SeleniumでGoogle検索を行う

```python
from selenium import webdriver
from selenium.webdriver.common.keys import Keys

# PhantomJSのWebDriverオブジェクトを作成する。
driver = webdriver.PhantomJS()

# Googleのトップ画面を開く。
driver.get('https://www.google.co.jp/')

# タイトルに'Google'が含まれていることを確認する。
assert 'Google' in driver.title

# 検索語を入力して送信する。
input_element = driver.find_element_by_name('q')
input_element.send_keys('Python')
input_element.send_keys(Keys.RETURN)

# タイトルに'Python'が含まれていることを確認する。
assert 'Python' in driver.title

# スクリーンショットを撮る。
driver.save_screenshot('search_results.png')

# 検索結果を表示する。
for a in driver.find_elements_by_css_selector('h3 > a'):
    print(a.text)
    print(a.get_attribute('href'))
```

[*62] http://www.seleniumhq.org/about/platforms.jsp

第5章 クローリング・スクレイピングの実践とデータの活用

リスト5.23を`selenium_google.py`という名前で保存して実行すると、次の実行結果を得られます。

```
(scraping) $ python selenium_google.py
日本Pythonユーザ会
https://www.google.co.jp/url?q=http://www.python.jp/&sa=U&ved=0CBQQFjAAahUKEwjMvPzz9JbIAhWJGZQKHVh6
D9o&usg=AFQjCNELqejY_005Ae42b32WasF4ZxfcwA
Python - ウィキペディア
https://www.google.co.jp/url?q=https://ja.wikipedia.org/wiki/Python&sa=U&ved=0CB8QFjABahUKEwjMvPzz9
JbIAhWJGZQKHVh6D9o&usg=AFQjCNG0M-PAefbKlN35PwDKmLrobJrrEw
Welcome to Python.org
https://www.google.co.jp/url?q=https://www.python.org/&sa=U&ved=0CCkQFjACahUKEwjMvPzz9JbIAhWJGZQKHV
h6D9o&usg=AFQjCNGmnVbDknSqhbM0lNPMg1-OOCl-XQ
...
```

取得したスクリーンショットは`search_results.png`というファイル名で保存されます。画像ビューアーで開くと図5.19のようになり、通常のブラウザーと同じようにCSSや画像が読み込まれてレンダリングされていることがわかるでしょう。

▼ 図5.19　PhantomJSで取得したスクリーンショット（seach_results.png）の一部

5.6.2　noteのおすすめコンテンツを取得する

JavaScriptを使ったWebサイトの例として、noteを対象としてスクレイピングします。noteは文章、画像、音楽、映像などを投稿できるメディアプラットフォームです。

- note — つくる、つながる、とどける。
  https://note.mu/

ブラウザーでソースコードを見るとわかりますが、表示されているコンテンツはHTMLには含まれておらず、JavaScriptを使って読み込まれています。このようなWebサイトからスクレイピングするにはSeleniumとPhantomJSの組み合わせのように、JavaScriptを解釈するクローラーが向いています。

noteのトップページには、ログインしていない状態ではおすすめコンテンツが表示されます。この

ページからコンテンツのタイトル、URL、概要を抜き出してみましょう。noteではRSSフィードが提供されていないので、抜き出したコンテンツの情報から次項でRSSフィードを作成します。

● ページの挙動を確認する

まずブラウザーでこのページの挙動を確認します。https://note.mu を開くと上述のようにログインしていない状態ではおすすめコンテンツ（ここではaとする）が一覧表示されています。ページの一番下までスクロールすると、続きのコンテンツ（b）が読み込まれて表示されます。コンテンツが表示された後、さらにページの一番下までスクロールすると、その続きのコンテンツ（c）が読み込まれて表示されます。コンテンツ（c）が表示された後にさらにページの一番下までスクロールすると、今度は「もっとみる」というボタンが表示されるのみとなります。

このボタンをクリックすると、続きのコンテンツ（d）が読み込まれて、一番下までスクロールすると続き（e）が読み込まれ、一番下までスクロールで再び「もっとみる」ボタンが表示されるという挙動になります。

まとめると、続きのコンテンツを読み込むためのアクションは次の繰り返しになっていることがわかります。

- 一番下までスクロール
- 一番下までスクロール
- 「もっとみる」ボタンをクリックする

Seleniumでこのページを読み込んでみましょう。試行錯誤が必要になるので、インタラクティブシェルを使います。まずはスクリーンショットで、PhantomJSからどのように見えるか確認します。

```
(scraping) $ python
>>> from selenium import webdriver
>>> driver = webdriver.PhantomJS()
>>> driver.get('https://note.mu/')
>>> driver.title
'note ――つくる、つながる、とどける。'
>>> driver.save_screenshot('note-1.png')
True
```

スクリーンショットは図5.20のようになります。スマートフォンサイズになっており、画像のサイズを確認すると幅400px、高さ2550pxでした。

▼ 図5.20　note-1.pngの上部

noteでは、レスポンシブデザインと呼ばれる、デバイス幅に合わせて見え方が変わるデザインが採用されています。通常のブラウザーでウィンドウをドラッグ＆ドロップして横幅を変えると、デザインが変わることがわかります。noteの場合は、大きくデザインが変わるわけではないですが、開発に使うブラウザーと同じような横幅を使ったほうが、ブラウザーで見たときとPhantomJSから見たときで挙動が異なるという問題を減らせます。

WebDriverクラスのオブジェクトの set_window_size() メソッドで、PhantomJSのウィンドウサイズを明示的に指定できます。ここでは、横幅を800pxにします。

```
>>> driver.set_window_size(800, 600)
>>> driver.save_screenshot('note-2.png')
True
```

横幅を変更した後に再びスクリーンショットを撮影すると、今度は幅800px、高さ3204pxとなりました。画像の下のほうを確認すると、続きのコンテンツが読み込まれる前の状態であることがわかります（図5.21）。

▼ 図5.21　note-2.pngの下部

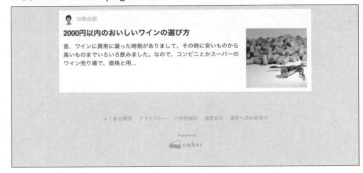

● 最初の画面からデータを抜き出す

スクロールして続きのコンテンツを読み込むことを考える前に、この画面からコンテンツの情報を抜き出しましょう。白いボックスが1つのコンテンツに対応しているので、ここからタイトルと概要、URLを抜き出します。

ブラウザーの開発者ツールで確認すると、リンクを表すa要素がコンテンツのボックスに対応していることがわかります（図5.22）。このa要素のclass属性は、c-post p-post--basicとなっています。他のコンテンツのa要素のclass属性と見比べると、c-postはすべてのコンテンツに、p-post--basicは文章のコンテンツのみに設定されています。画像のコンテンツにはタイトルが含まれていないので、ここでは文章のコンテンツのみに絞ることにします。

さらに、このa要素の中にタイトルを表すh4要素、概要を表すdiv要素があります。概要を表すdiv要素のclass属性はc-post__descriptionとなっています。

▼図5.22　開発者ツールでコンテンツのリンクを確認する

ここまでわかればデータを抜き出せるでしょう。find_elements_by_css_selector()メソッドでコンテンツのボックスに対応するa要素の一覧を取得できます。

```
>>> driver.find_elements_by_css_selector('a.p-post--basic')
[<selenium.webdriver.remote.webelement.WebElement object at 0x10c5753c8>,
<selenium.webdriver.remote.webelement.WebElement object at 0x10c5750f0>, ...,
<selenium.webdriver.remote.webelement.WebElement object at 0x10c575390>]
```

この表示ではよくわかりません。最初のa要素の中身を確認します。

第 5 章 クローリング・スクレイピングの実践とデータの活用

```
# 最初のコンテンツのボックスに対応するa要素を取得。
>>> a = driver.find_elements_by_css_selector('a.p-post--basic')[0]
# SeleniumでDOM要素に対応するオブジェクトは、WebElementオブジェクト。
>>> a
<selenium.webdriver.remote.webelement.WebElement object at 0x10c564a90>
# WebElementオブジェクトのget_attribute()メソッドで属性を取得できる。
>>> a.get_attribute('href')
'https://note.mu/shota_hatakeyama/n/n6518be98cbd0'
# WebDriverクラスと同じようにfind_element_by_css_selector()などのメソッドで
# この要素内部の要素を取得できる。
>>> a.find_element_by_css_selector('h4').text  # タイトルを取得。
'ネパールの教育現場を見てきた話①'
>>> a.find_element_by_css_selector('.c-post__description').text  # 概要を取得。
'うちのNGOの現場を視察に行ってきました。普段から活動報告はNGOのFBページでしているのですが、少し専門的な
見解も交えて視察報告を簡単にしようと思...'
```

問題なく取得できているようです。これをスクリプトに落とし込むと**リスト 5.24** のようになります。このコードには 3 つの関数があり、`main()` 関数から `navigate()` 関数と `scrape_posts()` 関数を呼び出します。

▼ リスト 5.24　get_note_contents.py — note のコンテンツを取得する

```python
import sys

from selenium import webdriver


def main():
    """
    メインの処理。
    """

    driver = webdriver.PhantomJS()  # PhantomJSのWebDriverオブジェクトを作成する。
    driver.set_window_size(800, 600)  # ウィンドウサイズを設定する。

    navigate(driver)  # noteのトップページに遷移する。
    posts = scrape_posts(driver)  # 文章コンテンツのリストを取得する。

    # コンテンツの情報を表示する。
    for post in posts:
        print(post)


def navigate(driver):
    """
    目的のページに遷移する。
    """
```

```
        print('Navigating...', file=sys.stderr)
        driver.get('https://note.mu/')  # noteのトップページを開く。
        assert 'note' in driver.title  # タイトルに'note'が含まれていることを確認する。


def scrape_posts(driver):
    """
    文章コンテンツのURL、タイトル、概要を含むdictのリストを取得する。
    """

    posts = []

    # すべての文章コンテンツを表すa要素について反復する。
    for a in driver.find_elements_by_css_selector('a.p-post--basic'):
        # URL、タイトル、概要を取得して、dictとしてリストに追加する。
        posts.append({
            'url': a.get_attribute('href'),
            'title': a.find_element_by_css_selector('h4').text,
            'description': a.find_element_by_css_selector('.c-post__description').text,
        })

    return posts

if __name__ == '__main__':
    main()
```

これを保存して実行するとコンテンツの情報が表示されます。

```
(scraping) $ python get_note_contents.py
Navigating...
{'url': 'https://note.mu/shota_hatakeyama/n/n6518be98cbd0', 'description': 'うちのNGOの現場を視察に
行ってきました。普段から活動報告はNGOのFBページでしているのですが、少し専門的な見解も交えて視察報告を
簡単にしようと思います。\n\n上の写真は、サルタック学習センターの様子です。遅刻してく...', 'title':
'ネパールの教育現場を見てきた話①'}
{'url': 'https://cakes.mu/posts/11024', 'description': 'cakes3周年シリーズインタビュー企画
「メディアビジネスの未来」。第3回は、ECサイトでありながら、充実したメディアとして人気を集める
「北欧、暮らしの道具店」、クラシコムの代表取締役社長、青木耕平さんをお迎えしました。「朝ごはん特集」や
料理研究家へのインタビューなどの読みもの記事や、リ...', 'title': '北欧、暮らしの道具店 青木耕平
「編集方針を"買いやすい"から"おもしろい"に変えた理由"'}
...
```

● ページをスクロールして続きを読み込む

最初の画面に含まれるコンテンツの情報を表示できるようになったので、さらにスクロールして続きを読み込んでみましょう。

Seleniumには、ページをスクロールするメソッドは用意されていないため、ページ内でJavaScript

第 5 章 クローリング・スクレイピングの実践とデータの活用

を実行してスクロールします。次のコードでページの一番下までスクロールできます。

```
scroll(0, document.body.scrollHeight)   // JavaScriptのコードです。
```

WebDriverオブジェクトのexecute_script()メソッドを使うと、ページ内でJavaScriptを実行できます。次のように実行すると、ページの一番下までスクロールして、続きのコンテンツを読み込めます。

```
driver.execute_script('scroll(0, document.body.scrollHeight)')
```

これらを使って、navigate()関数で続きのコンテンツを読み込む処理は**リスト5.25**になります。ここでは、3つのステップで続きのコンテンツを読み込んでいます。

- 一番下までスクロール
  2秒間待つ
- 一番下までスクロール
  「もっとみる」ボタンがクリック可能になるまで待つ
- 「もっとみる」ボタンをクリックする
  2秒間待つ

続きのコンテンツを読み込む際に考慮すべき点として、JavaScriptを実行してから実際にコンテンツに対応するDOM要素が追加されるまでのタイムラグがあります。WebDriverオブジェクトのget()メソッドでページを読み込んだ時には、DOMが構築されて画像などの必要なリソースが読み込まれる、すなわちJavaScriptのonloadイベントが発生するまでブロックされます。一方、ページ内でAjaxを使って続きのコンテンツが読み込まれるときには、自動的にブロックされることはありません。このため、適切に待つ処理を入れる必要があります。

Seleniumには特定の条件が満たされるまで待つ処理が用意されています。例えば、ある要素が表示されるまで待つ、ある要素がクリック可能になるまで待つといった具合です。2回目に一番下までスクロールしたときには「もっとみる」ボタンが表示されるので、このボタンがクリック可能になるまで待つのが良いでしょう。

これにはWebDriverWaitオブジェクトを使います。WebDriverWaitオブジェクトのuntil()メソッドで条件が満たされるまで待てます。このメソッドの引数に関数を指定すると、500ミリ秒ごとにその関数が呼び出され、関数が真と評価される値を返すまで待ち、その値を返します。

ここでは、EC.element_to_be_clickable((By.CSS_SELECTOR, '.btn-more'))を指定することで、CSSセレクター.btn-moreにマッチする要素がクリック可能になるまで待ちます。EC.element_to_be_clickable()の引数として、2要素のタプルを指定していることに注意してください。このタプルは、展開されてWebDriverオブジェクトのfind_element()メソッドに渡されます。なお、条件が満たされないままWebDriverWaitオブジェクトのタイムアウト秒数が経過した場合、TimeoutExceptionが発生します。

1回目に一番下までスクロールしたときや、「もっとみる」ボタンをクリックした後は、リストに要素が追加されるだけなので、待つべき要素を具体的に指定することはできません。このため、ここでは時間を決め打ちにして time.sleep() 関数で2秒間待っています。

▼ リスト5.25　get_more_note_contents.py ── おすすめノートのページから続きを読み込む処理

```python
import sys
import time

from selenium import webdriver
from selenium.webdriver.common.by import By
from selenium.webdriver.support import expected_conditions as EC
from selenium.webdriver.support.ui import WebDriverWait

# (略)

def navigate(driver):
    """
    目的のページに遷移して続きのコンテンツを読み込む。
    """

    print('Navigating...', file=sys.stderr)
    driver.get('https://note.mu/')  # noteのトップページを開く。
    assert 'note' in driver.title  # タイトルに'note'が含まれていることを確認する。

    # ページの一番下までスクロールする。
    driver.execute_script('scroll(0, document.body.scrollHeight)')

    print('Waiting for contents to be loaded...', file=sys.stderr)
    time.sleep(2)  # 2秒間待つ。

    # ページの一番下までスクロールする。
    driver.execute_script('scroll(0, document.body.scrollHeight)')

    # 10秒でタイムアウトするWebDriverWaitオブジェクトを作成する。
    wait = WebDriverWait(driver, 10)

    print('Waiting for the more button to be clickable...', file=sys.stderr)
    # 「もっとみる」ボタンがクリック可能になるまで待つ。
    button = wait.until(EC.element_to_be_clickable((By.CSS_SELECTOR, '.btn-more')))

    button.click()  # 「もっとみる」ボタンをクリックする。

    print('Waiting for contents to be loaded...', file=sys.stderr)
    time.sleep(2)  # 2秒間待つ。

# (略)
```

リスト5.24のimport文とnavigate()関数をリスト5.25に置き換えたものをget_more_note_contents.pyという名前で保存し、次のように実行すると、先ほどのものよりも多くのコンテンツが表示されます。

```
(scraping) $ python get_more_note_contents.py
Navigating...
Waiting for contents to be loaded...
Waiting for the more button to be clickable...
Waiting for contents to be loaded...
{'url': 'https://note.mu/shota_hatakeyama/n/n6518be98cbd0', 'description': 'うちのNGOの現場を視察に
行ってきました。普段から活動報告はNGOのFBページでしているのですが、少し専門的な見解も交えて視察報告を簡単
にしようと思います。\n\n上の写真は、サルタック学習センターの様子です。遅刻してく...', 'title': 'ネパールの
教育現場を見てきた話①'}
...
```

5.6.3 RSSフィードを生成する

前項で取得したコンテンツからRSSフィードを作成します。RSSフィードの実体はXMLファイルです。自分で作成しても構いませんが、一定のフォーマットに従う必要があるので、ライブラリを使うと楽です。RSSフィードを生成するために、ここではfeedgenerator[*63]を使います。

```
(scraping) $ pip install feedgenerator
```

前項のget_more_note_contents.pyにfeedgeneratorでRSSフィードを生成するコードを追加すると、リスト5.26になります。新しくsave_as_feed()関数を追加し、main()関数でコンテンツの情報を表示する代わりにこの関数を呼び出します。

save_as_feed()関数でRSSフィード全体を表すクラスのオブジェクトを生成し、そのオブジェクトにコンテンツに対応するアイテムを追加します。RSSフィード全体を表すクラスとしては次の3種類がありますが、ここではRss201rev2Feedを使ってRSS 2.0のフィードを作成します。

- RssUserland091Feed: RSS 0.91
- Rss201rev2Feed: RSS 2.0
- Atom1Feed: Atom

[*63] https://pypi.python.org/pypi/feedgenerator　PythonのWebアプリケーションフレームワークであるDjangoのフィード生成機能をスタンドアローンのライブラリとして利用できるようにしたものです。本書ではバージョン1.7を使います。

▼ リスト5.26　note_rss.py ― おすすめノートのページからRSSフィードを生成する

```python
import sys
import time

from selenium import webdriver
from selenium.webdriver.common.by import By
from selenium.webdriver.support import expected_conditions as EC
from selenium.webdriver.support.ui import WebDriverWait
import feedgenerator


def main():
    """
    メインの処理。
    """

    driver = webdriver.PhantomJS()  # PhantomJSのWebDriverオブジェクトを作成する。
    driver.set_window_size(800, 600)  # ウィンドウサイズを設定する。

    navigate(driver)  # noteのトップページに遷移する。
    posts = scrape_posts(driver)  # 文章コンテンツのリストを取得する。

    # RSSフィードとして保存する。
    with open('recommend.rss', 'w') as f:
        save_as_feed(f, posts)

# (略)

def save_as_feed(f, posts):
    """
    文章コンテンツのリストをフィードとして保存する。
    """

    # フィードを表すRss201rev2Feedオブジェクトを作成する。
    feed = feedgenerator.Rss201rev2Feed(
        title='おすすめノート',  # フィードのタイトル
        link='https://note.mu/',  # フィードに対応するWebサイトのURL
        description='おすすめノート')  # フィードの概要

    for post in posts:
        # フィードにアイテムを追加する。
        # キーワード引数unique_idは、アイテムを一意に識別するユニークなIDを指定する。
        # 必須ではないが、このIDを指定しておくとRSSリーダーがアイテムの重複なく扱える
        # 可能性が高まるので、ここではコンテンツのURLを指定している。
        feed.add_item(title=post['title'], link=post['url'],
                      description=post['description'], unique_id=post['url'])

    feed.write(f, 'utf-8')  # ファイルオブジェクトに書き込む。第2引数にエンコーディングを指定する。

if __name__ == '__main__':
    main()
```

第 5 章 クローリング・スクレイピングの実践とデータの活用

これを保存して実行するとカレントディレクトリに recommend.rss が生成されます。

```
(scraping) $ python note_rss.py
```

recommend.rss を見ると、RSS 2.0 のフォーマットに従って XML ファイルが書き出されていることがわかります。ここでは読みやすいように整形しています。

```
<?xml version="1.0" encoding="utf-8"?>
<rss xmlns:atom="http://www.w3.org/2005/Atom" version="2.0">
  <channel>
    <title>おすすめノート</title>
    <link>https://note.mu/</link>
    <description>おすすめノート</description>
    <lastBuildDate>Sun, 04 Oct 2015 16:07:13 -0000</lastBuildDate>
    <item>
      <title>ネパールの教育現場を見てきた話①</title>
      <link>https://note.mu/shota_hatakeyama/n/n6518be98cbd0</link>
      <description>うちのNGOの現場を視察に行ってきました。　↵
普段から活動報告はNGOのFBページでしているのですが、少し専門的な見解も交えて視察報告を簡単にしようと思います。

上の写真は、サルタック学習センターの様子です。遅刻してく...</description>
      <guid>https://note.mu/shota_hatakeyama/n/n6518be98cbd0</guid>
    </item>
    ...
  </channel>
</rss>
```

ファイルを生成したディレクトリで HTTP サーバーを起動[64]し、ブラウザーで http://localhost:8000/recommend.rss にアクセスすると、図 5.23 のように RSS リーダーに登録するための画面が表示されます[65]。インターネットに公開したサーバー上で定期的に更新すれば、Feedly などの Web ベースの RSS リーダーで購読することも可能です。

```
(scraping) $ python -m http.server
Serving HTTP on 0.0.0.0 port 8000 ...
```

---

[64] 起動した HTTP サーバーは Ctrl + C で終了できます。
[65] これは Google Chrome に拡張機能「RSS Subscription Extension (by Google)」をインストールした環境のスクリーンショットです。

▼ 図5.23　RSSをブラウザーで表示した様子

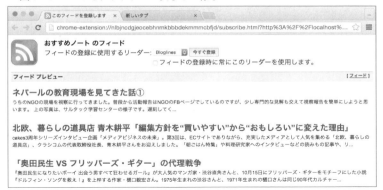

5.7　取得したデータの活用

　本節では、これまでの節では紹介しきれなかったデータの活用方法として、位置情報を地図上に可視化する方法と、Google BigQueryを使って大量のデータを高速に処理する方法を解説します。

5.7.1　地図による可視化

　Google Maps JavaScript APIを使って、位置情報を地図上に可視化する方法を紹介します。位置情報を持たないデータについては、ジオコーディングAPIを使って住所から位置情報を取得します。

● ジオコーディングによる位置情報の取得

　5.4.3のリスト5.20のSPARQLクエリで美術館の位置情報を取得できるようになりましたが、位置情報が付与されていない美術館もあります。このような場合は、ジオコーディングAPIを使用すると住所から位置情報を得ることができます。有名なジオコーディングAPIとして、次のものがあります。

- Google Maps Geocoding API
  https://developers.google.com/maps/documentation/geocoding/intro
- Yahoo!ジオコーダAPI
  http://developer.yahoo.co.jp/webapi/map/openlocalplatform/v1/geocoder.html

　ここでは、使用目的の制限が少ないYahoo!ジオコーダAPIを使用します。Yahoo!ジオコーダAPIを使うには、Yahoo! JAPAN IDでログインした上でアプリケーションを登録し、アプリケーションIDを取得する必要があります。アプリケーションの登録は次のページから行えます。

第 5 章　クローリング・スクレイピングの実践とデータの活用

- 新しいアプリケーションを開発 ― Yahoo!デベロッパーネットワーク
  https://e.developer.yahoo.co.jp/register

登録時に、アプリケーションの種類は「サーバーサイド」を選択しておきます。得られたアプリケーショ

---

column　JSONに対してクエリを実行するjqコマンド

jqコマンド*AはJSONに対してクエリを実行して一部を抽出できるコマンドです。次のようにしてインストールします。

```
$ brew install jq # OS Xの場合
```

```
$ sudo apt-get install -y jq # Ubuntuの場合
```

先ほどの実行結果のように jq . を実行すると、標準入力に与えたJSON文字列が整形して表示されます。

```
$ curl -s 'http://geo.search.olp.yahooapis.jp/OpenLocalPlatform/V1/geoCoder?appid=<アプリケーション↵
ID>&output=json&query=東京都台東区上野公園7番7号' | jq .
{
  "ResultInfo": {
    "Count": 1,
    "Total": 1,
    "Start": 1,
    "Status": 200,
    "Description": "",
    "Copyright": "",
    "Latency": 0.057
  },
  ...
```

jqの引数に . 以外のフィルターを記述してJSONの一部だけを抽出することもできます。詳しくはjqのマニュアル*Bを参照してください。

```
# 結果の数だけを抽出する。
$ curl -s 'http://geo.search.olp.yahooapis.jp/OpenLocalPlatform/V1/geoCoder?appid=<↵
アプリケーションID>&output=json&query=東京都台東区上野公園7番7号' | jq .ResultInfo.Count
1
# 経度と緯度だけを抽出する。
$ curl -s 'http://geo.search.olp.yahooapis.jp/OpenLocalPlatform/V1/geoCoder?appid=<↵
アプリケーションID>&output=json&query=東京都台東区上野公園7番7号' | jq .Feature[0].Geometry.↵
Coordinates
"139.77586747,35.71543132"
```

*A　https://stedolan.github.io/jq/
*B　https://stedolan.github.io/jq/manual/

ンIDを.envファイルに次のように保存しておきます。なお、シークレットという値も取得できますが、ここでは使用しません。

```
YAHOOJAPAN_APP_ID=<アプリケーションID>
```

Yahoo!ジオコーダAPIは`http://geo.search.olp.yahooapis.jp/OpenLocalPlatform/V1/geoCoder`に次のパラメーターを指定してHTTP GETリクエストを送るだけで利用できます。

- appid: アプリケーションID
- query: 住所の文字列

例えば「東京都台東区上野公園7番7号」という住所の位置情報を取得するために、curlコマンドを使ってYahoo!ジオコーダAPIを呼び出すと次のようになります。結果を読みやすくするために、パイプを使ってjqコマンドに渡しています。なお、デフォルトの出力フォーマットはXML形式ですが、PythonではJSON形式のほうが扱いやすいので、`output=json`として出力フォーマットを変更しています。パラメーターについてはAPIのドキュメント[*66]を参照してください。

```
$ curl -s 'http://geo.search.olp.yahooapis.jp/OpenLocalPlatform/V1/geoCoder?appid=<アプリケーション↵
ID>&output=json&query=東京都台東区上野公園7番7号' | jq .
{
  "ResultInfo": {
    "Count": 1,
    "Total": 1,
    "Start": 1,
    "Status": 200,
    "Description": "",
    "Copyright": "",
    "Latency": 0.057
  },
  "Feature": [
    {
      "Id": "13106.8.7.7",
      "Gid": "",
      "Name": "東京都台東区上野公園7-7",
      "Geometry": {
        "Type": "point",
        "Coordinates": "139.77584525,35.71547854",
        "BoundingBox": "139.77024525,35.70987854 139.78144525,35.72107854"
      },
      "Category": [],
      "Description": "",
      "Style": [],
      "Property": {
        "Uid": "0505dcfa8557a4206edfa281475b0c83f82e9283",
```

[*66] http://developer.yahoo.co.jp/webapi/map/openlocalplatform/v1/geocoder.html

```
      "CassetteId": "b22fee69b0dcaf2c2fe2d6a27906dafc",
      "Yomi": "トウキョウトタイトウクウエノコウエン",
      "Country": {
        "Code": "JP",
        "Name": "日本"
      },
      "Address": "東京都台東区上野公園7-7",
      "GovernmentCode": "13106",
      "AddressMatchingLevel": "6",
      "AddressType": "地番・戸番"
    }
  }
]
}
```

多くの情報を取得できますが、Featureというキーの値の中にあるCoordinatesというキーの値が経度と緯度を表しています。この例では、東経139.77584525度、北緯35.71547854度となります。なお、ここでは得られた結果（Featureというキーの値）は1つだけですが、複数の結果が得られる場合もあります。

●すべての美術館の位置情報を取得する

それでは、Yahoo!ジオコーダAPIを使って美術館の位置情報を取得してみましょう。**リスト**5.27は、SPARQLで美術館の情報を取得し、位置情報を持たない美術館については住所をジオコーディングして位置情報を取得するスクリプトです。取得した位置情報は、GeoJSON形式でmuseums.geojsonという名前のファイルに書き出します。**GeoJSON**[67]は様々な地理的な情報を格納するためのフォーマットで、一定のルールに従ったJSONです。GeoJSONに対応しているソフトウェア同士であれば、地理的な情報を簡単に受け渡しできます。なお、geojson[68]のようにPythonでGeoJSONを扱うためのライブラリも存在しますが、ここでは簡単なファイルを作成するだけなので使用しません。

このスクリプトにはmain()、get_museums()、geocode()の3つの関数があります。一番最初にmain()が呼び出され、残りの2つの関数を呼び出します。

get_museums()関数では、**リスト**5.19と同じようにSPARQLクエリで美術館の情報を取得します。実行するクエリは**リスト**5.20と同じものです。

geocode()関数では、引数で指定した住所をYahoo!ジオコーダAPIでジオコーディングして、経度と緯度のペアを返します。数百の住所をジオコーディングするには時間がかかり、Yahoo!ジオコーダAPIのリクエスト回数にも制限があるので、ジオコーディングの結果はキャッシュに保存し、一度ジオコー

---

[67] http://geojson.org/
[68] https://pypi.python.org/pypi/geojson

ディングした住所は再度問い合わせないようにしています。これによって、このスクリプトを2回目以降に実行した場合は、短時間で終了します。

▼ リスト5.27　get_museums_with_location.py ― 日本の美術館の位置情報を取得する

```python
import sys
import os
import json
import dbm
from urllib.request import urlopen
from urllib.parse import urlencode

from SPARQLWrapper import SPARQLWrapper


def main():
    features = []  # 美術館の情報を格納するためのリスト。

    for museum in get_museums():
        # ラベルがある場合はラベルを、ない場合はsの値を取得。
        label = museum.get('label', museum['s'])
        address = museum['address']

        if 'lon_degree' in museum:
            # 位置情報が含まれる場合は、経度と緯度を60進数（度分秒）から10進数に変換する。
            # 10進数の度 = 60進数の度 + 60進数の分 / 60 + 60進数の秒 / 3600
            lon = float(museum['lon_degree']) + float(museum['lon_minute']) / 60 + \
                float(museum['lon_second']) / 3600
            lat = float(museum['lat_degree']) + float(museum['lat_minute']) / 60 + \
                float(museum['lat_second']) / 3600
        else:
            # 位置情報が含まれない場合は、住所をジオコーディングして経度と緯度を取得する。
            lon, lat = geocode(address)

        print(label, address, lon, lat)  # 変数の値を表示。

        # ジオコーディングしても位置情報を取得できなかった場合はfeaturesに含めない。
        if lon is None:
            continue

        # featuresに美術館の情報をGeoJSONのFeatureの形式で追加する。
        features.append({
            'type': 'Feature',
            'geometry': {'type': 'Point', 'coordinates': [lon, lat]},
            'properties': {'label': label, 'address': address},
        })

    # GeoJSONのFeatureCollectionの形式でdictを作成する。
    feature_collection = {
```

```python
        'type': 'FeatureCollection',
        'features': features,
    }
    # FeatureCollectionを.geojsonという拡張子のファイルに書き出す。
    with open('museums.geojson', 'w') as f:
        json.dump(feature_collection, f)


def get_museums():
    """
    SPARQLを使ってDBpedia Japaneseから美術館の情報を取得する。
    """

    print('Executing SPARQL query...', file=sys.stderr)

    # SPARQLエンドポイントのURLを指定してインスタンスを作成する。
    sparql = SPARQLWrapper('http://ja.dbpedia.org/sparql')
    # 日本の美術館を取得するクエリを設定する。
    # ※正規表現にバックスラッシュを含むので、rで始まるraw文字列を使用している。
    sparql.setQuery(r'''
SELECT * WHERE {
    ?s rdf:type dbpedia-owl:Museum ;
    prop-ja:所在地 ?address .
    OPTIONAL { ?s rdfs:label ?label . }
    OPTIONAL {
    ?s prop-ja:経度度 ?lon_degree ;
        prop-ja:経度分 ?lon_minute ;
        prop-ja:経度秒 ?lon_second ;
        prop-ja:緯度度 ?lat_degree ;
        prop-ja:緯度分 ?lat_minute ;
        prop-ja:緯度秒 ?lat_second .
    }
    FILTER REGEX(?address, "^\\p{Han}{2,3}[都道府県]")
} ORDER BY ?s
    ''')
    # 取得するフォーマットとしてJSONを指定する。
    sparql.setReturnFormat('json')
    # query()でクエリを実行し、convert()でレスポンスをパースしてdictを得る。
    response = sparql.query().convert()

    print('Got {0} results'.format(len(response['results']['bindings'])), file=sys.stderr)

    # クエリの実行結果を反復処理する。
    for result in response['results']['bindings']:
        # 扱いやすいように {変数名1: 値1, 変数名2: 値2, ...} という形式のdictをyieldする。
        # resultを加工した辞書を得るために、辞書内包表記というリスト内包表記に似た表記法を使う。
        yield {name: binding['value'] for name, binding in result.items()}


# Yahoo!ジオコーダAPIのURL。
```

```python
YAHOO_GEOCODER_API_URL = 'http://geo.search.olp.yahooapis.jp/OpenLocalPlatform/V1/geoCoder'
# DBM（ファイルを使ったキーバリュー型のDB）をジオコーディング結果のキャッシュとして
# 使用する。この変数はdictと同じように扱える。
geocoding_cache = dbm.open('geocoding.db', 'c')


def geocode(address):
    """
    引数で指定した住所をジオコーディングして、経度と緯度のペアを返す。
    """

    if address not in geocoding_cache:
        # 住所がキャッシュに存在しない場合はYahoo!ジオコーダAPIでジオコーディングする。
        print('Geocoding {0}...'.format(address), file=sys.stderr)
        url = YAHOO_GEOCODER_API_URL + '?' + urlencode({
            # アプリケーションIDは環境変数から取得する。
            'appid': os.environ['YAHOOJAPAN_APP_ID'],
            'output': 'json',
            'query': address,
        })

        response_text = urlopen(url).read()
        # APIのレスポンスをキャッシュに格納する。
        # キーや値にはbytes型しか使えないが、str型は自動的にbytes型に変換される。
        geocoding_cache[address] = response_text

    # キャッシュ内のAPIレスポンスをdictに変換。
    # 値はbytes型なので、文字列として扱うにはデコードが必要。
    response = json.loads(geocoding_cache[address].decode('utf-8'))

    if 'Feature' not in response:
        # ジオコーディングで結果が得られなかった場合はNoneのペアを返す。
        return (None, None)

    # Coordinatesというキーの値を,で分割。
    coordinates = response['Feature'][0]['Geometry']['Coordinates'].split(',')
    # floatのペアに変換して返す。
    return (float(coordinates[0]), float(coordinates[1]))

if __name__ == '__main__':
    main()
```

リスト5.27を保存して実行すると、ログと美術館の情報が表示されます。

```
(scraping) $ forego run python get_museums_with_location.py
Executing SPARQL query...
Got 1584 results
BBプラザ美術館 兵庫県神戸市灘区岩屋中町4丁目2番7号 135.21777777777777 34.703250000000004
CCA北九州 福岡県北九州市若松区ひびきの2-5 130.7968888888889 33.86505555555556
Geocoding 東京都中央区日本橋本町3-5-1...
```

第 5 章 クローリング・スクレイピングの実践とデータの活用

```
Daiichi Sankyo くすりミュージアム  東京都中央区日本橋本町3-5-1 139.77558803 35.68847574
Geocoding 東京都小平市大沼町4-31-25...
GAS MUSEUM がす資料館  東京都小平市大沼町4-31-25 139.50040313 35.74191819
INAXライブミュージアム  愛知県常滑市奥栄町1-130 136.8487027777778 34.88117777777778
Geocoding 東京都千代田区丸の内1-6-4...
JAXAi  東京都千代田区丸の内1-6-4 None None
JRA競馬博物館  東京都府中市日吉町1-1 139.48813888888887 35.66636111111111
...
```

作成されたファイル`museums.geojson`の中身は次のようになっています。

```
(scraping) $ cat museums.geojson | jq .
{
  "type": "FeatureCollection",
  "features": [
    {
      "type": "Feature",
      "properties": {
        "address": "兵庫県神戸市灘区岩屋中町4丁目2番7号",
        "label": "BBプラザ美術館"
      },
      "geometry": {
        "type": "Point",
        "coordinates": [
          135.21777777777777,
          34.703250000000004
        ]
      }
    },
...
```

このファイルはGeoJSONに対応したソフトウェアで表示できます。例えばGitHub[69]やGist[70]では、GeoJSON形式のファイルをプレビューすると、図5.24のように自由に操作可能な地図上に表示されます。

---

[69] https://github.com/
[70] https://gist.github.com/

▼ 図5.24　Gistで表示したmuseums.geojson

● Google Maps JavaScript APIを使った地図による可視化

Google Maps JavaScript API[*71]で、自分で作成したWebページにGoogleマップの地図を埋め込めます。地図はJavaScriptでカスタマイズでき、GeoJSONファイルの中身も簡単に表示できます。

リスト5.28はmuseums.geojsonファイルを読み込んで地図上に表示するHTMLファイルです。id="map"のdiv要素に、Google Maps JavaScript APIで地図を表示します。APIのスクリプトの読み込みが完了すると、initMap()関数が呼び出されます。地図を初期化し、geojsonファイルを読み込んで表示します。

これだとマーカーが表示されるだけなので、マーカーをクリックしたときに実行するイベントリスナーを登録しておきます。イベントリスナーでは、クリックされた美術館の名前(label)と住所(address)を含むポップアップ(InfoWindow)をマーカーの上に表示します。

[*71] https://developers.google.com/maps/documentation/javascript/

▼ リスト5.28　museums.html — 地図上にGeoJSONの中身を表示するためのHTML

```html
<!DOCTYPE HTML>
<meta charset="utf-8">
<title>日本の美術館</title>
<style>
html, body, #map { height: 100%; margin: 0; padding: 0; }
</style>
<div id="map"></div>
<script>
function initMap() {
        // 地図を初期化する。
        var map = new google.maps.Map(document.getElementById('map'), {
                center: { lat: 35.7, lng: 137.7 },
                zoom: 7
        });
        // InfoWindowオブジェクトを作成する。
        var infowindow = new google.maps.InfoWindow();

        // geojsonファイルの相対URLを指定する。
        var geojsonUrl = './museums.geojson';
        // geojsonファイルを読み込んで表示する。
        map.data.loadGeoJson(geojsonUrl);

        // マーカーをクリックしたときに実行するイベントリスナーを登録する。
        map.data.addListener('click', function(e) {
                // h2要素を作成し、美術館の名前(label)を追加する。
                var h2 = document.createElement('h2');
                h2.textContent = e.feature.getProperty('label');
                // div要素を作成し、h2要素と美術館の住所(address)を追加する。
                var div = document.createElement('div');
                div.appendChild(h2);
                div.appendChild(document.createTextNode(
                                '住所: ' + e.feature.getProperty('address')));

                // InfoWindowに表示する中身としてdiv要素を指定する。
                infowindow.setContent(div);
                // 表示場所としてマーカーの地点を指定する。
                infowindow.setPosition(e.feature.getGeometry().get());
                // 指定した地点から38ピクセル上に表示するよう指定する。
                infowindow.setOptions({pixelOffset: new google.maps.Size(0, -38)});
                // InfoWindowを表示する。
                infowindow.open(map);
        });
}
</script>
<!-- Google Maps JavaScript APIのスクリプトを読み込む。完了したらinitMap()関数が呼び出される。 -->
<script async defer src="https://maps.googleapis.com/maps/api/js?callback=initMap"></script>
```

これをmuseums.geojsonと同じディレクトリに保存します。ローカルファイルシステム上のgeojsonファイルの読み込みは一部のブラウザーでしかできないので、htmlとgeojsonを保存したディレクトリで次のようにHTTPサーバーを起動します。Ctrl + Cで起動したサーバーを終了できます。

```
(scraping) $ python -m http.server
```

この状態で、ブラウザーでhttp://localhost:8000/museums.htmlというURLを開くと、マーカーが配置された地図が表示され、自由に操作できます。マーカーをクリックすると、図5.25のように美術館の名前と住所が表示されます[72]。

▼ 図5.25　地図上のマーカーをクリックしたときの表示

5.7.2　BigQueryによる解析

5.2.1で収集したデータを、Google BigQuery[73]で解析します。BigQueryはGoogleのクラウドサービス、Google Cloud Platform[74]上で提供されているサービスの1つで、数GB～数PBという規模の大量のデータに対してSQLライクなクエリを実行し、結果を取得できます。BigQueryの特筆すべき点は、クエリの実行の際に必要な列のデータがフルスキャンされる、すなわちインデックスが不要であるという点です。通常のリレーショナルデータベースでは、大量のデータをフルスキャンすることは処理速度の面から実用的ではありません。しかし、Googleのインフラを活用し、数千台のコンピューターで分散処理することによって、TB級のデータに対するクエリの結果を数秒で得られる高速な処理を実現しています。

BigQueryは従量課金の有償サービスですが、サンプルデータに対してクエリを実行するだけなら無料で使用できます。

---

[72] 地図の表示にAPIキーが必要となる場合があります。上記の手順を踏まえても地図が表示されない場合はhttps://developers.google.com/maps/documentation/javascript/を参考にAPIキーを取得して、スクリプトのURLのkeyパラメーターに指定してください。

[73] https://cloud.google.com/bigquery/

[74] https://cloud.google.com/

第5章 クローリング・スクレイピングの実践とデータの活用

● サンプルデータでBigQueryを試す

サンプルデータでBigQueryを試します。Google Cloud Platformの利用にはGoogleアカウントが必要です。

- Google Cloud Platform
  https://console.cloud.google.com/

Google Cloud Platformのコンソールを開きプロジェクトを選択します。5.2.3で作成したプロジェクトを使用できます。メニューの「ビッグデータ」の欄に表示されている「BigQuery」をクリックすると、BigQueryのコンソール（図5.26）が表示されます。

▼図5.26　BigQueryのコンソール

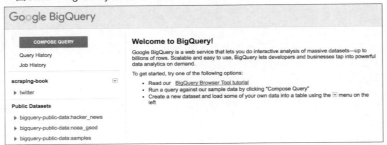

左に表示されているbigquery-public-data:samplesをクリックして展開すると、サンプルとして用意されているデータを確認できます。ここでは、wikipediaテーブルを使用します。テーブル名をクリックするとスキーマやデータサイズ、具体的なデータのサンプルを確認できます。このテーブルにはWikipediaのコンテンツは含まれておらず、編集履歴のメタデータが含まれています。データサイズは執筆時点で35.7GB、30億行強です。

「COMPOSE QUERY」というボタンをクリックするとクエリを入力する画面が表示されます。次のクエリを入力して実行してみましょう。

```
SELECT title
FROM [bigquery-public-data:samples.wikipedia]
WHERE REGEXP_MATCH(title, '(?i:python)')
```

このクエリでは正規表現を使い、タイトルに大文字小文字を区別せずにpythonという文字列が含まれるものだけを取得します。右に表示されている緑のチェックマークをクリックすると、このクエリがスキャンするデータ量の予測値が表示されます（図5.27）。クエリの料金はこのスキャンするデータ量で決まるので、参考にしましょう。BigQueryのストレージは列ごとにデータを格納するため、

SELECT節やWHERE節に使用する列の数を減らすことで、スキャンするデータ量を減らせます。

▼ 図5.27　クエリの入力画面

「RUN QUERY」ボタンをクリックしてクエリを実行すると数秒で結果が表示されます（図5.28）。「Download as CSV」などのボタンをクリックして、指定した形式で結果をダウンロード可能です。

▼ 図5.28　クエリの実行結果

事前にインデックスを作成せず、大量のデータをフルスキャンしてデータを取得できていることがわかるでしょう。クエリに使用できる関数については、リファレンス[75]を参照してください。

● BigQueryへのデータ保存の準備をする

自分で収集したデータを保存し、そのデータに対してクエリを実行するためにはクレジットカードの登録が必要です。ただし、Google Cloud Platformを初めて利用する場合は、60日間の無償トライアルで300ドル分のクレジットが利用できるため、本書の内容を試すだけであれば料金は発生しないでしょう。また、BigQueryは表5.5のような料金体系になっているため、本書で扱うデータ量を考えると、無償トライアルが終了した場合でも高額な料金にはならないと思われます。

---

[75] https://cloud.google.com/bigquery/query-reference

第 5 章 クローリング・スクレイピングの実践とデータの活用

これらの料金などは執筆時点の情報なので、最新の情報は公式サイト[76]を参照してください。

▼ 表5.5　BigQueryの料金体系

項目	料金
ストレージ	$0.020/GB・月
ストリーミングインサート	$0.01/200MB
クエリ実行	$5/TB（スキャンしたデータ量、毎月最初の1TBは無料）

　自分で収集したデータをBigQueryに保存するための準備をします。Google Cloud Platformのプロジェクトのページ上部に表示される「無料試用に登録」というリンク[77]をクリックし、クレジットカードを登録します。登録を済ませると、BigQueryを含む有償のサービスを使用できるようになります。

　これまで説明したように、BigQueryはWebコンソールからも使用できますが、Webコンソールでは空のテーブルを作成することができません。Google Cloud SDK[78]に含まれるbqコマンドで操作することもできますが、環境構築に手間がかかるので、ここではPythonスクリプトからテーブルを作成します。

　PythonスクリプトからBigQueryの操作をするには認証が必要です。認証の方法はいくつかありますが、サービスアカウントと呼ばれるメールアドレスと秘密鍵の組み合わせによる認証が簡単なので、これを使います。Google Cloud Platformのコンソールのメニューから「権限」→「サービスアカウント」とたどり、「サービスアカウントを作成」をクリックします（図5.29）。

▼ 図5.29　サービスアカウントの作成

---

[76] https://cloud.google.com/bigquery/pricing
[77] https://console.developers.google.com/freetrial
[78] https://cloud.google.com/sdk/

適当なサービスアカウント名を入力し、「新しい秘密鍵の提供」にチェックを入れ、キーのタイプが「JSON」であることを確認して「作成」ボタンをクリックするとサービスアカウントが作成されます。同時に秘密鍵を含むJSONファイルのダウンロードが始まるので、credentials.jsonという名前に変更し、忘れずに作業用のディレクトリに保存します。このファイルは後ほど使用します。

● TwitterのデータをBigQueryにインポートする

BigQueryにデータをインポートする方法としては次の2種類があります。

- バルクロード：大量のデータを一括でインポートする。無料。
- ストリームインサート：少量のデータを短い遅延でインポートする。有料。

Twitterのツイートのように、次々と生まれる新しいデータを継続的にインポートしてクエリを実行したい場合には、ストリームインサートが向いているため、本書ではこちらを使用します。なお、ストリームインサートと言ってもTwitterのStreaming APIのようにコネクションを確立し続けてインサートするわけではなく、毎回APIを呼び出してインポートします。

PythonからBigQueryにデータをインポートするためには、BigQuery-Python[79]というライブラリを使います。BigQuery-PythonはGoogleから公開されているGoogle API Client Library for Pythonをラップしたライブラリで、より簡単にBigQueryを扱えます。

BigQuery-Pythonをインストールします。

```
(scraping) $ pip install bigquery-python
```

TwitterのStreaming APIで取得したデータをBigQueryにインポートするためのスクリプトをリスト5.29に示しました。リスト5.5にBigQuery関連の処理を追加した形になっていることがわかるでしょう。

▼ リスト5.29　import_from_stream_api_to_bigquery.py — TwitterのデータをBigQueryにインポートする

```
import os
import sys
from datetime import timezone

import tweepy
import bigquery

# Twitterの認証情報を読み込む。
CONSUMER_KEY = os.environ['CONSUMER_KEY']
CONSUMER_SECRET = os.environ['CONSUMER_SECRET']
ACCESS_TOKEN = os.environ['ACCESS_TOKEN']
ACCESS_TOKEN_SECRET = os.environ['ACCESS_TOKEN_SECRET']
```

[79]　https://pypi.python.org/pypi/BigQuery-Python　本書ではバージョン1.7.0を使用します。

```python
auth = tweepy.OAuthHandler(CONSUMER_KEY, CONSUMER_SECRET)
auth.set_access_token(ACCESS_TOKEN, ACCESS_TOKEN_SECRET)

# BigQueryの認証情報(credentials.json)を指定してBigQueryのクライアントを作成する。
# 明示的にreadonly=Falseとしないと書き込みができない。
client = bigquery.get_client(json_key_file='credentials.json', readonly=False)

DATASET_NAME = 'twitter'  # BigQueryのデータセット名
TABLE_NAME = 'tweets'  # BigQueryのテーブル名

# テーブルが存在しない場合は作成する。
if not client.check_table(DATASET_NAME, TABLE_NAME):
    print('Creating table {0}.{1}'.format(DATASET_NAME, TABLE_NAME), file=sys.stderr)
    # create_table()の第3引数にはスキーマを指定する。
    client.create_table(DATASET_NAME, TABLE_NAME, [
        {'name': 'id',          'type': 'string',    'description': 'ツイートのID'},
        {'name': 'lang',        'type': 'string',    'description': 'ツイートの言語'},
        {'name': 'screen_name', 'type': 'string',    'description': 'ユーザー名'},
        {'name': 'text',        'type': 'string',    'description': 'ツイートの本文'},
        {'name': 'created_at',  'type': 'timestamp', 'description': 'ツイートの日時'},
    ])


class MyStreamListener(tweepy.streaming.StreamListener):
    """
    Streaming APIで取得したツイートを処理するためのクラス。
    """

    status_list = []
    num_imported = 0

    def on_status(self, status):
        """
        ツイートを受信したときに呼び出されるメソッド。
        引数: ツイートを表すStatusオブジェクト。
        """
        self.status_list.append(status)  # Statusオブジェクトをstatus_listに追加する。

        if len(self.status_list) >= 500:
            # status_listに500件溜まったらBigQueryにインポートする。
            if not push_to_bigquery(self.status_list):
                # インポートに失敗した場合はFalseが返ってくるのでエラーを出して終了する。
                print('Failed to send to bigquery', file=sys.stderr)
                return False

            # num_importedを増やして、status_listを空にする。
            self.num_imported += len(self.status_list)
            self.status_list = []
            print('Imported {0} rows'.format(self.num_imported), file=sys.stderr)
```

```python
        # 料金が高額にならないように、5000件をインポートしたらFalseを返して終了する。
        # 継続的にインポートしたいときは次の2行をコメントアウトしてください。
        if self.num_imported >= 5000:
            return False


def push_to_bigquery(status_list):
    """
    ツイートのリストをBigQueryにインポートする。
    """

    # TweepyのStatusオブジェクトのリストからdictのリストに変換する。
    rows = []
    for status in status_list:
        rows.append({
            'id': status.id_str,
            'lang': status.lang,
            'screen_name': status.author.screen_name,
            'text': status.text,
            # datetimeオブジェクトをUTCのPOSIXタイムスタンプに変換する。
            'created_at': status.created_at.replace(tzinfo=timezone.utc).timestamp(),
        })

    # dictのリストをBigQueryにインポートする。
    # 引数は順に、データセット名、テーブル名、行のリスト、行を一意に識別する列名を表す。
    # insert_id_keyはエラーでリトライしたときに重複しないようにするために使われるが、必須ではない。
    return client.push_rows(DATASET_NAME, TABLE_NAME, rows, insert_id_key='id')


# Stream APIの読み込みを開始する。
print('Collecting tweets...', file=sys.stderr)
stream = tweepy.Stream(auth, MyStreamListener())
# 公開されているツイートをサンプリングしたストリームを受信する。
# 言語を指定していないので、あらゆる言語のツイートを取得できる。
stream.sample()
```

サービスアカウント作成時にダウンロードしたcredentials.jsonをカレントディレクトリに配置しておきます。また、**5.2.1**と同じようにTwitterの認証情報を.envファイルに保存しておきます。

リスト5.29を保存して実行すると、次のように5000件をインポートして終了します。所要時間はツイート状況によって変わりますが、2分程度です。

```
(scraping) $ forego run python import_from_stream_api_to_bigquery.py
Creating table twitter.tweets
Collecting tweets...
Imported 500 rows
...
Imported 5000 rows
```

● **Twitterのデータをクエリする**

インポートしたツイートデータに対して、クエリを実行してみましょう。Webのコンソールから次のクエリを実行すると、図5.30の結果が得られます。

```
SELECT lang, COUNT(*) AS count
FROM twitter.tweets
GROUP BY lang
ORDER BY count DESC
LIMIT 20
```

このクエリでは言語ごとにツイート数を集計し、多い順に20件を取得しています。ツイートを取得する時間帯にもよるでしょうが、日本語と英語のツイートが多くを占めていることがわかります。4位のundは言語を判定できなかったことを表します。

▼図5.30　言語ごとのツイート数の集計

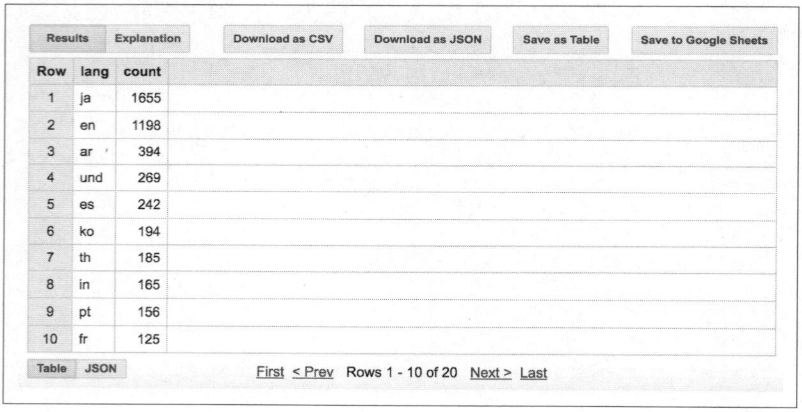

Row	lang	count
1	ja	1655
2	en	1198
3	ar	394
4	und	269
5	es	242
6	ko	194
7	th	185
8	in	165
9	pt	156
10	fr	125

続いて、次のクエリで日本語のツイートの文字数の分布を見ます。

```
SELECT INTEGER(ROUND(LENGTH(text), -1)) AS length, COUNT(*) AS count
FROM twitter.tweets
WHERE lang = "ja"
GROUP BY length
ORDER BY length DESC
```

このクエリでは文字数を10文字単位で四捨五入して得られた長さごとにツイート数を集計し、文字数の多い順に並べています。20文字付近と140文字付近に山があり、短いツイートと長いツイートに

二極化していることがわかります[80]。

▼ 図5.31　日本語ツイートの文字数の分布

Row	length	count
1	140	134
2	130	57
3	120	32
4	110	51
5	100	42
6	90	57
7	80	69
8	70	79
9	60	135
10	50	159
11	40	164
12	30	265
13	20	244
14	10	146
15	0	21

　ここまで見てきたように、BigQueryを使うと大量のデータをSQLライクなクエリで簡単に集計できます。データは必ずフルスキャンされるため、通常のリレーショナルデータベースのようにインデックスが効くかどうかを気にしながらクエリを書く必要はありません。

　また、継続的にTwitterのデータをBigQueryにインポートして蓄積したい場合には、自分でスクリプトを書くことにこだわらず、既存のソリューションを検討するのも良いでしょう[81][82]。

5.8　まとめ

　本章では、実際のWebサイトを対象としてクローリング・スクレイピングを行い、それらを活用しました。様々なデータ収集方法があるので、Webサイトのデータ提供方法に合わせて、適切な収集方法を選択してください。データ活用の面では、自然言語処理、データベースへの格納、グラフや地図へ

---

[80]　なお、制限の140文字を超えたツイートがあるのは、Twitter APIで取得できるツイートのテキストは&，<，>などが&，<，>のようにHTMLエスケープされた状態になっており、これらの文字が含まれると文字数が増えるためです。気になる場合はエスケープを解除してからインポートすると良いでしょう。
[81]　https://github.com/twitterdev/twitter-for-bigquery
[82]　http://www.fluentd.org/　FluentdのTwitterプラグインとBigQueryプラグインを組み合わせて利用できます。

の可視化、RSSの作成などの手法を解説しました。Pythonのライブラリの強力さが体感できたと思います。

次章では強力なクローリング・スクレイピングフレームワークであるScrapyを紹介します。Scrapyは、Webサイトを大規模にクロールしてデータを収集したい場合に役立ちます。また、**第4章**で解説した注意点を守ることが容易になります。リクエスト間にウェイトを挟んだり、robots.txtに従ったりという処理を、簡単な設定だけで行えます。

個別のライブラリを組み合わせるのに比べると、新しくフレームワークの使い方を覚える必要がありますが、慣れると非常に便利です。作りたいクローラーに合わせて、自分でライブラリを組み合わせるか、フレームワークを使うか、使い分けられるようになると良いでしょう。

第6章

Python Crawling & Scraping

フレームワーク Scrapy

第 6 章 フレームワーク Scrapy

ここまでは、個々のライブラリを組み合わせてクローリング・スクレイピングを行ってきました。様々なWebサイトを対象にクローラーのプログラムを書いていると、同じような処理を繰り返し書いていることに気づくかもしれません。この手間を省くために使えるのが、クローリング・スクレイピングのためのフレームワーク、Scrapyです。Scrapyを使うと、どんなWebサイトでも使える共通処理をフレームワークに任せて、ユーザーは個々のWebサイトごとに異なる処理だけを書けばよくなります。

短いコードで効率的にクローリング・スクレイピングできるので、様々なサイトからデータを抜き出したい場合や、継続的にクロールを行いたい場合には、学習コストを払うだけの価値があるでしょう。

6.1 Scrapyの概要

Scrapy[*1]はクローリング・スクレイピングのためのPythonのフレームワークです。豊富な機能が備わっており、ユーザーはページからデータを抜き出すという本質的な作業に集中できます。

- Webページからのリンクの抽出
- robots.txtの取得と拒否されているページのクロール防止
- XMLサイトマップの取得とリンクの抽出
- ドメインごと／IPアドレスごとのクロール時間間隔の調整
- 複数のクロール先の並行処理
- 重複するURLのクロール防止
- エラー時の回数制限付きのリトライ
- クローラーのデーモン化とジョブの管理

これまでは個々の機能を持つライブラリを自分の書いたプログラムから呼び出して利用してきました。フレームワークであるScrapyでは、流儀にしたがってプログラムを書き、それらをScrapyが呼び出して実行します。新しく流儀を覚える必要はありますが、一度覚えてしまえば面倒な処理をフレームワークに任せられるため、手軽にクローリング・スクレイピングができます。

[*1] https://scrapy.org/　本書ではバージョン1.1.0を使用します。

Scrapyはイベント駆動型のネットワークプログラミングのフレームワークであるTwsited[2]をベースにしており、Webサイトからのダウンロード処理は非同期に実行されます。このため、ダウンロードを待つ間にもスクレイピングなど別の処理を実行でき、効率よくクローリング・スクレイピングできます。Scrapyのような、スクレイピングのための多機能なフレームワークは他の言語ではあまり見かけず[3]、これらの用途にPythonを使う大きな理由の1つだと言えます。

Scrapyは長らくPython 3では動作しませんでしたが、2016年5月にリリースされたバージョン1.1からPython 3に対応しました。

6.1.1 Scrapyのインストール

Scrapyをインストールします。UbuntuではOpenSSLの開発用パッケージが必要なので一緒にインストールします。Scrapyはlxmlに依存しているので、libxml2とlibxsltの開発用パッケージも必要です（**3.3.2**参照）[4]。

```
(scraping) $ sudo apt-get install -y libssl-dev libffi-dev    # Ubuntuの場合
```

```
(scraping) $ pip install scrapy
```

インストールに成功するとscrapyコマンドが使えるようになります。

```
(scraping) $ scrapy version
Scrapy 1.1.0
```

6.1.2 Spiderの実行

Scrapyを使うのに、主に作成するのがSpiderというクラスです。対象のWebサイトごとにSpiderを作成し、クローリングの設定や、スクレイピングの処理を記述します。

まずは簡単なSpiderを実行してみましょう。**リスト6.1**は、Scrapyのサイトに掲載されているサンプルコード[5]にコメントを加えたものです。

---

[2]　https://twistedmatrix.com/

[3]　近いものとしてRubyのAnemone (http://anemone.rubyforge.org/) がありますが、Scrapyよりも薄いフレームワークで、残念ながら2012年で開発が止まっています。

[4]　ScrapyのようなC拡張ライブラリに依存するライブラリをインストールする場合、依存ライブラリのビルドに失敗してもインストール済みになってしまい、正常に動作しないことがあります。その場合、ビルド失敗の原因を取り除き、一度アンインストールするとインストールし直せます。また、インストール中に問題が発生する場合は`pip install -U pip`でpip自体をアップグレードすると問題が解決することもあります。

[5]　https://scrapy.org/のページ中央

第 6 章 | フレームワーク Scrapy

▼ リスト6.1　myspider.py — Scrapinghub社のブログから投稿のタイトルを取得するSpider

```python
import scrapy


class BlogSpider(scrapy.Spider):
    name = 'blogspider'  # Spiderの名前。
    # クロールを開始するURLのリスト。
    start_urls = ['https://blog.scrapinghub.com']

    def parse(self, response):
        """
        トップページからカテゴリページへのリンクを抜き出してたどる。
        """
        for url in response.css('ul li a::attr("href")').re('.*/category/.*'):
            yield scrapy.Request(response.urljoin(url), self.parse_titles)

    def parse_titles(self, response):
        """
        カテゴリページからそのカテゴリの投稿のタイトルをすべて抜き出す。
        """
        for post_title in response.css('div.entries > ul > li a::text').extract():
            yield {'title': post_title}
```

このSpiderは、ScrapyをメンテナンスしているScrapinghub社のブログをクロールします。一覧・詳細パターンのWebサイトを処理するSpiderで、ブログのトップページ（一覧ページ）からカテゴリページ（詳細ページ）へのリンクを抽出してたどり、カテゴリページからそのカテゴリに含まれるすべての投稿のタイトルを取得します。リンクをたどる流れを図で表します。

```
/ (トップページ)
├──→/category/autoscraping/ （カテゴリページ）
├──→/category/professional-services/
├──→/category/tools/
└──→...
```

scrapyコマンドのrunspiderサブコマンド（以降ではscrapy runspiderコマンドと表記します）の引数にファイルパスを指定して実行します。ログが表示され、数秒程度でクロールが完了します。

```
(scraping) $ scrapy runspider myspider.py -o items.jl
2016-05-25 19:00:16 [scrapy] INFO: Scrapy 1.1.0 started (bot: scrapybot)
2016-05-25 19:00:16 [scrapy] INFO: Overridden settings: {'FEED_URI': 'items.jl', 'FEED_FORMAT': 'jl'}
...
2016-05-25 19:00:16 [scrapy] INFO: Spider opened
2016-05-25 19:00:16 [scrapy] INFO: Crawled 0 pages (at 0 pages/min), scraped 0 items (at 0 items/min)
2016-05-25 19:00:17 [scrapy] DEBUG: Crawled (200) <GET https://blog.scrapinghub.com> (referer: None)
2016-05-25 19:00:18 [scrapy] DEBUG: Crawled (200) <GET https://blog.scrapinghub.com/category/↵
autoscraping/> (referer: https://blog.scrapinghub.com)
```

```
2016-05-25 19:00:18 [scrapy] DEBUG: Scraped from <200 https://blog.scrapinghub.com/category/
autoscraping/>
{'title': 'Announcing Portia, the Open Source Visual Web\xa0Scraper! on'}
2016-05-25 19:00:18 [scrapy] DEBUG: Scraped from <200 https://blog.scrapinghub.com/category/
autoscraping/>
{'title': 'Introducing Dash on'}
...
```

作成された`items.jl`ファイルの中身を見ると、投稿のタイトルがJSON Lines形式で取得できていることがわかります。**JSON Lines**[*6]形式とは各行にJSONオブジェクトを持つテキスト形式で、ファイルへの追記が容易な点が特徴です。

```
(scraping) $ cat items.jl
{"title": "Announcing Portia, the Open Source Visual Web\u00a0Scraper! on"}
{"title": "Introducing Dash on"}
{"title": "Spiders activity graphs on"}
{"title": "Autoscraping casts a wider\u00a0net on"}
{"title": "Scrapy Tips from the Pros May 2016\u00a0Edition on"}
...
```

ここでは完成したものを実行するだけでしたが、以降でSpiderを少しずつ作りながら、その動作を解説していきます。

6.2 Spiderの作成と実行

Yahoo!ニュースを対象に、基礎的なSpiderを作成します。

- Yahoo!ニュース
  http://news.yahoo.co.jp/

作成するSpiderは、Yahoo!ニュースのトップページに表示されているトピックスの一覧（図6.1）から個別のトピックスへのリンクをたどり、トピックスのタイトルと本文を抽出するというものです。

[*6] http://jsonlines.org/

第 6 章 | フレームワーク Scrapy

▼ 図6.1 Yahoo!ニュースのトップページに表示されているトピックスの一覧

6.2.1 Scrapyプロジェクトの開始

前節で作成したSpiderは単一のファイルのみでしたが、Scrapyではプロジェクトという単位で、複数のSpiderと関連するクラスなどをまとめて管理できます。使い捨てのSpiderを書くのでない限り、プロジェクトを使うのがScrapyの流儀です。

次のコマンドで`myproject`という名前のプロジェクトを作成します。ディレクトリツリーが作成されます。

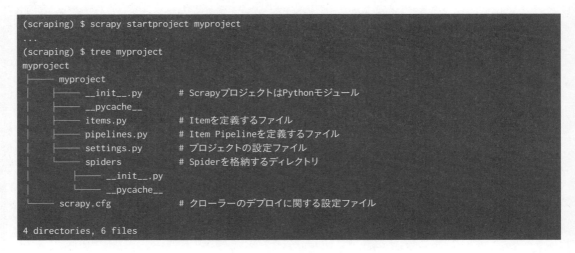

プロジェクトのディレクトリに移動しておきます。

```
(scraping) $ cd myproject
```

今後コマンドを実行する際は、基本的にこの（scrapy.cfgがある）ディレクトリで実行します。
設定については**6.5**で解説しますが、最低限settings.pyに1行追記しておきます。

```
DOWNLOAD_DELAY = 1    # ページのダウンロード間隔として平均1秒空ける。
```

これを設定しないとページのダウンロード間隔は0秒になります。思いがけずWebサイトに高負荷をかけてしまうことがあるので、必ず設定しておきましょう。

6.2.2　Itemの作成

Itemは、Spiderが抜き出したデータを格納しておくためのオブジェクトです。前節のSpiderのように、抜き出したデータを格納するためにdictを使うこともできますが、Itemを使うと次のメリットがあります。

- 複数の種類のデータを抜き出したときにクラスで判別できる
- あらかじめ定義したフィールドにしか代入できないため、フィールド名の間違いを回避できる
- 自分で新しいメソッドを定義できる

Itemはプロジェクトのitems.pyに定義します。items.pyに**リスト6.2**のクラスを追加してください。このHeadlineクラスはニュースのヘッドライン（見出し）のタイトルと本文を格納するためのItemです。Itemのクラスは、scrapy.Itemを継承し、フィールドを<フィールド名> = scrapy.Field()という形で定義します。

なお、プロジェクト作成時にMyprojectItemというクラスが作成されていますが、これは削除しても構いません。

▼ **リスト6.2　items.py — ニュースのヘッドラインを格納するためのItem**
```python
class Headline(scrapy.Item):
    """
    ニュースのヘッドラインを表すItem。
    """

    title = scrapy.Field()
    body = scrapy.Field()
```

Itemオブジェクトはdictと同じように、キーを指定して値を設定したり取得したりできます。

```python
item = Headline()
item['title'] = 'Example'
print(item['title'])   # 'Example'と表示される。
```

6.2.3 Spiderの作成

Spiderはプロジェクトのspidersディレクトリに置きます。scrapy genspiderコマンドで、あらかじめ定義されているテンプレートからSpiderを生成できます。scrapy genspiderコマンドの第1引数にSpiderの名前を、第2引数にドメイン名を指定して実行します。

```
(scraping) $ scrapy genspider news news.yahoo.co.jp
```

spidersディレクトリ内にnews.pyというファイルが生成されます。これをベースに書き換えていきましょう。

```
# -*- coding: utf-8 -*-
import scrapy


class NewsSpider(scrapy.Spider):
    name = "news"
    allowed_domains = ["news.yahoo.co.jp"]
    start_urls = (
        'http://www.news.yahoo.co.jp/',
    )

    def parse(self, response):
        pass
```

●トップページからトピックスのリンクを抜き出す

先ほどのファイルに次の変更を加えたのがリスト6.3です。

- 1行目のエンコーディング宣言はPython 2向けのものでPython 3では不要なので削除。
- start_urls内のURLが間違っているので先頭にあるwww.を除去。
- parse()メソッドに処理を追加。
- コメントを追加。

Spiderはscrapy.Spiderを継承したクラスです。ここでは、NewsSpiderというクラスを定義しています。このクラスには、name、allowed_domains、start_urlsという3つの属性と、parse()というメソッドがあります。

name属性にはSpiderの名前を設定します。この名前はコマンドラインからSpiderを実行するときに使うので、半角英数字からなるわかりやすい名前を設定すると良いでしょう。

allowed_domains属性には、クロールを許可するドメインのリストを指定します。正規表現でたどるリンクを抽出していると、思いがけず別ドメインのWebサイトに遷移することがあるので、不特定多数のWebサイトを対象にクロールする場合を除き、allowed_domains属性を指定しておくと安心です。

start_urls属性には、クロールを開始するURLの一覧をリストやタプルで指定します。ここではURLを1つだけ指定していますが、複数のURLを指定することも可能です。

parse()メソッドは、取得したWebページを処理するためのコールバック関数です。このメソッドについては、Spiderを実行した後に詳しく説明します。

▼ リスト6.3　news.py — トピックスのリンクのURLを表示するSpider

```python
import scrapy


class NewsSpider(scrapy.Spider):
    name = "news"  # Spiderの名前。
    # クロール対象とするドメインのリスト。
    allowed_domains = ["news.yahoo.co.jp"]
    # クロールを開始するURLのリスト。1要素のタプルの末尾にはカンマが必要。
    start_urls = (
        'http://news.yahoo.co.jp/',
    )

    def parse(self, response):
        """
        トップページのトピックス一覧から個々のトピックスへのリンクを抜き出して表示する。
        """
        print(response.css('ul.topics a::attr("href")').extract())
```

実行すると、ログにURLのリストが表示されます。プロジェクト内のSpiderは`scrapy runspider`ではなく、`scrapy crawl`コマンドで実行します。引数にはSpiderの名前（name属性の値）を指定します。

```
(scraping) $ scrapy crawl news
2016-05-25 20:32:19 [scrapy] INFO: Scrapy 1.1.0 started (bot: myproject)
2016-05-25 20:32:19 [scrapy] INFO: Overridden settings: {'ROBOTSTXT_OBEY': True, 'SPIDER_MODULES':
['myproject.spiders'], 'NEWSPIDER_MODULE': 'myproject.spiders', 'DOWNLOAD_DELAY': 1, 'BOT_NAME':
'myproject'}
...
2016-05-25 20:32:19 [scrapy] DEBUG: Crawled (200) <GET http://news.yahoo.co.jp/robots.txt>
(referer: None)
2016-05-25 20:32:21 [scrapy] DEBUG: Crawled (200) <GET http://news.yahoo.co.jp/> (referer: None)
['http://news.yahoo.co.jp/pickup/6202136', 'http://news.yahoo.co.jp/pickup/6202140',
'http://news.yahoo.co.jp/pickup/6202130', 'http://news.yahoo.co.jp/pickup/6202141',
'http://news.yahoo.co.jp/pickup/6202139', 'http://news.yahoo.co.jp/pickup/6202143',
'http://news.yahoo.co.jp/pickup/6202142', 'http://news.yahoo.co.jp/pickup/6202133',
```

```
'http://news.yahoo.co.jp/list/', 'http://news.yahoo.co.jp/topics']
2016-05-25 20:32:21 [scrapy] INFO: Closing spider (finished)
2016-05-25 20:32:21 [scrapy] INFO: Dumping Scrapy stats:
{'downloader/request_bytes': 438,
 'downloader/request_count': 2,
 'downloader/request_method_count/GET': 2,
 'downloader/response_bytes': 9993,
 'downloader/response_count': 2,
 'downloader/response_status_count/200': 2,
 'finish_reason': 'finished',
 'finish_time': datetime.datetime(2016, 5, 25, 11, 32, 21, 243028),
 'log_count/DEBUG': 2,
 'log_count/INFO': 7,
 'response_received_count': 2,
 'scheduler/dequeued': 1,
 'scheduler/dequeued/memory': 1,
 'scheduler/enqueued': 1,
 'scheduler/enqueued/memory': 1,
 'start_time': datetime.datetime(2016, 5, 25, 11, 32, 19, 701492)}
2016-05-25 20:32:21 [scrapy] INFO: Spider closed (finished)
```

改めて**リスト6.3**を見てみましょう。Spiderを実行すると、まずstart_urls属性に指定したURLのページが取得され、scrapy.Responseオブジェクトを引数としてparse()メソッドが呼び出されます。

このメソッドでは、まずResponse.css()メソッドで、引数のCSSセレクターにマッチするノード[*7]の一覧を表すSelectorListオブジェクトを取得しています。ここでは、'ul.topics a::attr("href")'を指定しているので、'ul.topics a'に該当するa要素のhref属性の一覧を取得しています。さらに、SelectorList.extract()メソッドはSelectorListの中身を文字列のlistとして取得します。こうして得たURLのリストをprint()関数で表示して、先ほどの実行結果が得られるわけです。

● 抜き出したリンクをたどる

リスト6.3で抜き出したリンクをたどるよう変更すると、**リスト6.4**のようになります。先ほどのSpiderと比較するとparse()メソッドの処理が変わっています。

まず、URLのリストを得る処理をextract()メソッドからre()メソッドを使用するよう変更しています。先ほどの実行結果では、http://news.yahoo.co.jp/list/というURLも取得できていましたが、これは個別のトピックスを表すページのURLではないので不要です。SelectorList.re()メソッドは、ノードの一覧のうち、引数に指定した正規表現にマッチする部分のみを文字列のlistとして取得できます。ここでは、'/pickup/\d+$'と正規表現で指定しているので、URLの末尾が/pickup/6187182のよ

[*7] 本章ではノード(Node)という言葉をDOMのノード、すなわち文書(Document)、要素(Element)、属性(Attribute)、テキスト(Text)などを総称する言葉として使用します。

うになっているURLのみを取得しています。

さらに、抜き出したリンクをたどるために、URLのlistをfor文で反復処理します。for文の内部では、取得したURLをクロールするためにRequestオブジェクトをyieldしています。これはRequestオブジェクトのURLをクロールすることを意味します。

Requestクラスのコンストラクターには、必須の第1引数としてURLを指定します。今回は絶対URLが得られるのでなくても構いませんが、Response.urljoin()メソッドを使って、URLが相対URLだった場合には現在のページを基準に絶対URLに変換しています。

オプショナルな第2引数では、このリクエストに対応するレスポンスを処理するコールバック関数を指定します。ここではself.parse_topicsを指定しているので、parse_topics()メソッドが呼び出されます。コールバック関数を指定しない場合は、デフォルトのparse()メソッドが呼び出されます。parse_topics()メソッドでは処理を行わないので、何もしないことを表すpass文を書いています。これを実行すると、個別のトピックスのページをクロールできていることがわかります。

▼ リスト6.4　news.py ─ 抜き出したトピックスのリンクをたどるSpider

```python
import scrapy


class NewsSpider(scrapy.Spider):
    name = "news"  # Spiderの名前。
    # クロール対象とするドメインのリスト。
    allowed_domains = ["news.yahoo.co.jp"]
    # クロールを開始するURLのリスト。
    start_urls = (
        'http://news.yahoo.co.jp/',
    )

    def parse(self, response):
        """
        トップページのトピックス一覧から個々のトピックスへのリンクを抜き出してたどる。
        """
        for url in response.css('ul.topics a::attr("href")').re(r'/pickup/\d+$'):
            yield scrapy.Request(response.urljoin(url), self.parse_topics)

    def parse_topics(self, response):
        pass
```

```
(scraping) $ scrapy crawl news
...
2016-05-25 20:33:17 [scrapy] DEBUG: Crawled (200) <GET http://news.yahoo.co.jp/robots.txt> ↵
 (referer: None)
2016-05-25 20:33:18 [scrapy] DEBUG: Crawled (200) <GET http://news.yahoo.co.jp/> (referer: None)
2016-05-25 20:33:19 [scrapy] DEBUG: Crawled (200) <GET http://news.yahoo.co.jp/pickup/6202133> ↵
 (referer: http://news.yahoo.co.jp/)
```

```
2016-05-25 20:33:21 [scrapy] DEBUG: Crawled (200) <GET http://news.yahoo.co.jp/pickup/6202142>
(referer: http://news.yahoo.co.jp/)
2016-05-25 20:33:22 [scrapy] DEBUG: Crawled (200) <GET http://news.yahoo.co.jp/pickup/6202143>
(referer: http://news.yahoo.co.jp/)
2016-05-25 20:33:24 [scrapy] DEBUG: Crawled (200) <GET http://news.yahoo.co.jp/pickup/6202139>
(referer: http://news.yahoo.co.jp/)
2016-05-25 20:33:25 [scrapy] DEBUG: Crawled (200) <GET http://news.yahoo.co.jp/pickup/6202141>
(referer: http://news.yahoo.co.jp/)
...
```

ScrapyはデフォルトでLIFO（後入れ先出し）でクロールするので、トピックス一覧の後ろにあるリンクほど先にクロールされます。

6.2.4　Scrapy Shellによるインタラクティブなスクレイピング

個別のトピックスページからヘッドラインのタイトルと本文を抜き出します。ページからデータを抜き出すにはCSSセレクターやXPathを使います。これらを試行錯誤して記述しようとしたときに、Spiderのコードを修正しては実行しての繰り返しでは時間がかかってしまいます。

このようなときには**Scrapy Shell**が便利です。Scrapy ShellはScrapyのためのインタラクティブシェルで、CSSセレクターやXPathによる抽出を簡単に試せます。Spiderを作成するときは、ブラウザーでページの構造を確認し、Scrapy ShellでCSSセレクターやXPathを試しつつ作成していきましょう。下記ページを対象にScrapy Shellでデータを抜き出すCSSセレクターを見つけます。

- 「あかつき」軌道修正に成功（2016年4月8日（金）掲載）- Yahoo!ニュース
  http://news.yahoo.co.jp/pickup/6197138

● Scrapy Shellを起動する

scrapy shellコマンドにURLを引数として与えることでScrapy Shellが起動します。

```
(scraping) $ scrapy shell http://news.yahoo.co.jp/pickup/6197138
2016-05-25 20:34:35 [scrapy] INFO: Scrapy 1.1.0 started (bot: myproject)
...
2016-05-25 20:34:37 [scrapy] DEBUG: Crawled (200) <GET http://news.yahoo.co.jp/pickup/6197138>
(referer: None)
[s] Available Scrapy objects:
[s]   crawler    <scrapy.crawler.Crawler object at 0x105ea0780>
[s]   item       {}
[s]   request    <GET http://news.yahoo.co.jp/pickup/6197138>
[s]   response   <200 http://news.yahoo.co.jp/pickup/6197138>
[s]   settings   <scrapy.settings.Settings object at 0x108e5eda0>
[s]   spider     <DefaultSpider 'default' at 0x1093843c8>
```

```
[s] Useful shortcuts:
[s]   shelp()            Shell help (print this help)
[s]   fetch(req_or_url)  Fetch request (or URL) and update local objects
[s]   view(response)     View response in a browser
>>>
```

Scrapy Shellが起動すると、Spiderを実行したときと同じようにログが表示されます。3行目のログにあるように、引数として与えたURLが取得されます。最後に、Scrapy Shell内で使える変数や関数のヘルプが表示され、入力待ち状態となります。

Scrapy Shellでは、通常のPythonのインタラクティブシェルと同様にPythonのコードを実行できます。例えば、requestやresponseという変数で、RequestオブジェクトやResponseオブジェクトを参照できます。

```
>>> request   # Requestオブジェクト。
<GET http://news.yahoo.co.jp/pickup/6197138>
>>> request.url   # リクエストしたURL。
'http://news.yahoo.co.jp/pickup/6197138'
>>> request.method   # リクエストのメソッド。
'GET'
>>> response   # Responseオブジェクト。
<200 http://news.yahoo.co.jp/pickup/6197138>
>>> response.url   # 取得したURL (リダイレクトが発生した場合はrequest.urlと異なる場合がある)。
'http://news.yahoo.co.jp/pickup/6197138'
>>> response.status   # レスポンスのステータスコード。
200
>>> response.encoding   # レスポンスのエンコーディング。
'utf-8'
>>> response.body   # レスポンスボディをバイト文字列として取得する。
b'<!DOCTYPE html>\n<html lang="ja">\n<head>\n<meta charset="UTF-8">\n<title>\xe3\x80\x8c\xe3\x81\x82...
>>> response.text   # レスポンスボディをUnicode文字列として取得する。
'<!DOCTYPE html>\n<html lang="ja">\n<head>\n<meta charset="UTF-8">\n<title>「あかつき」軌道修正に成功...
```

さらに、ヘルプに表示されている関数も使用できます。

- shelp()
  Scrapy Shellのヘルプを表示する。
- fetch(request_or_url)
  引数で指定したRequestオブジェクトまたはURLのページを新しく取得し、requestやresponseなどの変数の値を置き換える。
- view(response)
  引数で指定したResponseオブジェクトをブラウザーで表示する。

● CSSセレクターやXPathでノードを取得する

それでは、CSSセレクターやXPathでノードを取得してみましょう。Responseオブジェクトのcss()メソッドとxpath()メソッドでノードの一覧を取得できます。

```
# CSSセレクターにマッチするノードの一覧を取得する。
>>> response.css('title')
[<Selector xpath='descendant-or-self::title' data='<title>「あかつき」軌道修正に成功 | 2016/4/8(金) ↵
 20:56'>]
# XPathにマッチするノードの一覧を取得する。
>>> response.xpath('//title')
[<Selector xpath='//title' data='<title>「あかつき」軌道修正に成功 | 2016/4/8(金) 20:56'>]
```

これら2つのメソッドは引数として与えるセレクターの種類が異なるだけで、どちらもセレクターに該当するノードの一覧を取得できるという意味では同じです。このため、以降ではcss()メソッドのみを使用して解説します。なお、CSSセレクターはcssselectモジュールによってXPathに自動変換されています。

```
# css()メソッドの戻り値はSelectorListオブジェクト。
>>> type(response.css('title'))
<class 'scrapy.selector.unified.SelectorList'>
# SelectorListはlistを継承したクラスで、その要素はSelectorオブジェクト。
# Scrapyでは基本的にSelectorListを使って要素の一覧をまとめて取り扱うので、Selectorオブジェクト自体を ↵
使用する機会はあまりない。
>>> type(response.css('title')[0])
<class 'scrapy.selector.unified.Selector'>
```

SelectorListオブジェクトの主なメソッドは次のものです。このうち、extract()とre()は既に紹介しました。

- extract()
  ノードの一覧を文字列のlistとして取得する。
- extract_first()
  ノードの一覧の最初の要素を文字列として取得する。
- re(regex)
  ノードの一覧のうち、引数に指定した正規表現 (regex) にマッチする部分のみを文字列のlistとして取得する。
- re_first(regex)
  ノードの一覧のうち、引数に指定した正規表現 (regex) にマッチする最初の部分を文字列として取得する。
- css(query)
  ノードの一覧の要素に対して、引数に指定したCSSセレクター (query) にマッチするノードの一覧を

SelectorListとして取得する。

- xpath(query)
  ノードの一覧の要素に対して、引数に指定したXPath（query）にマッチするノードの一覧をSelectorListとして取得する。

注意すべき点として、HTML要素を表すノードに対してextract()を適用すると、タグを含む文字列が得られるという点があります。

```
# title要素からextract()すると、タグを含む文字列が得られる。
>>> response.css('title').extract()
['<title>「あかつき」軌道修正に成功 | 2016/4/8(金) 20:56 - Yahoo!ニュース</title>']
```

HTML要素内のテキストのみを取得したい場合は、::text疑似セレクターでテキストノードを取得してからextract()を適用します。複数のノードから文字列のlistを取得したい場合はextract()を、1つのノードから文字列を取得したい場合はextract_first()を使います。

```
>>> response.css('title::text')   # テキストノードを取得する。
[<Selector xpath='descendant-or-self::title/text()' data='「あかつき」軌道修正に成功 | 2016/4/8(金) ↵
20:56 - Yaho - Yahoo!ニュ'>]
# テキストノードからextract()すると、タグを含まない文字列が得られる。
>>> response.css('title::text').extract()
['「あかつき」軌道修正に成功 | 2016/4/8(金) 20:56 - Yahoo!ニュース']
# extract_first()を使うとlistではなく文字列が得られる。
>>> response.css('title::text').extract_first()
'「あかつき」軌道修正に成功 | 2016/4/8(金) 20:56 - Yahoo!ニュース'
```

re()メソッドやre_first()メソッドを使うと正規表現にマッチした部分だけを取得できます。

```
>>> response.css('title::text').re(r'\w+')
['あかつき', '軌道修正に成功', '2016', '4', '8', '金', '20', '56', 'Yahoo', 'ニュース']
>>> response.css('title::text').re_first(r'\w+')
'あかつき'
```

● ヘッドラインのタイトルと本文を取得する

それではヘッドラインのタイトルと本文を取得してみましょう。ブラウザーの開発者ツールで確認すると、タイトルはclass="newsTitle"のh2要素内に格納されていることがわかります（図6.2）。本文はclass="hbody"のp要素内に格納されています（図6.3）。

第6章 フレームワーク Scrapy

▼ 図6.2　ヘッドラインのタイトルが格納されている要素

CSSセレクターで、タイトルを取得します。h2要素の内側にあるa要素は掲載から時間が経つと消えてしまうことがあるため、a要素があってもなくても取得できるようなCSSセレクターにしています。

```
>>> response.css('.newsTitle ::text').extract_first()
'「あかつき」軌道修正成功＝金星観測、5年超に延長―JAXA'
```

続いてCSSセレクターで本文を取得します。

```
>>> response.css('.hbody::text').extract_first()
'\u3000宇宙航空研究開発機構（JAXA）は8日、金星を回る探査機「あかつき」の軌道修正に成功したと発表した。
昨年12月に周回軌道に投入されたが、そのままでは約2年後に日陰に入る時間が長くなり、観測を継続できない恐れが
あった。軌道修正で観測期間を5年以上に延長できた。（時事通信）'
```

このページではこのCSSセレクターでも十分ですが、他のトピックスのページを見ると、複数の段落に分かれていてbr要素が挿入されている場合があります。この場合、先ほどのセレクターでは最初の段落しか取得できません。

一般に、p要素にはbr要素やa要素、strong要素など様々な要素が含まれる可能性があります。このような要素からすべてのテキストを抽出するためのイディオムとして、次の書き方があります。CSSセレクターの::textの代わりに、XPathのstring()関数を使って要素の子孫のすべてのテキストを取得します[8]。

---

[8] CSSセレクターのみを使って''.join(response.css('.hbody ::text').extract())と書くこともできます。.hbody と::textの間に空白を入れて、.hbodyの子孫のすべてのテキストノードを取得し、''.join()で繋げてテキストを取得します。

```
>>> response.css('.hbody').xpath('string()').extract_first()
'\u3000宇宙航空研究開発機構（JAXA）は8日、金星を回る探査機「あかつき」の軌道修正に成功したと発表した。
昨年12月に周回軌道に投入されたが、そのままでは約2年後に日陰に入る時間が長くなり、観測を継続できない恐れが
あった。軌道修正で観測期間を5年以上に延長できた。（時事通信）'
```

▼ 図6.3　ヘッドラインの本文が格納されている要素

● Spiderのメソッドを実装する

これらをもとにNewsSpiderのparse_topics()メソッドを実装したのが**リスト6.5**です。

▼ リスト6.5　news.py — Yahoo!ニュースからトピックスを抽出するSpider（最終形）

```python
import scrapy

from myproject.items import Headline  # ItemのHeadlineクラスをインポート。


class NewsSpider(scrapy.Spider):
    name = "news"  # Spiderの名前。
    # クロール対象とするドメインのリスト。
    allowed_domains = ["news.yahoo.co.jp"]
    # クロールを開始するURLのリスト。
    start_urls = (
        'http://news.yahoo.co.jp/',
    )

    def parse(self, response):
        """
        トップページのトピックス一覧から個々のトピックスへのリンクを抜き出してたどる。
        """
        for url in response.css('ul.topics a::attr("href")').re(r'/pickup/\d+$'):
```

第 6 章 | フレームワーク Scrapy

```
            yield scrapy.Request(response.urljoin(url), self.parse_topics)

    def parse_topics(self, response):
        """
        トピックスのページからタイトルと本文を抜き出す。
        """
        item = Headline()  # Headlineオブジェクトを作成。
        item['title'] = response.css('.newsTitle ::text').extract_first()  # タイトル
        item['body'] = response.css('.hbody').xpath('string()').extract_first()  # 本文
        yield item  # Itemをyieldして、データを抽出する。
```

> **column** **ScrapyのスクレイピングAPIの特徴**
>
> 　ScrapyでスクレイピングするためのAPIは、これまでの章で使用してきたlxmlやBeautiful SoupなどのAPIとは考え方がやや異なります。
>
> ```
> # CSSセレクターでtitle要素のテキストを取得する。
> html.cssselect('title').text  # lxml + cssselectの場合
> soup.select('title').text  # Beautiful Soupの場合
> response.css('title::text').extract_first()  # Scrapyの場合
>
> # class="twitter"のa要素のhref属性を取得する。
> html.cssselect('a.twitter').get('href') # lxml + cssselectの場合
> soup.select('a.twitter')['href']  # Beautiful Soupの場合
> response.css('a.twitter::attr("href")').extract_first()  # Scrapyの場合
> ```
>
> 　これまでのライブラリでは、HTML要素に対応するオブジェクトが存在し、要素のテキストや属性はそのオブジェクトを経由して取得します。
> 　一方、Scrapyではオブジェクトはテキストや属性などのノードに対応し、`extract_first()`などのメソッドでノードを文字列に変換して値を得ます。CSSセレクターを書くときに、取得したいテキストや属性まで考えておく必要があるので、慣れるまでは難しく感じられるかもしれません。逆に、1つのセレクターだけですっきりと記述できるとも言えます。
> 　ScrapyのスクレイピングAPIが好みでないなら、Spiderのコールバック関数内で、他のライブラリを使用しても構いません。`response.body`や`response.text`の値を他のライブラリに渡して、目的の値を抜き出すと良いでしょう。特にScrapyはlxmlとcssselectに依存しているので、これらは追加でインストールすることなく使えます。ScrapyのAPIのほうが好みの場合、このAPIはParsel[A]というライブラリとして外出しされているため、Scrapy以外のスクリプトで使用することも可能です。
>
> [A] https://pypi.python.org/pypi/parsel

6.2.5 作成したSpiderの実行

Spiderを実行します。ここまで解説してこなかったログの読み方や実行結果の出力フォーマット、実行の流れを改めて解説します。

● Spiderを実行する

完成したSpiderを実行します。`-o news.jl`というオプションはスクレイピングしたItemを`news.jl`というファイルに保存することを意味します。指定したファイルが既に存在する場合は、そのファイルに追記されます。

```
(scraping) $ scrapy crawl news -o news.jl
```

Spider実行時に指定できるオプションを表6.1にまとめました。これらは`scrapy crawl`コマンドだけではなく、`scrapy runspider`コマンドでも使用できます。

▼ 表6.1　Spider実行時に指定できるオプション

オプション	説明
`--help, -h`	ヘルプを表示する。
`-a NAME=VALUE`	Spiderの`__init__()`メソッドにキーワード引数を渡す。複数回指定可能。
`--output=FILE, -o FILE`	抽出したItemを保存するファイルパスを指定する。
`--output-format=FORMAT, -t FORMAT`	抽出したItemを保存する際のフォーマットを指定する（表6.2を参照）。
`--logfile=FILE`	ログの出力先のパスを指定する。デフォルトでは標準エラー出力。
`--loglevel=LEVEL, -L LEVEL`	ログレベルを指定する。デフォルト値は`DEBUG`。
`--nolog`	ログの出力を完全に無効化する。
`--profile=FILE`	プロファイルの統計を出力するパスを指定する。
`--pidfile=FILE`	プロセスIDを指定したパスのファイルに出力する。
`--set=NAME=VALUE, -s NAME=VALUE`	設定を指定する。複数回指定可能。使用例は**6.5.1**を参照。
`--pdb`	例外発生時にpdbによるデバッグを開始。

実行すると、ログが表示され、数秒程度でクロールが完了します。途中でSpiderの実行を停止したい場合は、Ctrl+Cを2回押します。Ctrl+Cを1回押した時点でSpiderがシャットダウンを開始し、SchedulerのキューにしいURLが追加されなくなります。そのまま待つと、キューが空になった時点で終了しますが、2回目のCtrl+Cを押すと即座に停止します。

```
1  2016-05-25 20:36:57 [scrapy] INFO: Scrapy 1.1.0 started (bot: myproject)
2  2016-05-25 20:36:57 [scrapy] INFO: Overridden settings: {'FEED_URI': 'news.jl',
    'SPIDER_MODULES': ['myproject.spiders'], 'ROBOTSTXT_OBEY': True, 'NEWSPIDER_MODULE':
    'myproject.spiders', 'DOWNLOAD_DELAY': 1, 'FEED_FORMAT': 'jl', 'BOT_NAME': 'myproject'}
3  ...
4  2016-05-25 20:36:57 [scrapy] INFO: Enabled item pipelines:
```

243

```
 5  []
 6  2016-05-25 20:36:57 [scrapy] INFO: Spider opened
 7  2016-05-25 20:36:57 [scrapy] INFO: Crawled 0 pages(at 0 pages/min), scraped 0 items(at 0 items/min)
 8  2016-05-25 20:36:57 [scrapy] DEBUG: Crawled(200)<GET http://news.yahoo.co.jp/robots.txt> ↵
       (referer: None)
 9  2016-05-25 20:36:59 [scrapy] DEBUG: Crawled(200)<GET http://news.yahoo.co.jp/>(referer: None)
10  2016-05-25 20:37:00 [scrapy] DEBUG: Crawled(200)<GET http://news.yahoo.co.jp/pickup/6202133> ↵
       (referer: http://news.yahoo.co.jp/)
11  2016-05-25 20:37:00 [scrapy] DEBUG: Scraped from <200 http://news.yahoo.co.jp/pickup/6202133>
12  {'body': '\u3000'
13           'お笑いコンビ…
 ～  ...
16  2016-05-25 20:38:36 [scrapy] INFO: Closing spider(finished)
17  2016-05-25 20:38:36 [scrapy] INFO: Stored jl feed(8 items)in: news.jl
18  2016-05-25 20:38:36 [scrapy] INFO: Dumping Scrapy stats:
19  {'downloader/request_bytes': 2542,
20   'downloader/request_count': 10,
21   'downloader/request_method_count/GET': 10,
22   'downloader/response_bytes': 102443,
23   'downloader/response_count': 10,
24   'downloader/response_status_count/200': 10,
25   'finish_reason': 'finished',
26   'finish_time': datetime.datetime(2016, 5, 25, 11, 38, 36, 534310),
27   'item_scraped_count': 8,
28   'log_count/DEBUG': 18,
29   'log_count/INFO': 8,
30   'request_depth_max': 1,
31   'response_received_count': 10,
32   'scheduler/dequeued': 9,
33   'scheduler/dequeued/memory': 9,
34   'scheduler/enqueued': 9,
35   'scheduler/enqueued/memory': 9,
36   'start_time': datetime.datetime(2016, 5, 25, 11, 38, 25, 411595)}
37  2016-05-25 20:38:36 [scrapy] INFO: Spider closed(finished)
```

ログを読むと、冒頭の6行目までは初期化処理が行われています。8〜10行目のCrawledというログで、次の順序でクロールしていることがわかります。

1. robots.txt
2. トップページ
3. リンクされているトピックスのページ

10行目のログは、http://news.yahoo.co.jp/ からリンクされた http://news.yahoo.co.jp/pickup/6197324 をGETメソッドで取得し、レスポンスコードが200だったことを意味します。

11行目にはScrapedというログがあり、ページからデータを抜き出していることがわかります。実際に抜き出したトピックスのタイトルと本文は、12〜15行目にdictの形式で書かれています。

なお、bodyフィールドの値として、文字列リテラルが複数並んでいるのを不思議に感じるかもしれません。これはbodyフィールドの値が、複数の文字列を結合した文字列であることを意味します。Pythonでは、隣り合った文字列リテラルは結合された文字列と等価です（'a' 'b' == 'ab'）。日本語では半端な位置で分割されてしまってわかりにくいかもしれませんが、気にする必要はありません。

最終的にクロールが完了すると、19～37行目にあるようにクロールの統計データが表示されます。送信したリクエストは10個（downloader/request_count）で、得られたレスポンスも10個（downloader/response_count）であり、抜き出したデータの数は8個（item_scraped_count）だったことがわかります。

● スクレイピングしたデータの出力

-oオプションで出力先のファイルパスを指定したので、抜き出したデータがnews.jlにJSON Lines形式で出力されています。news.jlの中身は日本語がエスケープされていますが、jqコマンドで読めます。

```
(scraping) $ cat news.jl | jq .
...
{
  "body": " （パ・リーグ、西武−楽天、10回戦、25日、西武PD）プロ野球史上最重量138キロの楽天・
アマダーが、初の1軍昇格を果たし「5番・DH」で出場した。（サンケイスポーツ）",
  "title": "最重量138キロの楽天・アマダー、まさかの三塁打デビュー"
}
...
```

出力されるフォーマットは-oまたは--outputオプションで指定するファイルパスの拡張子で決まりますが、-tまたは--output-formatオプションで明示的にフォーマットの拡張子を指定することも可能です。指定可能なフォーマットは表6.2の通りです。

▼ 表6.2　Spider実行時に指定可能なフォーマット

拡張子	フォーマットの説明
json	JSON形式の配列
jlまたはjsonlines	JSON Lines形式（各行にJSONのオブジェクトを持つテキスト）
csv	CSV形式
xml	XML形式
marshal	marshalモジュール (https://docs.python.org/3/library/marshal.html) でシリアライズしたバイナリ形式
pickle	pickleモジュール (https://docs.python.org/3/library/pickle.html) でシリアライズしたバイナリ形式

scrapy runspiderでも同じように出力先のファイルパスやファイルフォーマットを指定できます。

第6章 フレームワーク Scrapy

● 実行の流れ

Scrapyのアーキテクチャー（図6.4）の観点からSpider実行の流れを見ると、より理解が進むでしょう。この図で矢印はデータの流れを表します。それぞれのコンポーネントの役割は次の通りです。

- Scrapy Engine
  他のコンポーネントを制御する実行エンジン。
- Scheduler
  Requestをキューに溜める。
- Downloader
  Requestが指すURLのページを実際にダウンロードする。
- Spider
  ダウンロードしたResponseを受け取り、ページからItemや次にたどるリンクを表すRequestを抜き出す。
- Feed Exporter
  Spiderが抜き出したItemをファイルなどに保存する。
- Item Pipeline
  Spiderが抜き出したItemに関する処理を行う（**6.4**参照）。
- Downloader Middleware
  Downloaderの処理を拡張する（**6.6.1**参照）。
- Spider Middleware
  Spiderへの入力となるResponseや、Spiderからの出力となるItemやRequestに対しての処理を拡張する（**6.6.2**参照）。

▼ 図6.4　ScrapyのアーキテクチャーとSpider実行の流れ

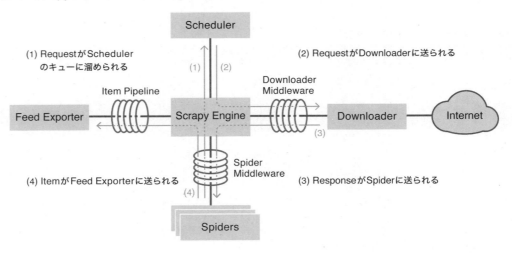

Spiderを実行すると、最初に`start_urls`属性に含まれるURLを指す`Request`オブジェクトがScrapyのSchedulerに渡され、Webページの取得を待つキューに追加されます(1)。キューに追加された`Request`オブジェクトは順にDownloaderに渡されます(2)。Downloaderは`Request`オブジェクトに指定されたURLのページを取得し、`Response`オブジェクトを作成します。

Downloaderの処理が完了すると、Scrapy EngineがSpiderのコールバック関数を呼び出します。デフォルトのコールバック関数はSpiderの`parse()`メソッドです。コールバック関数には引数として`Response`オブジェクトが渡されるので、ここからリンクやデータを抽出します(3)。

コールバック関数ではyield文で複数のオブジェクトを返せます。リンクを抽出して次のページをクロールしたい場合は、`Request`オブジェクトをyieldします。データを抽出したい場合は、`Item`オブジェクト(または`dict`)をyieldします。1つのメソッドで`Request`オブジェクトと`Item`オブジェクトの両方をyieldしても構いませんし、yieldする順序にも制約はありません。`Request`オブジェクトをyieldした場合、再びSchedulerのキューに追加されます(1)。`Item`オブジェクトをyieldした場合、Feed Exporterに送られ、ファイルなどに保存されます(4)。

このように、SchedulerのキューにRequestが存在する限りSpiderの実行は継続し、すべてのRequestの処理が完了するとSpiderの実行は終了します。

> **column** FTPサーバーやAmazon S3などにデータを保存する
>
> データをローカルに保存する代わりに、FTPサーバーやAmazon S3に保存したり、標準出力に出力したりできます。-oオプションにURLを指定します。
>
> - FTPサーバーのURLの例: `ftp://user:pass@ftp.example.com/path/to/export.csv`
>   FTPユーザー名: `user`
>   FTPパスワード: `pass`
>   FTPホスト: `ftp.example.com`
>   FTPサーバー上のパス: `/path/to/export.csv`
> - Amazon S3のURLの例: `s3://mybucket/path/to/export.csv`
>   S3バケット名: `mybucket`
>   S3オブジェクトキー: `/path/to/export.csv`
> - 標準出力のURL: `stdout:`または`-`
>
> Amazon S3に保存する場合は、Boto3[*A]を追加でインストールしておきます。書き込みに必要なAWSのアクセスキーとシークレットアクセスキーは、それぞれ環境変数`AWS_ACCESS_KEY_ID`と`AWS_SECRET_ACCESS_KEY`で指定します。
>
> ```
> (scraping) $ pip install boto3
> ```
>
> [*A] https://pypi.python.org/pypi/boto3 正確にはBoto3が依存するbotocoreのみをインストールすれば十分ですが、**7.5.2**でもBoto3を使用するのでBoto3をインストールしておくのがオススメです。

第6章 フレームワーク Scrapy

6.3 実践的なクローリング

　基礎的なSpiderでは、一覧ページから詳細ページに遷移するためにコードを書いてリンクを抽出していましたが、Scrapyの機能を活用すると、より簡単にリンクをたどれます。Webページから正規表現でリンクを抽出したり、XMLサイトマップなどWebサイトでよく使われるフォーマットからリンクを抽出したりすることで、リンクをたどる方法を解説します。

6.3.1 クローリングでリンクをたどる

　Webページからリンクを抽出し、そのリンクをたどるのはクローラーでは典型的なパターンです。このようなときは、CrawlSpiderを使うのが便利です。CrawlSpiderを使うと、Webページからa要素を抽出するコードを書く代わりに、たどりたいリンクの正規表現を書くだけで、マッチするリンクを抽出してたどれます。

● CrawlSpiderを作る

　リスト6.5をCrawlSpiderを継承するよう書き換えると**リスト6.6**になります。これをspidersディレクトリ内にnews_crawl.pyという名前で保存します。

▼ リスト6.6　news_crawl.py ― Yahoo!ニュースからトピックスを抽出するCrawlSpider

```python
from scrapy.spiders import CrawlSpider, Rule
from scrapy.linkextractors import LinkExtractor

from myproject.items import Headline


class NewsCrawlSpider(CrawlSpider):
    name = "news_crawl"  # Spiderの名前。
    # クロール対象とするドメインのリスト。
    allowed_domains = ["news.yahoo.co.jp"]
    # クロールを開始するURLのリスト。
    start_urls = (
        'http://news.yahoo.co.jp/',
    )

    # リンクをたどるためのルールのリスト。
    rules = (
        # トピックスのページへのリンクをたどり、レスポンスをparse_topics()メソッドで処理する。
        Rule(LinkExtractor(allow=r'/pickup/\d+$'), callback='parse_topics'),
    )
```

```
    def parse_topics(self, response):
        """
        トピックスのページからタイトルと本文を抜き出す。
        """
        item = Headline()
        item['title'] = response.css('.newsTitle ::text').extract_first()
        item['body'] = response.css('.hbody').xpath('string()').extract_first()
        yield item
```

冒頭のimport文は必要なクラスをインポートするために変更し、クラス名とname属性は異なるSpiderだとわかりやすくするために変更していますが、これらの変更は特に気にしなくても大丈夫です。allowed_domains属性やstart_urls属性、parse_topics()メソッドは変更していません。

一番の変更点は、トップページから各月のアーカイブページへのリンクをたどるためのparse()メソッドがなくなり、代わりにrules属性が追加された点です。これまでリンクをたどるためにコードを書いていましたが、CrawlSpiderなら正規表現で宣言的にルールを記述するだけでよくなります。ここでは1つのルールしか記述していませんが、rules属性はRuleオブジェクトのリストで複数のルールを記述できます。ルールは上から順番にチェックされ、最初にマッチしたルールが使用されます。

ルールの指定例です。ここでは架空のサイトを用いています。

```
# 書籍ページとニュースページへのリンクをたどり、それぞれparse_book()とparse_news()メソッドで処理する。
rules = (
    Rule(LinkExtractor(allow=r'/book/\w+'), callback='parse_book'),
    Rule(LinkExtractor(allow=r'/news/\w+'), callback='parse_news'),
)

# カテゴリページ→商品ページへとリンクをたどり、parse_product()メソッドで処理する。
rules = (
    Rule(LinkExtractor(allow=r'/category/\w+')),
    Rule(LinkExtractor(allow=r'/product/\w+'), callback='parse_product'),
)

# 1つ前の例で、カテゴリページもparse_category()メソッドで処理する。
rules = (
    Rule(LinkExtractor(allow=r'/category/\w+'), callback='parse_category', follow=True),
    Rule(LinkExtractor(allow=r'/product/\w+'), callback='parse_product'),
)
```

Ruleクラスのコンストラクター[*9]の第1引数には、リンクの抽出条件を表すLinkExtractorオブジェクトを指定します。

キーワード引数callbackには、レスポンスを処理するコールバック関数を指定します。関数などの

[*9] 詳しくはRuleのドキュメント（http://doc.scrapy.org/en/1.1/topics/spiders.html#scrapy.spiders.Rule）を参照してください。

呼び出し可能オブジェクトを指定するか、メソッド名を文字列で指定します。なお、parseという名前のメソッドは、CrawlSpiderが内部的に使用するため、継承したクラスでは使用できません。

キーワード引数followは、レスポンスを処理した後に、さらにそのページからリンクを抽出してたどるかどうかを真偽値で指定します。デフォルト値は、callbackが指定されている場合はFalse（リンクをたどらない）で、指定されていない場合はTrue（リンクをたどる）です。

LinkExtractorクラスのコンストラクターには、様々なキーワード引数でリンクを抽出する条件を指定できます[*10]。よく使うのはallowとdenyです。

allowには、正規表現または正規表現のリストを指定します。allowに指定した正規表現にマッチするURLのみが抜き出されます。一方、denyに指定した正規表現にマッチするURLは抜き出されません。denyのほうがallowより先に判断されるため、allowとdenyの両方にマッチするURLは抜き出されません。

作成したCrawlSpiderは通常のSpiderと同じように名前を指定して実行できます。

```
(scraping) $ scrapy crawl news_crawl
```

6.3.2　XMLサイトマップを使ったクローリング

XMLサイトマップ（4.2.3参照）を提供しているWebサイトでは、XMLサイトマップからリンクを抽出してクロールするとリンクを抽出する手間が省けます。ScrapyのSitemapSpiderを使用すると、XMLサイトマップを提供しているWebサイトを簡単にクロールできます。XMLサイトマップを提供しているWebサイトの例として、WIRED.jpをクロールします。

- WIRED.jp
  http://wired.jp/

● XMLサイトマップからWebサイトの構造を把握する

WIRED.jpのrobots.txt（http://wired.jp/robots.txt）を確認すると、SitemapディレクティブでXMLサイトマップのURLが指定されています。

```
User-agent: *
Allow: /
Disallow: /ymdowyb20/
Disallow: /promotion/
Sitemap: http://wired.jp/sitemap.xml
```

[*10] 詳しくはLinkExtractorのドキュメント（http://doc.scrapy.org/en/1.1/topics/link-extractors.html）を参照してください。

http://wired.jp/sitemap.xmlをブラウザーで表示したのが、図6.5です。WIRED.jpでは、XMLサイトマップにスタイルシートが適用されているため、HTMLとして表示されますが、ソースを表示するとXMLの内容を確認できます (図6.6)。

▼ 図6.5　WIRED.jpのXMLサイトマップ

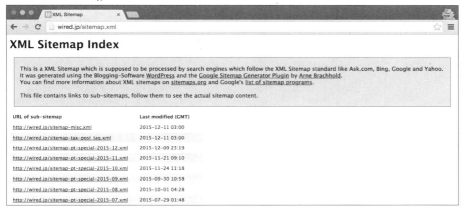

▼ 図6.6　WIRED.jpのXMLサイトマップのソース

このファイルはサイトマップインデックスであり、個別のXMLサイトマップのURLが列挙されています。さらに個別のXMLサイトマップを同じように確認すると、個別の記事のURLが列挙されています。サイト全体として、robots.txtを起点にリンクをたどることができます。なお、ここでは個別記事へのリンクは2015年12月のもののみを記載しています。

```
/robots.txt
└─→ /sitemap.xml
        ├─→ /sitemap-tax-post_tag.xml
        ├─→ /sitemap-pt-special-2015-12.xml
        ├─→ ...
        ├─→ /sitemap-pt-special-2015-03.xml
        ├─→ /sitemap-pt-magazine-2015-11.xml
        ├─→ ...
        ├─→ /sitemap-pt-magazine-2015-04.xml
        ├─→ /sitemap-pt-post-2015-12.xml
        │       ├─→ /2015/12/11/google-quantum-computing/
        │       ├─→ ...
        │       └─→ /2015/12/01/vol20-ai-microsoft/
        ├─→ /sitemap-pt-post-2015-11.xml
        ├─→ ...
        ├─→ /sitemap-pt-post-1998-07.xml
        └─→ /sitemap-archives.xml
```

● SitemapSpiderの作成と実行

　Webサイトの構造を把握できたら、SitemapSpiderを使ってWIRED.jpの記事をクロールしてみましょう。Spiderのコードは**リスト6.7**です。これを、spidersディレクトリ内にwiredjp.pyという名前で保存します。

▼ リスト6.7　wiredjp.py — WIRED.jpをクロールするSitemapSpider

```python
from scrapy.spiders import SitemapSpider


class WiredjpSpider(SitemapSpider):
    name = "wiredjp"
    allowed_domains = ["wired.jp"]

    # XMLサイトマップのURLのリスト。
    # robots.txtのURLを指定すると、SitemapディレクティブからXMLサイトマップのURLを取得する。
    sitemap_urls = [
        'http://wired.jp/robots.txt',
    ]
    # サイトマップインデックスからたどるサイトマップURLの正規表現のリスト。
    # このリストの正規表現にマッチするURLのサイトマップのみをたどる。
    # sitemap_followを指定しない場合は、すべてのサイトマップをたどる。
    sitemap_follow = [
        r'post-2015-',
    ]
    # サイトマップに含まれるURLを処理するコールバック関数を指定するルールのリスト。
    # ルールは（正規表現，正規表現にマッチするURLを処理するコールバック関数）という2要素のタプルで指定する。
    # sitemap_rulesを指定しない場合はすべてのURLのコールバック関数はparseメソッドとなる。
    sitemap_rules = [
```

```
        (r'/2015/\d\d/\d\d/', 'parse_post'),
    ]

    def parse_post(self, response):
        # 詳細ページから投稿のタイトルを抜き出す。
        yield {
            'title': response.css('h1.post-title::text').extract_first(),
        }
```

WiredjpSpiderはSitemapSpiderを継承しています。SitemapSpiderで一番重要な属性は、sitemap_urlsです。通常のSpiderでstart_urlsを指定する代わりに、sitemap_urlsにXMLサイトマップのURLのリストを指定します。上記のコードのように、robots.txtのURLも指定可能です。この場合、SitemapディレクティブからXMLサイトマップのURLを取得します。

sitemap_urls属性を指定すれば、そのXMLサイトマップからたどれるURLをすべてクロールできますが、一部のページのみをクロールすれば十分な場合もあります。sitemap_follow属性とsitemap_rules属性でクロールするページを絞ります。

作成したSpiderを実行すると、サイトマップをたどって投稿のページから投稿のタイトルを抜き出せます。

```
(scraping) $ scrapy crawl wiredjp
2016-05-25 20:42:18 [scrapy] INFO: Scrapy 1.1.0 started (bot: myproject)
2016-05-25 20:42:18 [scrapy] INFO: Overridden settings: {'SPIDER_MODULES': ['myproject.spiders'],
'DOWNLOAD_DELAY': 1, 'ROBOTSTXT_OBEY': True, 'NEWSPIDER_MODULE': 'myproject.spiders', 'BOT_NAME':
'myproject'}
...
2016-05-25 20:42:18 [scrapy] INFO: Spider opened
2016-05-25 20:42:18 [scrapy] INFO: Crawled 0 pages (at 0 pages/min), scraped 0 items (at 0 items/min)
2016-05-25 20:42:18 [scrapy] DEBUG: Crawled (200) <GET http://wired.jp/robots.txt> (referer: None)
2016-05-25 20:42:19 [scrapy] DEBUG: Crawled (200) <GET http://wired.jp/robots.txt> (referer: None)
2016-05-25 20:42:22 [scrapy] DEBUG: Crawled (200) <GET http://wired.jp/sitemap.xml> (referer: http:
//wired.jp/robots.txt)
2016-05-25 20:42:23 [scrapy] DEBUG: Crawled (200) <GET http://wired.jp/sitemap-pt-post-2015-01.xml>
(referer: http://wired.jp/sitemap.xml)
...
2016-05-25 20:42:39 [scrapy] DEBUG: Scraped from <200 http://wired.jp/2015/01/22/
super-mario-artificial-intelligence/>
{'title': 'クリボーの死を理解する「人工知能マリオ」プロジェクト'}
2016-05-25 20:42:40 [scrapy] DEBUG: Crawled (200) <GET http://wired.jp/2015/01/22/
your-personality-influences-where-you-live-and-how-happy-youll-be-there/> (referer: http://
wired.jp/sitemap-pt-post-2015-01.xml)
...
```

6.4 抜き出したデータの処理

Spiderが抜き出したItemは、6.1.2で解説したようにファイルに出力できますが、Item Pipelineという機能を使うとその前に任意の処理を行えます。Itemのフィールドが想定通りに埋められているかを検証（バリデーション）したり、Itemをデータベースに保存したりできます。Item Pipelineでデータを検証したり、データをMongoDBとMySQLに保存したりする方法を解説します。

6.4.1 Item Pipelineの概要

Item Pipeline（以降では単にPipelineと表記します）はSpiderから抽出したItemに対して任意の処理を行うためのコンポーネントです。Spiderのコールバック関数でyieldしたItemは、プロジェクトで使用されるすべてのPipelineを通過した後、出力先のファイルパスが指定されていればファイルに出力されます。

● Pipelineの作成

Pipelineの実体は特定のメソッドを持つクラスです。通常はプロジェクトに存在する`pipelines.py`にクラスを定義します。特定のクラスを継承するといったルールはないので、`object`型を継承するクラスとして定義するのが一般的です。プロジェクトを作成した際に、`pipelines.py`にクラスの雛形が定義されているはずです。

```
class MyprojectPipeline(object):
    def process_item(self, item, spider):
        return item
```

Pipelineのクラスでは、送られてきたItemを処理するための`process_item()`メソッドを定義する必要があります。このメソッドのシグネチャーは次の通りです。

```
process_item(self, item, spider)
```

引数の`item`は処理するItemまたは`dict`オブジェクト、`spider`はそのItemを生成したSpiderオブジェクトです。`process_item()`メソッドでは、引数のItemに対して何らかの処理を行い、Itemを返すか例外`DropItem`を`raise`します。Itemを返した場合はそのItemが次のPipelineに送られます。例外`DropItem`を`raise`した場合、Itemは破棄され、それ以降のPipelineには送られません。

Pipelineでは、他にも次のメソッドを実装して、特定のタイミングで実行される処理を書くことができます。

- open_spider(self, spider)
  Spider（spider）の開始時に呼ばれる。
- close_spider(self, spider)
  Spider（spider）の終了時に呼ばれる。
- from_crawler(cls, crawler)
  このクラスメソッドが存在する場合、Pipelineがインスタンス化されるタイミングで呼ばれるので、Pipelineのインスタンスを作成して返す。引数のCrawlerオブジェクト（crawler）経由でクローラーのコンポーネントにアクセスできる。

● Pipelineの使用

作成したPipelineはそのままでは使用できません。プロジェクトのsettings.pyに、設定を追加する必要があります。

```
# setings.py
ITEM_PIPELINES = {
    'myproject.pipelines.ValidationPipeline': 300,
    'myproject.pipelines.DatabasePipeline': 800,
}
```

変数ITEM_PIPELINESは、このプロジェクトで使用するPipelineを指定します。dictを指定し、そのキーは'モジュール名.クラス名'という形式の文字列、値はPipelineの適用順を表す数値です。Spider実行時には、Scrapyプロジェクトのディレクトリ（scrapy.cfgがあるディレクトリ）がPythonモジュールの検索パス（sys.path）に追加されるので、myproject/pipelines.pyのモジュール名はmyproject.pipelinesとなります。Pipelineの適用順は0から1000の数値で指定し、数値が小さいものから順に適用されます。Itemの検証や書き換え・フィルタリングなどを行うPipelineは小さめの数値にして、Itemをデータベースなどに保存するためのPipelineは大きめの数値にします。

6.4.2　データの検証

スクレイピングには例外的なデータがつきものです。例えば、ECサイトで商品の価格を収集しようとしたときに、販売終了した商品には価格が表示されないとします。このようにデータが不完全な場合、単に破棄してしまったほうが扱いやすいこともあります。Pipelineを使うと、データが想定通りに取得できているか検証し、不要なデータを破棄できます。

Itemのtitleフィールドが正しく取得できているか検証するためのPipelineがリスト6.8です。titleフィールドが存在しない場合や、値がNoneや空文字の場合に例外DropItemをraiseしてItemを破棄します。このクラスをプロジェクトのpipelines.py内に作成し、プロジェクトのsettings.pyに設定を追

第6章 フレームワーク Scrapy

加します。

▼ リスト6.8　Itemを検証するPipeline
```python
from scrapy.exceptions import DropItem


class ValidationPipeline(object):
    """
    Itemを検証するPipeline。
    """

    def process_item(self, item, spider):
        if not item['title']:
            # titleフィールドが取得できていない場合は破棄する。
            # DropItem()の引数は破棄する理由を表すメッセージ。
            raise DropItem('Missing title')

        return item  # titleフィールドが正しく取得できている場合。
```

```python
# settings.py
ITEM_PIPELINES = {
    'myproject.pipelines.ValidationPipeline': 300,
}
```

　Spiderを実行し、`title`フィールドが取得できていないItemがあった場合、"`WARNING: Dropped: Missing title`"というログが表示されてそのItemは破棄されます。より複雑なルールを記述したい場合は、Voluptuous（**4.4.1**参照）などを使用しましょう。

6.4.3　MongoDBへのデータの保存

　Webページから抜き出したItemをMongoDBに保存するPipelineが**リスト6.9**です。このクラスをプロジェクトの`pipelines.py`内に作成し、同じくプロジェクトの`settings.py`に設定を追加します。MongoDBへのデータの保存には、**3.5.2**で紹介したPyMongoを使用します。

▼ リスト6.9　MongoDBにデータを保存するPipeline
```python
from pymongo import MongoClient


class MongoPipeline(object):
    """
    ItemをMongoDBに保存するPipeline。
    """
```

```python
    def open_spider(self, spider):
        """
        Spiderの開始時にMongoDBに接続する。
        """

        self.client = MongoClient('localhost', 27017)  # ホストとポートを指定してクライアントを作成。
        self.db = self.client['scraping-book']  # scraping-book データベースを取得。
        self.collection = self.db['items']  # items コレクションを取得。

    def close_spider(self, spider):
        """
        Spiderの終了時にMongoDBへの接続を切断する。
        """

        self.client.close()

    def process_item(self, item, spider):
        """
        Itemをコレクションに追加する。
        """

        # insert_one()の引数は書き換えられるので、コピーしたdictを渡す。
        self.collection.insert_one(dict(item))
        return item
```

```python
# setings.py
ITEM_PIPELINES = {
    'myproject.pipelines.MongoPipeline': 800,
}
```

open_spider()とclose_spider()でMongoDBへの接続・切断を行い、process_item()で実際にMongoDBにItemを挿入します。process_item()では単純に挿入するコードを書いていますが、Spiderを繰り返し実行すると同じ値を持つデータが複数挿入される可能性があります。このような事態を防ぐためには、**3.6.3**で解説したように、URLからデータを一意に識別するキーとなる値を抜き出し、それを一緒に挿入しましょう。コレクションのキーを格納するフィールドにユニークインデックスを設定しておけば、同じキーを持つ値を挿入したときにエラーとなります。

Spiderを実行すると、ページから抜き出したデータがMongoDBに保存されます。実行前にMongoDBのサーバーを起動させておきます。

ここでは解説のためにPipelineを自作しましたが、MongoDBに保存するためのPipelineを含むライブラリとしてscrapy-mongodb[11]があります。pipでインストールし、settings.pyに設定を追加するだけでMongoDBに保存できます。

---

[11] https://github.com/sebdah/scrapy-mongodb

```
ITEM_PIPELINES = {
    'scrapy_mongodb.MongoDBPipeline': 800,
}

MONGODB_URI = 'mongodb://localhost:27017'
MONGODB_DATABASE = 'scraping-book'
MONGODB_COLLECTION = 'items'
```

ここで作成したPipeline及びscrapy-mongodbが利用するPyMongoは、MongoDBに同期的に書き込むライブラリです。このためMongoDBへの書き込み時に、Scrapyが非同期処理のために使用しているTwistedの処理をブロックしてしまいます。実際にはScrapy実行時にはWebページを取得する処理とその間のウェイトで待ち時間が多いため、このことはほとんど問題になりません。ブロッキングが問題になる場合は、TxMongo[12]のような非同期I/Oに対応したライブラリを使用すると良いでしょう。

6.4.4 MySQLへのデータの保存

MySQLに保存する場合も、MongoDBに保存する場合と同様にPipelineを作成します。MySQLへの接続には**3.5.1**で紹介したmysqlclientを使用します。

MySQLに保存するPipelineのコードが**リスト6.10**です。これをpipelines.pyに追加し、settings.pyに設定を追加します。

▼ リスト6.10　MySQLにデータを保存するPipeline

```
import MySQLdb


class MySQLPipeline(object):
    """
    ItemをMySQLに保存するPipeline。
    """

    def open_spider(self, spider):
        """
        Spiderの開始時にMySQLサーバーに接続する。
        itemsテーブルが存在しない場合は作成する。
        """

        settings = spider.settings  # settings.pyから設定を読み込む。
        params = {
```

[12] https://pypi.python.org/pypi/txmongo

6.4 抜き出したデータの処理

```
            'host': settings.get('MYSQL_HOST', 'localhost'),  # ホスト
            'db': settings.get('MYSQL_DATABASE', 'scraping'),  # データベース名
            'user': settings.get('MYSQL_USER', ''),  # ユーザー名
            'passwd': settings.get('MYSQL_PASSWORD', ''),  # パスワード
            'charset': settings.get('MYSQL_CHARSET', 'utf8mb4'),  # 文字コード
        }
        self.conn = MySQLdb.connect(**params)  # MySQLサーバーに接続。
        self.c = self.conn.cursor()  # カーソルを取得。
        # itemsテーブルが存在しない場合は作成。
        self.c.execute('''
            CREATE TABLE IF NOT EXISTS items (
                id INTEGER NOT NULL AUTO_INCREMENT,
                title CHAR(200) NOT NULL,
                PRIMARY KEY (id)
            )
        ''')
        self.conn.commit()  # 変更をコミット。

    def close_spider(self, spider):
        """
        Spiderの終了時にMySQLサーバーへの接続を切断する。
        """

        self.conn.close()

    def process_item(self, item, spider):
        """
        Itemをitemsテーブルに挿入する。
        """

        self.c.execute('INSERT INTO items (title) VALUES (%(title)s)', dict(item))
        self.conn.commit()  # 変更をコミット。
        return item
```

```
# setings.py
ITEM_PIPELINES = {
    'myproject.pipelines.MySQLPipeline': 800,
}
```

open_spider() と close_spider() でMySQLへの接続・切断を行い、process_item() で実際にMySQLにItemを挿入します。itemsテーブルが存在しない場合は作成します。MongoDBと異なり、MySQLではテーブルのスキーマをあらかじめ決めておく必要があります。追加したいデータの形式に合わせて、CREATE TABLE文やINSERT文を書き換えてください。

このPipelineでは、MySQLサーバーへの接続に使うパラメーターをsettings.py内の変数で指定できます。

- MYSQL_HOST: MySQLサーバーのホスト。デフォルト値はlocalhost。

- `MYSQL_DATABASE`: データベース名。デフォルト値は`scraping`。
- `MYSQL_USER`: ユーザー名。デフォルト値は空白。
- `MYSQL_PASSWORD`: パスワード。デフォルト値は空白。
- `MYSQL_CHARSET`: 文字コード。デフォルト値は`utf8mb4`。

3.5.1で作成したデータベースを使う場合は次のようになります。

```
MYSQL_USER = 'scraper'
MYSQL_PASSWORD = 'password'
```

Spiderを実行すると、MySQLのテーブルにデータが書き込まれます。実行前に、データベースをあらかじめ作成し、MySQLサーバーを起動させておきます。

mysqlclientはMySQLに同期的に書き込みます。非同期に書き込みたい場合は、`twisted.enterprise.adbapi`モジュールを使います。詳しくはドキュメント[13]を参照してください。

6.5 Scrapyの設定

Scrapyの動作は設定でカスタマイズ可能です。主に`settings.py`に設定を記述してきましたが、他にも指定方法はあります。

Scrapyの設定項目は100を超え、紹介しきれないので、まだ本書で取り上げていない主要なものだけを紹介します。その他の設定項目や取りうる値については、Scrapyの設定に関するドキュメント[14]を参照してください。

6.5.1 設定の方法

Scrapyでは設定の方法はいくつかあり、優先順位の高い順に並べると次の通りです。それぞれ説明します。

1. コマンドラインオプション
2. Spiderごとの設定
3. プロジェクトの設定 (settings.py)
4. サブコマンドごとのデフォルトの設定
5. グローバルなデフォルトの設定

---

[13] http://twistedmatrix.com/documents/current/core/howto/rdbms.html

[14] https://doc.scrapy.org/en/1.1/topics/settings.html

1. コマンドラインオプション

コマンドラインオプションの-sまたは--setに設定項目をNAME=VALUEという形式で指定することで、実行時に設定を変更できます。複数の設定項目を変更するには、このオプションを複数回指定します。

```
(scraping) $ scrapy crawl wiredjp -s DOWNLOAD_DELAY=3
```

2. Spiderごとの設定

Spiderのcustom_settings属性によってSpiderごとに設定を記述できます。dictで記述します。

```
class BlogSpider(scrapy.Spider):
    name = 'blogspider'
    ...

    custom_settings = {
        'DOWNLOAD_DELAY': 3,
    }
    ...
```

3. プロジェクトの設定 (settings.py)

プロジェクトのsettings.pyに設定を記述できます。

4. サブコマンドごとのデフォルトの設定

scrapyコマンドのサブコマンドでは個別にデフォルトの設定（ログの設定など）が決められている場合があります。通常、気にする必要はありません。

5. グローバルなデフォルトの設定

グローバルなデフォルト設定はscrapy.settings.default_settingsモジュールに記述されています。

6.5.2　クロール先に迷惑をかけないための設定項目

クロール先に迷惑をかけないための設定項目を紹介します。

● DOWNLOAD_DELAY

デフォルト値: 0

同じWebサイトに連続してリクエストを送る際に待つダウンロード間隔の秒数。本書では1.0以上の値にすることを推奨します。

● RANDOMIZE_DOWNLOAD_DELAY

デフォルト値: `True`

Webページのダウンロード間隔をランダムにするかどうか。`True`の場合、実際のダウンロード間隔は`DOWNLOAD_DELAY * 0.5`〜`DOWNLOAD_DELAY * 1.5`の間でランダムになります。

● ROBOTSTXT_OBEY

デフォルト値: `False`

Webサイトのrobots.txtに従うかどうかを指定します。後方互換のためデフォルト値は`False`だが、新規プロジェクト作成時に`True`にするコードが生成されます。

6.5.3　並行処理に関する設定項目

並行処理に関する設定項目を紹介します。1つのWebサイトに並行して大量にアクセスすると迷惑ですが、不特定多数のWebサイトをクロールするなら、これらのパラメーターを調整してクロール時間を短縮できます。

Scrapyドキュメントの Broad Crawls という項目[*15]では、不特定多数のWebサイトをクロールする場合になるべく高速にクロールするための設定のポイントが解説されています。

● CONCURRENT_REQUESTS

デフォルト値: `16`

同時並行処理するリクエスト数の最大値。

● CONCURRENT_REQUESTS_PER_DOMAIN

デフォルト値: `8`

Webサイトのドメインごとの同時並行リクエスト数の最大値。

● CONCURRENT_REQUESTS_PER_IP

デフォルト値: `0`

WebサイトのIPアドレスごとの同時並行リクエスト数の最大値。`CONCURRENT_REQUESTS_PER_IP`を1以上の値にすると、`CONCURRENT_REQUESTS_PER_DOMAIN`は無視され、`DOWNLOAD_DELAY`もIPアドレスごと

[*15] http://doc.scrapy.org/en/1.1/topics/broad-crawls.html

のダウンロード間隔を意味するようになります[*16]。

6.5.4 HTTPリクエストに関する設定項目

Scrapyが送信するHTTPリクエストをカスタマイズするための設定項目を紹介します。

- **USER_AGENT**

  デフォルト値: `'Scrapy/VERSION (+http://scrapy.org)'`

  HTTPリクエストに含まれるUser-Agentヘッダーの値を指定する。デフォルト値のVERSIONの部分はScrapyのバージョンで置き換えられる。

- **COOKIES_ENABLED**

  デフォルト値: `True`

  Cookieを有効にするかどうか。

- **COOKIES_DEBUG**

  デフォルト値: `False`

  Trueにすると、送受信するCookieの値をログに出力する。

- **REFERER_ENABLED**

  デフォルト値: `True`

  リクエストにRefererヘッダーを自動的に含めるかどうか。

- **DEFAULT_REQUEST_HEADERS**

  デフォルト値:

```
{
    'Accept': 'text/html,application/xhtml+xml,application/xml;q=0.9,*/*;q=0.8',
    'Accept-Language': 'en',
}
```

  HTTPリクエストにデフォルトで含めるヘッダーをdictで指定する。

[*16] IPアドレスごとの同時並行リクエスト数やダウンロード間隔の制御には、DNSキャッシュの結果が使われます。このため、あるドメインに対して名前解決が行われる前、すなわち実際にそのドメインに最初のリクエストが送信される前にキューに追加されたリクエストは、意図した通りに制御されないことがあります。

6.5.5 HTTPキャッシュの設定項目

　Spiderの作成中に試行錯誤して、何度も実行することがよくあります。HTTPキャッシュを活用すると相手のサーバーに大きな負荷をかけずに済みます。HTTPキャッシュを有効にすると、初回にサーバーから取得したレスポンスがローカルファイルシステムのキャッシュに保存され、2回目以降はサーバーにリクエストが送られず、レスポンスがキャッシュから取得されます。また、レスポンスをキャッシュから取得したときには、リクエスト間にウェイトが挟まれないので、高速に実行できます。

- **HTTPCACHE_ENABLED**
  デフォルト値: `False`
  TrueにするとHTTPキャッシュを有効にします。

- **HTTPCACHE_EXPIRATION_SECS**
  デフォルト値: `0`
  キャッシュの有効期限の秒数を指定します。0の場合は無限。

- **HTTPCACHE_DIR**
  デフォルト値: `'httpcache'`
  キャッシュを保存するディレクトリのパス。

- **HTTPCACHE_IGNORE_HTTP_CODES**
  デフォルト値: `[]`
  レスポンスをキャッシュしないHTTPステータスコードのリスト。

- **HTTPCACHE_IGNORE_SCHEMES**
  デフォルト値: `['file']`
  レスポンスをキャッシュしないURLのスキーマのリスト。

- **HTTPCACHE_IGNORE_MISSING**
  デフォルト値: `False`
  Trueにすると、リクエストが未キャッシュの場合に、リクエストをサーバーに送らずに無視します。

- **HTTPCACHE_POLICY**
  デフォルト値: `'scrapy.extensions.httpcache.DummyPolicy'`

キャッシュのポリシーを表すクラス。デフォルトではすべてのレスポンスがキャッシュされます。`'scrapy.extensions.httpcache.RFC2616Policy'` を指定すると、RFC 2616すなわちHTTP/1.1に従い、Cache-ControlなどのHTTPヘッダーを参照してキャッシュが行われます。

6.5.6 エラー処理に関する設定

エラー処理の方針をカスタマイズするための設定を紹介します。

● RETRY_ENABLED
デフォルト値: `True`

タイムアウトやHTTPステータスコード500 (Internal Server Error) などのエラーが発生したときに、自動的にリトライするかどうか。

この設定に関わらず、`Request.meta`属性で`dont_retry`というキーの値を`True`にすると、そのリクエストはリトライされません。

```
yield scrapy.Request(url, meta={'dont_retry': True})'
```

● RETRY_TIMES
デフォルト値: `2`

リトライする回数の最大値。デフォルトの2の場合、初回のリクエスト1回＋リトライ2回で、最大3回リクエストが送信される。

● RETRY_HTTP_CODES
デフォルト値: `[500, 502, 503, 504, 408]`

リトライ対象とするHTTPステータスコードのリスト（**4.2.6参照**）。

● HTTPERROR_ALLOWED_CODES
デフォルト値: `[]`

エラー扱いにしないHTTPステータスコードのリスト。デフォルトではHTTPステータスコードが200番台以外の場合は、エラー扱いになりSpiderのコールバック関数は呼び出されません。次のように指定するとステータスコードが404のときでもSpiderのコールバック関数が呼び出されて処理を実行できます。

```
HTTPERROR_ALLOWED_CODES = [404]
```

Spiderのhandle_httpstatus_list属性で、Spiderごとに指定することも可能。

```
class MySpider(scrapy.Spider):
    handle_httpstatus_list = [404]
```

Request.meta属性のhandle_httpstatus_listというキーの値で設定することも可能。

```
yield scrapy.Request(url, meta={'handle_httpstatus_list': [404]})'
```

● **HTTPERROR_ALLOW_ALL**
デフォルト値: False

Trueにすると、すべてのステータスコードをエラー扱いとせず、Spiderのコールバック関数で処理できるようになる。Request.meta属性のhandle_httpstatus_allというキーの値で設定することも可能。

```
yield scrapy.Request(url, meta={'handle_httpstatus_all': True})'
```

6.5.7 プロキシを使用する

4.3.1のコラムで解説したように、プロキシを使うことで相手のWebサイトの負荷を減らせます。企業内のネットワークからクローリングを行う場合、プロキシの設定が必要な場合もあります。

Scrapyにおいてプロキシ経由でリクエストを送るには、Python標準ライブラリのurllibと同じように、環境変数のうち必要なものを設定します。

- http_proxy
  HTTP接続に使用するプロキシのURL。例: http://some-proxy:8080/
- https_proxy
  HTTPS接続に使用するプロキシのURL。例: http://some-proxy:8080/
- no_proxy
  プロキシを使用しないドメインの接尾辞をカンマで区切ったリスト。例: 127.0.0.1,localhost,intra.mycompany.com

また、特定のリクエストのみでプロキシを使用したい場合は、Request.meta属性でproxyというキーの値でプロキシのURLを指定できます。

```
Request(url, meta={'proxy': 'http://some-proxy:8080/'})
```

6.6 Scrapyの拡張

Scrapyには多くの拡張ポイントが用意されており、組み込みの機能で足りない場合は、自分でコードを書いて機能を拡張できます。拡張するためのコンポーネントとして次のものがあります。Scrapy組み込みの機能も、これらのコンポーネントとして実装されているものが少なくありません。

- Downloader Middleware
  Webページのダウンロード処理を拡張する。
- Spider Middleware
  Spiderのコールバック関数の処理を拡張する。
- Extension
  イベントに応じて、上記2つにとらわれない任意の処理を行う。

Downloader MiddlewareとSpider Middlewareの作り方と使い方を簡単に解説します。これらは、図6.4にあるように、Scrapyのコンポーネント間でのデータのやり取りをフックして処理を拡張します。

通常のクローリング・スクレイピングでExtensionの作成が必要になることはほとんどないので、Extensionについては本書では解説しません。ScrapyのExtensionに関するドキュメント[*17]を参照してください。

6.6.1 ダウンロード処理を拡張する

Downloader Middlewareを使うと、Webページのダウンロード処理をフックして拡張できます。

● Downloader Middlewareの概要

Downloader Middlewareの実体は、インターフェイスとして次の3つのメソッドのうち1つ以上を持つクラスのオブジェクトです。

- process_request(self, request, spider)
- process_response(self, request, response, spider)
- process_exception(self, request, exception, spider)

これらのメソッドについて詳しくは、ScrapyのDownloader Middlewareに関するドキュメント[*18]を

[*17] http://doc.scrapy.org/en/1.1/topics/extensions.html
[*18] http://doc.scrapy.org/en/1.1/topics/downloader-middleware.html

参照してください。

デフォルトでは表6.3のDownloader Middlewareが設定されています。設定で明示的に有効にしない限り実際の処理を行わないものもあります。

▼ 表6.3　デフォルトのDownloader Middleware

クラス名	説明	順序
RobotsTxtMiddleware	robots.txtに基いてリクエストをフィルタリングする。	100
HttpAuthMiddleware	Basic認証のためのヘッダーを付加する。	300
DownloadTimeoutMiddleware	ダウンロードのタイムアウトを設定する。	350
UserAgentMiddleware	User_Agentヘッダーを付加する。	400
RetryMiddleware	エラー時にリトライする。	500
DefaultHeadersMiddleware	デフォルトのHTTPヘッダーを付加する。	550
AjaxCrawlMiddleware	Ajaxクロール可能なページをクロールし直す。	560
MetaRefreshMiddleware	meta refreshタグによるリダイレクトを処理する。	580
HttpCompressionMiddleware	圧縮されたレスポンスを解凍する。	590
RedirectMiddleware	リダイレクトを処理する。	600
CookiesMiddleware	Cookieの処理を行う。	700
HttpProxyMiddleware	HTTPプロキシを設定する。	750
ChunkedTransferMiddleware	チャンク転送されたレスポンスをデコードする。	830
DownloaderStats	Downloaderの統計を収集する。	850
HttpCacheMiddleware	HTTPキャッシュを処理する。	900

Downloader Middlewareの処理の流れは図6.7のようになります。HTTPリクエストを送信する前に、順序が小さいものから順番に`process_request()`が呼び出され、すべてのミドルウェアの処理が完了するとDownloaderによって実際のダウンロード処理が実行されます。DownloaderがHTTPレスポンスを受信した後は逆順で`process_response()`が呼び出され、すべてのミドルウェアの処理が完了するとScrapy EngineによってSpiderのコールバック関数が実行されます。

`process_request()`またはダウンロード処理の途中で例外が発生した場合は、`process_response()`の代わりに`process_exception()`が呼び出されます。

▼ 図6.7　Downloader Middlewareの処理の流れ

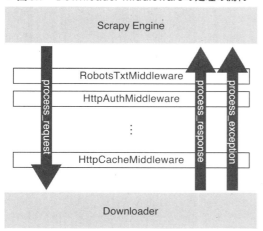

● 自作のDownloader Middlewareを使用する

自分で作成したDownloader Middlewareを使うには、settings.pyに設定を追加します。

```
DOWNLOADER_MIDDLEWARES = {
    'myproject.middlewares.CustomDownloaderMiddleware': 450,
}
```

DOWNLOADER_MIDDLEWARESはdictであり、キーはDownloader Middlewareのクラスへのパスで、値は順序を表す数値です。

表6.3のデフォルトの設定は、DOWNLOADER_MIDDLEWARES_BASEという変数で定義されています。実際の処理は、DOWNLOADER_MIDDLEWARES_BASEにDOWNLOADER_MIDDLEWARESがマージされた状態で順序の数値によってソートされ、順序の小さい順に実行されます。450という数値を指定すると、UserAgentMiddlewareとRetryMiddlewareの間に実行されることになります。

6.6.2　Spiderの挙動を拡張する

Spider Middlewareを使うと、Spiderのコールバック関数処理をフックして拡張できます。Spider Middlewareの実体は、インターフェイスとして以下の4つのメソッドのうち1つ以上を持つクラスのオブジェクトです。

- process_spider_input(self, response, spider)
- process_spider_output(self, response, result, spider)
- process_spider_exception(self, response, exception, spider)

第6章 フレームワーク Scrapy

- `process_start_requests(self, start_requests, spider)`

これらのメソッドについて詳しくは、ScrapyのSpider Middlewareに関するドキュメント[*19]を参照してください。

デフォルトでは表6.4のSpider Middlewareが設定されています。設定で明示的に有効にしない限り実際の処理を行わないものもあります。

---

column ScrapyでJavaScriptを使ったページに対応する：Splash

Scrapyはスクレイピングライブラリのlxmlをベースにしており、単体ではJavaScriptを解釈できません。**5.6**で紹介したSeleniumとPhantomJSでページをダウンロードするDownloader Middlewareを自作もできますが、Splashを使用すると、JavaScriptを使用したページに手軽に対応できます。

SplashはWebKitをベースにしたヘッドレスブラウザーを組み込んだサーバーで、クライアントとWebサイトの通信を中継します（図6.8）。Splashはページ内のJavaScriptを実行し、JavaScriptのonloadイベントが発生した時点のDOMツリーをHTMLにしたものを返します。クライアントはJavaScriptで読み込まれるコンテンツが含まれた状態のHTMLを取得できます。

▼ 図6.8 Splashの動作イメージ

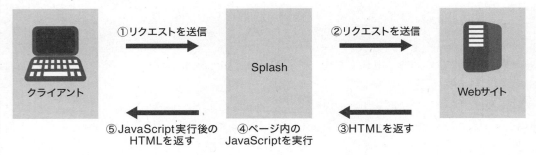

次の手順でScrapyのSpiderからSplashを使用します。詳しくは、scrapy-splashのドキュメント[*A]を参照してください。

1. scrapy-splashというライブラリをインストールする。
2. Splashのサーバーを起動する。
3. プロジェクトの`settings.py`にSplash関連の設定を追加する。
4. Spiderで`Request`クラスの代わりに`SplashRequest`クラスを使う。

[*A] https://github.com/scrapy-plugins/scrapy-splash

[*19] http://doc.scrapy.org/en/1.1/topics/spider-middleware.html

▼ 表6.4　デフォルトのSpider Middleware

クラス名	説明	順序
HttpErrorMiddleware	レスポンスがエラーだった場合に破棄する。	50
OffsiteMiddleware	allowed_domains以外のドメインをクロールしないようにする。	500
RefererMiddleware	Refererヘッダーを付加する。	700
UrlLengthMiddleware	長過ぎるURLを破棄する。	800
DepthMiddleware	リンクをたどる深さに基づく処理をする。	900

自作のSpider Middlewareを使用する場合は、Downloader Middlewareと同じように、settings.pyに次のような設定を追加します。

```
SPIDER_MIDDLEWARES = {
    'myproject.middlewares.CustomSpiderMiddleware': 300,
}
```

6.7　クローリングによるデータの収集と活用

Scrapyは大量のWebページをクロールしてデータを収集するSpiderを簡単に作成・実行できます。単独のWebサイト、複数のWebサイトからデータを収集する例をそれぞれ解説し、簡単な検索サービスも作成します。データは情報解析や検索エンジンサービスなど適切な目的で利用しましょう。

6.7.1　レストラン情報の収集

単独のWebサイトの例としてレストラン情報を収集するために、食べログをクロールしてみましょう。食べログは利用者が投稿する口コミや評価に基づいてレストランを検索できるグルメサイトです。

- 食べログ - ランキングと口コミで探せるグルメサイト
  https://tabelog.com/

● 食べログのサイトの構造

ここでは、東京のランチ（〜2,000円）ランキングからレストランの情報を収集してみましょう。食べログのトップページから、「東京」→「ランチ」→「東京のランチ（〜2,000円）ランキングをもっと見る」とたどると次のページが表示されます。

　　https://tabelog.com/tokyo/rstLst/lunch/?LstCos=0&LstCosT=2&RdoCosTp=1&LstSitu=0&ChkCoupon=0&ChkCampaign=0

値が0のパラメーターは省略しても結果が変わらないので、次のURLからクロールを開始することを考えます。

- 東京のランチのお店（昼 〜 ¥2,000）昼のランキング [食べログ]
  `https://tabelog.com/tokyo/rstLst/lunch/?LstCosT=2&RdoCosTp=1`

このページは検索条件にマッチするレストランをランキング順に並べた一覧ページです。一覧ページは1ページあたり20件に分割されており、20を超えるのレストラン情報を取得するには、ページャーをたどる必要があります。一覧ページからは個別のレストランの詳細ページにリンクされており、一覧・詳細パターンになっています。

各ページのURLは、次のようになっています。

- 一覧ページ（1ページ目）
  `https://tabelog.com/<ローマ字の都道府県名>/rstLst/lunch/?LstCosT=2&RdoCosTp=1`
  例：`https://tabelog.com/tokyo/rstLst/lunch/?LstCosT=2&RdoCosTp=1`
- 一覧ページ（2ページ目以降）
  `https://tabelog.com/<ローマ字の都道府県名>/rstLst/lunch/<ページ番号>/?LstCosT=2&RdoCosTp=1`
  例：`https://tabelog.com/tokyo/rstLst/lunch/2/?LstCosT=2&RdoCosTp=1`
- 詳細ページ
  `https://tabelog.com/<ローマ字の都道府県名>/A<数字4桁>/A<数字6桁>/<数字8桁>/`
  例：`https://tabelog.com/tokyo/A1321/A132101/13025978/`

一覧ページのパラメーターは、LstCosT=2が昼の予算の上限が2,000円であることを、RdoCosTp=1がランチの営業時間帯をそれぞれ表していると推測されます。

一覧ページから詳細ページをクロールしていくには、CrawlSpiderが便利です。ページをたどるための正規表現は次で表せます。

- 一覧ページの2ページ目以降：`/\w+/rstLst/lunch/\d+/`
- 詳細ページ：`/\w+/A\d+/A\d+/\d+/$`

詳細ページの数値の桁数はレストランによって異なる可能性もあるので、`\d{4}`のように具体的な桁数を指定するのではなく、`\d+`として桁数が変わっても対応できるようにしています。

● 詳細ページからデータを抜き出す

詳細ページ（`https://tabelog.com/tokyo/A1321/A132101/13025978/`）からデータを抜き出します。ブラウザーとScrapy Shellを使って次の流れでコードを組み立てます。

1. 取得したい情報に対応する要素を開発者ツールで確認する。
2. その要素を取得するのに適したCSSセレクターを考える。
3. Scrapy Shellを使い、考えたCSSセレクターで情報を取得できることを確認する。

```
(scraping) $ scrapy shell https://tabelog.com/tokyo/A1321/A132101/13025978/
...
# レストラン名を取得。
>>> response.css('.display-name').xpath('string()').extract_first().strip()
'手打ち蕎麦 じゅうさん'
# rel="v:address" という属性を持つp要素に記述されている住所を取得。
# 住所の要素（都道府県、市区町村など）が個別にマークアップされているので、
# 子孫のすべてのテキストを取得する。
>>> response.css('[rel="v:address"]').xpath('string()').extract_first().strip()
'東京都中野区江原町3-1-4'

# Google Static Mapsの画像のURLを取得。
# この画像は遅延読込されるので、URLが<img>タグのsrc属性ではなく、
# data-original属性に含まれていることに注意。
>>> response.css('img.js-map-lazyload::attr("data-original")').extract_first()
'https://maps.googleapis.com/maps/api/staticmap?client=gme-kakakucominc&channel=tabelog.com&sensor=
false&hl=ja&center=35.729937327438016,139.67714503433083&markers=color:red%7C35.729937327438016,139
.67714503433083&zoom=15&size=510x150&signature=2nK_zzxPzNY-fg6e3WCFpg1Bh2w='
99,139.67714531206&markers=color:red%7C35.72993788293899,139.67714531206&zoom=15&size=
510x150&signature=q4W4UyArAmEAGOExgxl9ZGQdi_I='
# re()メソッドで、Google Static Mapsの画像のURLから正規表現で緯度と経度を取得。
>>> response.css('img.js-map-lazyload::attr("data-original")').re(r'markers=.*?%7C([\d.]+),([\d.]+)')
['35.729937327438016', '139.67714503433083']

# 最寄り駅を取得。
>>> response.css('dt:contains("最寄り駅")+dd span::text').extract_first()
'東長崎駅'
# スコアを取得。
>>> response.css('[property="v:average"]::text').extract_first()
'4.00'
```

● Spiderを作成する

items.pyにリスト6.11のItemを定義しておきます。

▼ リスト6.11　レストラン情報を格納するItem

```
class Restaurant(scrapy.Item):
    """
    食べログのレストラン情報。
    """

    name = scrapy.Field()
    address = scrapy.Field()
```

第6章 フレームワーク Scrapy

```
    latitude = scrapy.Field()
    longitude = scrapy.Field()
    station = scrapy.Field()
    score = scrapy.Field()
```

　最終的なSpiderのコードは**リスト6.12**です。クロールを開始するページをstart_urls属性に指定し、リンクをたどるための正規表現をrules属性に指定しています。parse_restaurant()メソッドでは、Scrapy Shellで実行していたコードと同じようにデータを取得し、Restaurantオブジェクトに設定してyieldしています。

▼ リスト6.12　tabelog.py ─ 食べログのレストラン情報を収集するSpider

```
from scrapy.spiders import CrawlSpider, Rule
from scrapy.linkextractors import LinkExtractor

from myproject.items import Restaurant


class TabelogSpider(CrawlSpider):
    name = "tabelog"
    allowed_domains = ["tabelog.com"]
    start_urls = (
        # 東京の昼のランキングのURL。
        # 普通にWebサイトを見ていると、もっとパラメーターが多くなるが、
        # ページャーのリンクを見ると、値が0のパラメーターは省略できることがわかる。
        'http://tabelog.com/tokyo/rstLst/lunch/?LstCosT=2&RdoCosTp=1',
    )

    rules = [
        # ページャーをたどる（最大9ページまで）。
        # 正規表現の \d を \d+ に変えると10ページ目以降もたどれる。
        Rule(LinkExtractor(allow=r'/\w+/rstLst/lunch/\d/')),
        # レストランの詳細ページをパースする。
        Rule(LinkExtractor(allow=r'/\w+/A\d+/A\d+/\d+/$'),
            callback='parse_restaurant'),
    ]

    def parse_restaurant(self, response):
        """
        レストランの詳細ページをパースする。
        """
        # Google Static Mapsの画像のURLから緯度と経度を取得。
        latitude, longitude = response.css(
            'img.js-map-lazyload::attr("data-original")').re(
                r'markers=.*?%7C([\d.]+),([\d.]+)')

        # キーの値を指定してRestaurantオブジェクトを作成。
```

```
        item = Restaurant(
            name=response.css('.display-name').xpath('string()').extract_first().strip(),
            address=response.css('[rel="v:address"]').xpath('string()').extract_first().strip(),
            latitude=latitude,
            longitude=longitude,
            station=response.css('dt:contains("最寄り駅")+dd span::text').extract_first(),
            score=response.css('[property="v:average"]::text').extract_first(),
        )

        yield item
```

Spiderを`spiders/tabelog.py`に保存し、実行します。ログから、レストランの情報を正しく取得できていることがわかるでしょう。

```
(scraping) $ scrapy crawl tabelog -o restaurants.jl
...
2016-10-05 16:02:47 [scrapy] DEBUG: Scraped from <200 http://tabelog.com/tokyo/A1321/A132101/13025978/>
{'address': '東京都中野区江原町3-1-4',
 'latitude': '35.729937327438016',
 'longitude': '139.67714503433083',
 'name': '手打ち蕎麦 じゆうさん',
 'score': '4.00',
 'station': '東長崎駅'}
...
```

6.7.2 不特定多数のWebサイトのクローリング

様々なWebページをクロールするために、はてなブックマークの新着エントリーページを使用します。このページには、最近ある程度のはてなブックマークがついたWebページ（エントリーと呼ばれる）が一覧表示されます。

- 新着エントリー - はてなブックマーク
  http://b.hatena.ne.jp/entrylist

● 新着エントリーページの構造

ブラウザーの開発者ツールで確認すると、個々のWebページへのリンクは`class="entry-link"`のa要素に格納されていることがわかります。また、一覧ページは20件ずつのページに分かれており、次のページを表示する「次の20件」というボタンのURLは以下のようになっています。

```
http://b.hatena.ne.jp/entrylist?of=20
```

`of=20` というパラメーターは、表示するエントリーのオフセット、すなわち全体で20番目以降のエントリーを表示するという意味を表していると推測できます。実際、パラメーターは以下のようになっています。

- 2ページ目: `of=20`
- 3ページ目: `of=40`
- 4ページ目: `of=60`

● Webページからの本文の抽出

一口にWebページと言っても、様々なレイアウトのページが存在します。Webページから本文を抜き出そうとしたときに、それぞれのWebサイトごとに抜き出す要素を指定するのは大変です。このような場合は、Webページの本文を抜き出すためのライブラリが使えます。ここではReadability[*20]を利用します。

```
(scraping) $ pip install readability-lxml
```

Readabilityはコマンドラインから簡単に利用できます。次のように実行すると、Webページからタイトルと HTMLのうち本文となる部分を抜き出せます。なお、`python`コマンドの`-m`オプションは、指定したモジュールをスクリプトとして実行するという意味のオプションで、このオプション以降の引数はReadabilityのモジュールによって解釈されます。`-u`オプションで本文を抽出したいWebページのURLを指定します。

```
(scraping) $ python -m readability.readability -u http://pypi.python.org/pypi/readability-lxml
Title:readability-lxml 0.6.1
<html><body><div><div id="content">

          <div class="section">
            <h1>readability-lxml 0.6.1</h1>

<p>fast html to text parser (article readability tool) with python3 support</p>

<p>This code is under the Apache License 2.0.  <a href="http://www.apache.org/licenses/LICENSE-2.0"
rel="nofollow">http://www.apache.org/licenses/LICENSE-2.0</a></p>
...
<a name="downloads"> </a>

<ul class="nodot">
  <li><strong>Downloads (All Versions):</strong></li>
  <li>
    <span>74</span> downloads in the last day
```

[*20] https://pypi.python.org/pypi/readability-lxml 本書ではバージョン0.6.1を使用します。

```html
    </li>
    <li>
      <span>961</span> downloads in the last week
    </li>
    <li>
      <span>4553</span> downloads in the last month
    </li>
</ul>

        </div>

      </div>
    </div></body></html>
```

このページのtitle要素は次のものですが、Readabilityの出力したタイトルは後半のサイト名が取り除かれています。h1、h2、h3要素の中身や、title要素に含まれる区切り文字などを考慮して、特に重要な部分だけが抽出されます。

```
<title>readability-lxml 0.6.1 : Python Package Index</title>
```

本文は、ヘッダーやフッター、サイドバーなど不要な部分を取り除き、メインのコンテンツを抜き出せていることがわかるでしょう。

● Readabilityを利用するSpiderの実装

SpiderからReadabilityの機能を利用するために、get_content()という関数を定義しましょう。リスト6.13をutils.pyという名前で、settings.pyと同じディレクトリに保存します。

▼ リスト6.13　utils.py — HTMLの文字列から本文を抽出する関数

```python
import logging

import lxml.html
import readability

# ReadabilityのDEBUG/INFOレベルのログを表示しないようにする。
# Spider実行時にReadabilityのログが大量に表示されて、
# ログが見づらくなってしまうのを防ぐため。
logging.getLogger('readability.readability').setLevel(logging.WARNING)


def get_content(html):
    """
    HTMLの文字列から（タイトル，本文）のタプルを取得する。
    """

    document = readability.Document(html)
```

```
    content_html = document.summary()
    # HTMLタグを除去して本文のテキストのみを取得する。
    content_text = lxml.html.fromstring(content_html).text_content().strip()
    short_title = document.short_title()

    return short_title, content_text
```

　Webページの情報を保存するためのItemクラスを**リスト6.14**のように定義し、items.pyに追加します。本文を格納するcontentフィールドは長くなるため、100文字以上の場合は省略して表示するよう__repr__()メソッド[*21]を定義しています。

▼ **リスト6.14　Pageの定義**
```
class Page(scrapy.Item):
    """
    Webページ。
    """

    url = scrapy.Field()
    title = scrapy.Field()
    content = scrapy.Field()

    def __repr__(self):
        """
        ログへの出力時に長くなり過ぎないよう、contentを省略する。
        """

        p = Page(self)   # このPageを複製したPageを得る。
        if len(p['content']) > 100:
            p['content'] = p['content'][:100] + '...'   # 100文字より長い場合は省略する。

        return super(Page, p).__repr__()   # 複製したPageの文字列表現を返す。
```

　これらを使用して、不特定多数のページをクロールするためのSpiderは**リスト6.15**のようになります。spiders/broad.pyに保存します。
　start_urls属性に新着エントリーページを指定し、parse()メソッドでそのレスポンスをパースします。parse_page()メソッドでは、個別のWebページを処理します。ここでは、Webサイトごとに特有の処理は何も行っていないことに注目してください。

[*21]　__repr__()メソッドは、Itemがログに表示されるときにrepr()関数を経由して呼ばれる特殊メソッドで、人間にとって読みやすいオブジェクトの表現を返します。

▼ リスト6.15　broad.py — 不特定多数のページをクロールするSpider

```python
import scrapy

from myproject.items import Page
from myproject.utils import get_content


class BroadSpider(scrapy.Spider):
    name = "broad"
    start_urls = (
        # はてなブックマークの新着エントリーページ。
        'http://b.hatena.ne.jp/entrylist',
    )

    def parse(self, response):
        """
        はてなブックマークの新着エントリーページをパースする。
        """

        # 個別のWebページへのリンクをたどる。
        for url in response.css('a.entry-link::attr("href")').extract():
            # parse_page() メソッドをコールバック関数として指定する。
            yield scrapy.Request(url, callback=self.parse_page)

        # of=の値が2桁である間のみ「次の20件」のリンクをたどる（最大5ページ目まで）。
        url_more = response.css('a::attr("href")').re_first(r'.*\?of=\d{2}$')
        if url_more:
            # url_moreの値は /entrylist で始まる相対URLなので、
            # response.urljoin()メソッドを使って絶対URLに変換する。
            # コールバック関数を指定していないので、レスポンスはデフォルト値である
            # parse()メソッドで処理される。
            yield scrapy.Request(response.urljoin(url_more))

    def parse_page(self, response):
        """
        個別のWebページをパースする。
        """

        # utils.pyに定義したget_content()関数でタイトルと本文を抽出する。
        title, content = get_content(response.text)
        # Pageオブジェクトを作成してyieldする。
        yield Page(url=response.url, title=title, content=content)
```

実行すると、20件×5ページで100個のWebページをクロールできます。それぞれのWebページは異なるドメインのものが多く、Scrapyの同時並行処理性能が活き、比較的短時間で終了します。

```
(scraping) $ scrapy crawl broad -o pages.jl
```

第6章 フレームワーク Scrapy

jqコマンドで確認すると、ページの本文を取得できています。

```
(scraping) $ cat pages.jl | jq .
{
  "url": "http://p-n-3.hatenablog.com/entry/rewrite",
  "content": "ついこの間、100(+10)記事達成しました！と言う記事を書いたが、それから早い物で当ブログの記事↵
数は150を越えている。\r\n3ヵ月で100記事いきました！なんて話も聞くのでそういう人からすれば牛歩の様な歩みかも↵
しれないが、それでも着実に伸びてはいる。\r\nただただ漫然と書けば良いとは思わないが、続けていける事も誇って↵
良いと思う。\r\n(そう信じたい……)\r\n \r\nある程度記事も溜まり、ブログの立ち上げから1年半が経過した。\r\n↵
そうなってくると問題なのが、ブログの初期と現在で文体、記事の書き方が変わっている事だ。...",
  "title": "150以上ある記事をとにかくリライトしたい！リライトする際の自分なりの注意点"
}
...
```

一方で、以下のように本文ではない箇所が抽出されているページもあるかもしれません。

```
{
  "url": "https://imappp.club/",
  "content": "音楽喫茶 茶箱\n            \n              東京都新宿区西早稲田 2-1-19 YKビルB1F\n         ↵
TEL/FAX 03-5272-7385\n            \n             東京メトロ東西線\n             早稲田駅 2, 3b 出口より徒歩↵
約5分\n            \n             東京メトロ副都心線\n             西早稲田駅2番出口より徒歩10分\n          ↵
http://sabaco.jp/",
  "title": "IMAP++"
}
```

このような場合は、本文抽出のパラメーターやライブラリを変更するとうまく取得できることがあります。そもそもJavaScriptを解釈（**6.6.1**のコラム参照）しないと取得できないこともあります。

本文を抽出するためのライブラリはいくつかありますが、中には日本語のWebサイトではうまく動作しないものもあるので注意が必要です。Readabilityのほかに有名なライブラリとして、Rubyの実装をPythonにポートしたextractcontent[22]があります。残念ながらあまりメンテナンスされてるとは言えませんが、日本人によって開発されたため日本語のWebサイトでも問題なく使用でき、本文抽出の精度も比較的高いです。

4.1.3で解説したように、特定のWebサイトからデータを収集するのに比べて、不特定のWebサイトから正確にデータを収集するのは難易度があがります。多くのWebサイトを対象とすればするほど、どうしてもうまく取得できないWebサイトは出てきます。原因を1つずつ調べて、改善していく必要があるでしょう。

---

[22] https://github.com/petitviolet/python-extractcontent

6.7.3 Elasticsearchによる全文検索

Webから収集したデータの活用方法の1つに、検索があります。GoogleのWeb検索はわかりやすい例ですが、検索によって大量の情報から目的の情報を見つけることができます。Googleのように全世界のWebページを検索できるようにするのは大変ですが、特定の複数のWebサイトを横断して検索できるようにするだけでも便利な場合があります。例えば、筆者は複数の電子書籍販売サイトを横断検索できるWebサービスを作成しました。

ある文書群の全文を対象として、特定のキーワードを含む文書を検索することを、**全文検索**と呼びます。ここで、文書とはWebページやファイル、データベースの行など、ある程度の長さの文字列を含むものの総称とします。リレーショナルデータベースで全文検索を実現しようとした場合、愚直なやり方として以下のようにLIKE演算子を使う方法があります。

```
SELECT * FROM documents WHERE content LIKE '%APPLE%'
```

しかし、一般的にこのようなLIKE演算子による検索ではインデックスを使用できません。すべてのデータをスキャンするため、対象となる文書が増えるに従って時間がかかり、実用的ではありません。そこで、ある程度の規模の文書群を対象に全文検索を行う場合は、**転置インデックス**と呼ばれる、どの文書にどのキーワードが出現するかという索引をあらかじめ作成しておく方法が使われます[23]。

Elasticsearch[24] はApache Luceneという全文検索ライブラリを使用した、Javaで書かれた全文検索サーバーです。立ち位置の似たソフトウェアとしてApache Solr[25]がありますが、Elasticsearchのほうが後発なこともあり、複数のサーバーへの拡張性の高さや使い勝手の良いREST APIなどで人気を集めています。

6.7.2で収集したWebページをElasticsearchにインデックス化して、全文検索できるようにします。集めたのはわずか100ページなので、全文検索サーバーを使うメリットは少ないですが、データが増えるに従ってメリットは大きくなっていきます。

---

[23] 最近ではリレーショナルデータベースにも、転置インデックスを用いた全文検索の機能が備わっていることが増えてきています。ですが、検索結果の細かなカスタマイズを考えると、全文検索専用のサーバーを使うほうが便利な場合も多くあります。
[24] https://www.elastic.co/products/elasticsearch
[25] http://lucene.apache.org/solr/

第6章 フレームワーク Scrapy

● Elasticsearchのインストールと起動

OS Xでは、以下のようにHomebrewでインストールします。Elasticsearchをインストールすると使えるようになるpluginコマンドで、日本語を扱うときに役立つJapanese (kuromoji) Analysisプラグイン[26]も一緒にインストールしておきます。

```
$ brew install elasticsearch
$ plugin install analysis-kuromoji
```

Ubuntuでは、Elastic社のリポジトリを追加してインストールします。必要となるJavaが自動的にインストールされないので、OpenJDK 7のJREを一緒にインストールしています。

```
$ wget -qO - https://packages.elastic.co/GPG-KEY-elasticsearch | sudo apt-key add -
$ echo "deb http://packages.elastic.co/elasticsearch/2.x/debian stable main" | sudo tee -a /etc/↵
apt/sources.list.d/elasticsearch-2.x.list
$ sudo apt-get update
$ sudo apt-get install -y openjdk-7-jre elasticsearch
$ sudo /usr/share/elasticsearch/bin/plugin install analysis-kuromoji
```

本書では、バージョン2.1.1を使います[27]。

```
$ elasticsearch --version
Version: 2.1.1, Build: 40e2c53/2015-12-15T13:05:55Z, JVM: 1.8.0_51
```

OS Xでは、次のコマンドでElasticsearchのサーバーを起動します。サーバーはフォアグラウンドで起動するので、Ctrl + Cで終了できます。データは、/usr/local/var/elasticsearch/以下に保存されます。

```
$ elasticsearch
```

Ubuntuでは、次のコマンドでElasticsearchのサーバーを起動します。サーバーはデーモンとして起動するので、終了するにはstartをstopに置き換えて実行します。データは、/var/lib/elasticsearch/以下に保存されます。

```
$ sudo service elasticsearch start
```

ElasticsearchのHTTPサーバーはデフォルトで9200ポートを待ち受けます。curlコマンドでサーバーが動作していることを確認できます。

---

[26] https://www.elastic.co/guide/en/elasticsearch/plugins/2.1/analysis-kuromoji.html
[27] Ubuntuではelasticsearchコマンドは/usr/share/elasticsearch/bin/elasticsearchに存在します。

```
$ curl http://localhost:9200/
{
  "name" : "Coachwhip",
  "cluster_name" : "elasticsearch_XXXX",
  "version" : {
    "number" : "2.1.1",
    "build_hash" : "40e2c53a6b6c2972b3d13846e450e66f4375bd71",
    "build_timestamp" : "2015-12-15T13:05:55Z",
    "build_snapshot" : false,
    "lucene_version" : "5.3.1"
  },
  "tagline" : "You Know, for Search"
}
```

● Elasticsearchへのデータの投入

Elasticsearchにデータを投入する前に、基本的な概念を確認しておきましょう。

- クラスター（Cluster）
  1つ以上のノードを束ねたもので、すべてのデータはクラスター単位で保存される。
- ノード（Node）
  一般に1つのサーバーに対応するもの。複数のノードを使用することで、可用性の向上やデータの水平分散が可能。
- インデックス（Index）
  複数のタイプを束ねたもの。MySQLではデータベースに相当する。
- タイプ（Type）
  文書の型に対応し、複数の文書を束ねたもの。MySQLではテーブルに相当する。
- ドキュメント（Document）
  1つの文書に対応するもので、JSON形式で表される。MySQLではテーブルの行に相当する。

図で表すと図6.9のようになります。先ほど起動したのは1つのノードを持つクラスターです。`curl http://localhost:9200/`の実行結果で、`name`の値がノードの名前を、`cluster_name`の値がクラスターの名前を表します。

▼ 図6.9　Elasticsearchの基本的な概念

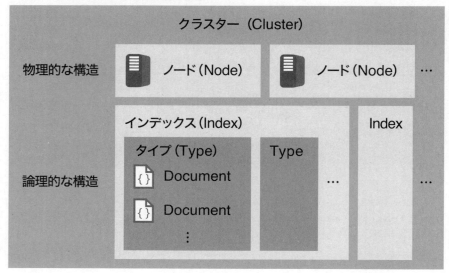

　ElasticsearchはREST APIで操作できるので、curlコマンドを使っても構いませんが、ここではPythonのクライアント[*28]を使用します。以下のようにpipでインストールします。

```
(scraping) $ pip install elasticsearch
```

　インデックスを作成し、JSON Lines形式のファイルから読み込んだデータをElasticsearchに追加するスクリプトを**リスト6.16**に示しました。このスクリプトでは、次の処理を行っています。

1. Elasticsearchオブジェクトを作成
2. pagesという名前のインデックスを作成
3. JSON Lines形式のファイルから読み込んだデータをElasticsearchに追加

　Elasticsearchではあらかじめタイプやフィールドを定義せずとも値を追加できますが、転置インデックスに関する細かい設定を行う場合は、あらかじめ定義しておく必要があります。

▼ リスト6.16　insert_into_es.py — Elasticsearchにデータを追加する

```
import sys
import hashlib
import json
```

[*28]　https://pypi.python.org/pypi/elasticsearch　本書ではバージョン2.2.0を使用します。

```python
from elasticsearch import Elasticsearch

# Elasticsearchのクライアントを作成する。第1引数でノードのリストを指定できる。
# デフォルトではlocalhostの9200ポートに接続するため省略可能。
es = Elasticsearch(['localhost:9200'])

# キーワード引数bodyでJSONに相当するdictを指定して、pagesインデックスを作成する。
# ignore=400はインデックスが存在する場合でもエラーにしないという意味。
result = es.indices.create(index='pages', ignore=400, body={
    # settingsという項目で、kuromoji_analyzerというアナライザーを定義する。
    # アナライザーは転置インデックスの作成方法を指定するもの。
    "settings": {
        "analysis": {
            "analyzer": {
                "kuromoji_analyzer": {
                    # 日本語形態素解析を使って文字列を分割するkuromoji_tokenizerを使用。
                    "tokenizer": "kuromoji_tokenizer"
                }
            }
        }
    },
    # mappingsという項目で、pageタイプを定義する。
    "mappings": {
        "page": {
            # _allはすべてのフィールドを結合して一つの文字列とした特殊なフィールド。
            # アナライザーとして上で定義したkuromoji_analyzerを使用。
            "_all": {"analyzer": "kuromoji_analyzer"},
            # url、title、contentの3つのフィールドを定義。
            # titleとcontentではアナライザーとして上で定義したkuromoji_analyzerを使用。
            "properties": {
                "url": {"type": "string"},
                "title": {"type": "string", "analyzer": "kuromoji_analyzer"},
                "content": {"type": "string", "analyzer": "kuromoji_analyzer"}
            }
        }
    }
})
print(result)  # Elasticsearchからのレスポンスを表示。

# コマンドライン引数の第1引数で指定したパスのファイルを読み込む。
with open(sys.argv[1]) as f:
    for line in f:  # JSON Lines形式のファイルを1行ずつ読み込む。
        page = json.loads(line)  # 行をJSONとしてパースする。
        # URLのSHA-1ハッシュの値をドキュメントのIDとする。
        # IDは必須ではないが、設定しておくと同じIDがあったときに別のドキュメントが
        # 作成されるのではなく、同じドキュメントの新しいバージョンとなり、重複を防げる。
        doc_id = hashlib.sha1(page['url'].encode('utf-8')).hexdigest()
        # Elasticsearchにインデックス化（保存）する。
        result = es.index(index='pages', doc_type='page', id=doc_id, body=page)
        print(result)  # Elasticsearchからのレスポンスを表示。
```

リスト6.16を`insert_into_es.py`という名前で保存し、以下のように実行するとElasticsearchにデータが投入されます。スクリプトの引数には**6.7.2**で作成した`pages.jl`のパスを指定します。

```
(scraping) $ python insert_into_es.py pages.jl
{'acknowledged': True}
{'_version': 1, '_index': 'pages', '_id': '9d88b589f6efade66f9aa1bdf6aa3e826e5a71e2', '_shards': 
{'total': 2, 'successful': 1, 'failed': 0}, '_type': 'page', 'created': True}
{'_version': 1, '_index': 'pages', '_id': '115c09757c97a1b0ff692027bfc436801a753757', '_shards': 
{'total': 2, 'successful': 1, 'failed': 0}, '_type': 'page', 'created': True}
...
```

● **Elasticsearchによる検索**

データの投入が完了したら検索してみましょう。

*http://localhost:9200/pages/page/_search?pretty&q=今日*のように、http://<Elasticsearchのホスト>:9200/<インデックス>/<タイプ>/_search?pretty&q=<検索語>というURLで検索結果が得られます。

curlコマンドで、日本語などのURLに使用できない文字を含むキーワードで検索する場合は、パラメーターをURLエンコードしておく必要があります。`-G`オプションと`--data-urlencode`オプションを使うと、GETメソッドを送信してパラメーターをURLエンコードできます。

```
$ curl 'http://localhost:9200/pages/page/_search?pretty' -G --data-urlencode 'q=今日'
{
  "took" : 8,
  "timed_out" : false,
  "_shards" : {
    "total" : 5,
    "successful" : 5,
    "failed" : 0
  },
  "hits" : {
    "total" : 9,
    "max_score" : 0.24285209,
    "hits" : [ {
      "_index" : "pages",
      "_type" : "page",
      "_id" : "16020df0a793a2d927c745165b6d62651431e4a8",
      "_score" : 0.24285209,
      "_source":{"url": "http://www.konayuki358.com/entry/2016/10/12/190000", "title": "おなかを
壊した原因がわかったでござる。 - こなゆきの日記", "content": "どうも、こなゆきです。\r\n\r\n \r\n \r\n
最近、おなかを壊して、おなかのいたい状態が続いていたでござる。..."}
    }, {
      ...
```

実際にクロールしたページの内容によって検索結果は異なるので、結果が0件だった場合は適当な検

索語に変えて試してください。`pretty`は結果を読みやすい形で得るためのパラメーターなので、省略しても構いません。

`q=今日`のように単純に検索語を指定した場合、デフォルトではすべてのフィールドの値を含む`_all`フィールドが検索対象になります。`title:今日`のようにフィールド名を指定すると、`title`フィールドのみを検索対象にできます。他にもソート順を指定する`sort`や取得する結果の数を指定する`size`など、様々なパラメーターを指定できます。詳しくはURI Searchのドキュメント[*29]を参照してください。

URLのパラメーターではなく、リクエストボディにJSON形式の文字列を指定すると、より高度な指定が可能です。例えば次の例では、「今日」と「テレビ」を含むページを検索します。

```
$ curl 'http://localhost:9200/pages/page/_search?pretty' -d '
{
  "query": {
    "simple_query_string": {
      "query": "今日 テレビ",
      "fields": ["title^5", "content"],
      "default_operator": "and"
    }
  }
}'
```

Elasticsearchではいくつかのクエリの指定方法がありますが、`simple_query_string`というキーは、ユーザーの入力をそのまま使うことを想定したSimple Query Stringという方法を使うことを意味します。`query`は、検索語を表します。`fields`では、検索対象とするフィールドのリストを指定します。`^5`という表記の5はブースト値と呼ばれ、検索語にマッチしている度合いを表すスコアを算出する際に、そのフィールドをどの程度重視するかを指定する値です。`title^5`と指定すると、ブースト値が指定されていない`content`フィールドに比べて、`title`フィールドを5倍重視するという意味になります。`default_operator`は、検索語がスペースで区切られている場合にどう解釈するかを指定します。デフォルトではOR検索になりますが、ここでは`and`という値を指定しているのでAND検索になります。

● **検索サイトの作成**

Elasticsearchを使ってWebページを検索できる簡単なWebサイトを作成してみましょう。Webアプリケーションフレームワークとして、Bottle[*30]を使用します。Bottleは必要最低限の機能だけを備えたシンプルなマイクロフレームワークです。

[*29] https://www.elastic.co/guide/en/elasticsearch/reference/2.1/search-uri-request.html

[*30] http://bottlepy.org/ 本書ではバージョン0.12.9を使用します。

```
(scraping) $ pip install bottle
```

Bottleで、検索サイトを実装すると**リスト6.17**のようになります。処理の流れは**図6.10**のようになります。

▼ 図6.10　検索サイトの処理の流れ

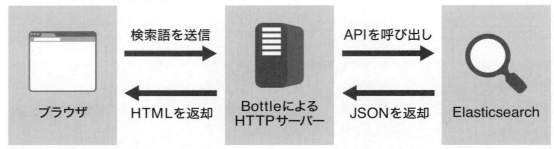

ブラウザーからのリクエストを処理するindex()関数と、Elasticsearchで検索を行うsearch_pages()関数の2つがあり、前者が後者を呼び出しています。index()関数を修飾しているデコレーター@route('/')は、/というパスへのHTTPリクエストをindex()関数で処理することを意味します。

▼ リスト6.17　server.py ─ Webページを検索するWebサイトのサーバー

```python
from elasticsearch import Elasticsearch
from bottle import route, run, request, template

es = Elasticsearch(['localhost:9200'])


@route('/')
def index():
    """
    / へのリクエストを処理する。
    """

    # クエリ (?q= の値) を取得する。
    query = request.query.q
    # クエリがある場合は検索結果を、ない場合は[]をpagesに代入する。
    pages = search_pages(query) if query else []
    # Bottleのテンプレート機能を使って、search.tplというファイルから読み込んだテンプレートに
    # queryとpagesの値を渡してレンダリングした結果をレスポンスボディとして返す。
    return template('search', query=query, pages=pages)


def search_pages(query):
```

```
    """
    引数のクエリでElasticsearchからWebページを検索し、結果のリストを返す。
    """

    # Simple Query Stringを使って検索する。
    # contentフィールドでマッチする部分をハイライトするよう設定している。
    result = es.search(index='pages', doc_type='page', body={
        "query": {
            "simple_query_string": {
                "query": query,
                "fields": ["title^5", "content"],
                "default_operator": "and"
            }
        },
        "highlight": {
            "fields": {
                "content": {
                    "fragment_size": 150,
                    "number_of_fragments": 1,
                    "no_match_size": 150
                }
            }
        }
    })
    # 個々のページを含むリストを返す。
    return result['hits']['hits']

if __name__ == '__main__':
    # 開発用のHTTPサーバーを起動する。
    run(host='0.0.0.0', port=8000, debug=True, reloader=True)
```

テンプレートsearch.tplの中身を**リスト6.18**に示しました。ページ上部に検索窓、その下に検索結果を表示するだけの簡単なWebページです。{{ 変数名 }}というブロックはtemplate()関数に渡した変数の値で置き換えられ、<% %>のブロックはPythonのコードとして実行されます。ただし、<% end %>はfor文などインデントが必要なブロックの終わりを表します。

contentフィールドではハイライト機能を使用しているため、urlフィールドやtitleフィールドと2点処理が異なります。1点目として、ハイライトされた結果はリストで得られるため、リストの要素を取得するために、page["highlight"]["content"][0]としています。2点目として、Bottleではクロスサイトスクリプティングを防ぐため、{{ 変数名 }}の部分では自動的にHTMLエスケープが行われます。しかし、ハイライトされた結果にはHTMLの<em>タグが含まれるため、HTMLエスケープされると<em>という文字列がそのまま表示されてしまいます。ブロックの先頭に！をつけることで、HTMLエスケープを無効化しています。

▼ リスト6.18　search.tpl — HTMLのテンプレート

```html
<!DOCTYPE HTML>
<html>
<head>
<meta charset="utf-8">
<title>Elasticsearchによる全文検索</title>
<style>
input { font-size: 120%; }
h3 { font-weight: normal; margin-bottom: 0; }
em { font-weight: bold; font-style: normal; }
.link { color: green; }
.fragment { font-size: 90%; }
</style>
</head>
<body>

<!-- 検索フォーム -->
<form>
<input type="text" name="q" value="{{ query }}">
<input type="submit" value="検索する">
</form>

<!-- 検索結果 -->
<% for page in pages: %>
<div>
<h3><a href="{{ page["_source"]["url"] }}">{{ page["_source"]["title"] }}</a></h3>
<div class="link">{{ page["_source"]["url"] }}</div>
<div class="fragment">{{! page["highlight"]["content"][0] }}</div>
</div>
<% end %>

</body>
</html>
```

localhostの8000ポートでHTTPサーバーを起動します。Elasticsearchをあらかじめ起動しておく必要があります。

```
(scraping) $ python server.py
```

ブラウザーでhttp://localhost:8000/を開くと検索窓が表示され、検索語を入力して Enter を押すと図6.11のように検索結果が表示されます。

▼ 図6.11　Elasticsearchを使った検索サイト

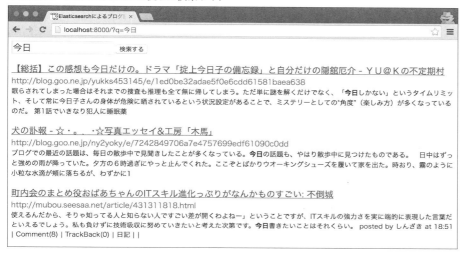

　今回使用したサーバーは開発用の簡単なもので、同時に複数の接続を処理するには向きません。実際に使用する場合は、Gunicorn*31 などのWSGIサーバー上にデプロイすると良いでしょう。

　ローカルPC上やLAN内で個人的に使用する分にはあまり気にする必要はありませんが、インターネット上に公開する場合は、著作権やセキュリティに気をつけてください。4.2.1で解説したように、検索エンジンサービスの作成を目的としたクロールでは、一定の条件を守る必要があります。また、インターネット上に公開するWebサイトは世界中の攻撃者の前に晒されることになります。最低限、IPAが公開している『安全なウェブサイトの作り方*32』の内容を理解し、脆弱性を作りこまないよう気をつけてください。

6.8　画像の収集と活用

　クローラーでHTMLのWebページだけでなく、画像ファイルも収集できます。HTTPの上をバイトストリームが流れるという意味では、Webページも画像などのバイナリファイルも処理に大きな違いはありません。ただし、一般に画像ファイルはHTMLファイルに比べてサイズが大きく、サーバーやネットワークに与える負荷も大きくなります。ダウンロード間隔を長めに取るなど、より一層注意が必要となります。

---

*31　http://gunicorn.org/
*32　https://www.ipa.go.jp/security/vuln/websecurity.html

第 6 章 フレームワーク Scrapy

　昨今話題のディープラーニングによる画像認識では、学習のために大量の画像を教師データとして与える必要があります。このような用途でもインターネットから収集した画像が役に立ちます。

　オンライン写真共有サイトのFlickrからAPIを使って画像ファイルを収集します。画像ファイルを収集するにあたってはScrapyのFiles Pipelineを使用します。このPipelineを使うと、Itemに画像のURLを含めるだけでファイルをダウンロードできます。ダウンロードした画像の活用例として、OpenCVを使って画像から人の顔を抽出します。

6.8.1　Flickrからの画像の収集

　Flickrから画像を収集します。Flickr[33]は米Yahoo!が提供するオンライン写真共有サイトです。APIを提供しており、アップロードされる写真のライセンスが明確なため、画像の収集に向いています。

● FlickrのAPIキー取得

　Flickr APIを使用するには、米Yahoo!のアカウントを作成し、APIキーを取得する必要があります。APIキーの申し込みページ[34]を開き、次の手順でAPIキーを取得できます。

1. 「Apply for your key online now」というリンクをクリックする。
2. ログインしていない場合はログインを求められるので、米Yahoo!のアカウントでログインする。
3. APIキーの種類を聞かれるので、非商用のキーを表す「APPLY FOR A NON-COMMERCIAL KEY」ボタンをクリックする。
4. アプリケーションの名前や概要を記入し、APIの規約を読んで同意した上で「SUBMIT」ボタンをクリックする。
5. 画面にKey（これがAPIキー）とSecretという値が表示される。

　後で使用するので、プロジェクトのディレクトリに .env ファイルを作成し、APIキーを保存しておきます。Secretの値は本書では使用しません。

```
FLICKR_API_KEY=<FlickrのAPIキー>
```

● Flickr APIの使用

　APIキーを取得できたら、Flickr APIで画像を検索してみましょう。curlでURLを呼び出すとXMLで結果が得られます。

---

[33] https://www.flickr.com/
[34] https://www.flickr.com/services/api/misc.api_keys.html

6.8 画像の収集と活用

```
$ curl 'https://api.flickr.com/services/rest/?method=flickr.photos.search&api_key=<FlickrのAPIキー>
&text=sushi&sort=relevance&license=4,5,6,9'
<?xml version="1.0" encoding="utf-8" ?>
<rsp stat="ok">
<photos page="1" pages="347" perpage="100" total="34682">
        <photo id="5185234570" owner="66504017@N00" secret="eef3ff138c" server="1021" farm="2"
title="sushi casero" ispublic="1" isfriend="0" isfamily="0" />
        <photo id="3068166306" owner="22598122@N03" secret="2b8774cfea" server="3243" farm="4"
title="sushi form department store" ispublic="1" isfriend="0" isfamily="0" />
        <photo id="2482787312" owner="21309047@N00" secret="c742fb698d" server="3254" farm="4"
title="Sushi" ispublic="1" isfriend="0" isfamily="0" />
        <photo id="9471389430" owner="16556549@N00" secret="fe96b087bf" server="5537" farm="6"
title="sushi" ispublic="1" isfriend="0" isfamily="0" />
...
        <photo id="7019955157" owner="20688578@N00" secret="0400f65290" server="7062" farm="8"
title="Main Sushi - Dinner" ispublic="1" isfriend="0" isfamily="0" />
</photos>
</rsp>
```

FlickrのAPIはいくつかの形式をサポートしていますが、ここでは一番シンプルなREST APIを使用します。REST APIのエンドポイントはhttps://api.flickr.com/services/rest/です。URLのパラメーターはそれぞれ次の意味を表します。

- method（必須）
  呼び出すAPIのメソッド名。`flickr.photos.search`は、指定した条件で写真を検索するメソッド。
- api_key（必須）
  あらかじめ取得しておいたFlickrのAPIキー。
- text（オプショナル）
  検索語句。ここでは`sushi`を指定して寿司の画像を検索している。Flickrは海外のユーザーが多いため、一般に日本語よりも英語の検索語句のほうが多くの検索結果を得られる。
- sort（オプショナル）
  結果をソートする順序。`relevance`は検索語句との関連度の高い順を表す。
- license（オプショナル）
  カンマで区切ったライセンスIDのリスト。ここでは商用利用可能なCC BY 2.0, CC BY-SA 2.0, CC BY-ND 2.0, CC0を指定している。指定できるライセンスIDの値は`flickr.photos.licenses.getInfo`メソッド[35]で取得できる。

他にも様々なパラメーターを指定できます[36]。

---

[35] https://www.flickr.com/services/api/flickr.photos.licenses.getInfo.html

[36] https://www.flickr.com/services/api/flickr.photos.search.html

レスポンスのXMLは、rsp要素の中にphotos要素、その中に個々の写真を表すphoto要素があります。1つのphoto要素に注目してみましょう。

```
<photo id="5185234570" owner="66504017@N00" secret="eef3ff138c" server="1021" farm="2" title=
"sushi casero" ispublic="1" isfriend="0" isfamily="0" />
```

photo要素の属性を次のフォーマットに当てはめると、画像のURLを生成できます。

```
https://farm{farm}.staticflickr.com/{server}/{id}_{secret}_{size}.jpg
```

{size}はアルファベット1文字で値を設定できます。例を示します。詳しくはFlickrのURLに関するドキュメント[37]を参照してください。

- t: サムネイル (長辺100px)
- n: 小 (長辺320px)
- z: 中 (長辺640px)
- b: 大 (長辺1024px)

実際に当てはめると次のようになります。ブラウザーでこのURLを開くと、巻き寿司の写真を閲覧できます。

```
https://farm2.staticflickr.com/1021/5185234570_eef3ff138c_b.jpg
```

● Scrapyによるファイルダウンロード

ScrapyでHTMLやXML以外のファイルをダウンロードするには、標準添付されている**Files Pipeline**と**Images Pipeline**が便利です。Files Pipelineは`file_urls`フィールドを持つItemを見つけると、そのURLのリストをダウンロードして指定した場所に保存します。その際、一度ダウンロードしたファイルは一定期間内（デフォルトでは90日以内）は再度ダウンロードしません。

Images PipelineはFiles Pipelineの機能に加えて次の機能を持っており、使用するにはサードパーティライブラリのPillow[38]を追加でインストールする必要があります。

- ダウンロードした画像ファイルをRGBのJPEGファイルに変換する。
- サムネイル画像を作成する。
- 幅や高さが一定以下の画像ファイルを除去する。

---

[37] https://www.flickr.com/services/api/misc.urls.html
[38] https://github.com/python-pillow/Pillow

ここでは、単純に画像ファイルをダウンロードしたいだけで、Images Pipelineの機能は不要なのでFiles Pipelineを使用します。Files Pipelineを使用するのに必要な次の設定をsettings.pyに追加します。

```
# ダウンロードした画像ファイルの保存場所。
# ここでは相対パスを指定しているので、Spider実行時のカレントディレクトリにimagesディレクトリが作成され、
  その中に保存される。
FILES_STORE = 'images'
# SpiderでyieldしたItemを処理するパイプライン。
ITEM_PIPELINES = {
    'scrapy.pipelines.files.FilesPipeline': 1
}
```

● Spiderの作成と実行

Flickrから画像を検索してダウンロードするSpiderのコードが**リスト6.19**です。

検索語句をSpider実行時に指定できるようにするため、Spider引数という機能を使用しています。Spider引数とは、Spider実行時に-a NAME=VALUEというコマンドライン引数で指定された値を、__init__()メソッドのキーワード引数として受け取れるものです。検索語句によって最初に取得すべきURLも変わるので、クラス定義の中でstart_urls属性を設定する代わりに、__init__()メソッドの中で、URLを組み立ててstart_urls属性を設定しています。

▼ リスト6.19 flickr.py — Flickrから画像をダウンロードするSpider

```
import os
from urllib.parse import urlencode

import scrapy


class FlickrSpider(scrapy.Spider):
    name = "flickr"
    # Files Pipelineでダウンロードされる画像ファイルはallowed_domainsに
    # 制限されないので、allowed_domainsに'staticflickr.com'を追加する必要はない。
    allowed_domains = ["api.flickr.com"]

    # キーワード引数でSpider引数の値を受け取る。
    def __init__(self, text='sushi'):
        super().__init__()  # 親クラスの__init__()を実行。

        # 環境変数とSpider引数の値を使ってstart_urlsを組み立てる。
        # urlencode()関数は、引数に指定したdictのキーと値をURLエンコードして
        # key1=value1&key2=value2 という形式の文字列を返す。
        self.start_urls = [
            'https://api.flickr.com/services/rest/?' + urlencode({
                'method': 'flickr.photos.search',
                'api_key': os.environ['FLICKR_API_KEY'],  # FlickrのAPIキーは環境変数から取得。
```

```python
                    'text': text,
                    'sort': 'relevance',
                    'license': '4,5,9',  # CC BY 2.0, CC BY-SA 2.0, CC0を指定。
                }),
            ]

    def parse(self, response):
        """
        APIのレスポンスをパースしてfile_urlsというキーを含むdictをyieldする。
        """

        for photo in response.css('photo'):
            yield {'file_urls': [flickr_photo_url(photo)]}


def flickr_photo_url(photo):
    """
    Flickrの写真のURLを組み立てる。
    参考: https://www.flickr.com/services/api/misc.urls.html
    """

    # ここではXPathのほうがCSSセレクターよりも簡潔になるので、XPathを使っている。
    return 'https://farm{farm}.staticflickr.com/{server}/{id}_{secret}_{size}.jpg'.format(
        farm=photo.xpath('@farm').extract_first(),
        server=photo.xpath('@server').extract_first(),
        id=photo.xpath('@id').extract_first(),
        secret=photo.xpath('@secret').extract_first(),
        size='b',
    )
```

.envファイルからFlickrのAPIキーを読み込むためにforegoでSpiderを実行します。

```
(scraping) $ forego run scrapy crawl flickr -a text=people  # 人々(people)で検索。
```

Spiderを実行すると、imagesディレクトリ（settings.pyのFILES_STOREで指定したディレクトリ）内にfullというディレクトリが作成され、その中に個々の画像ファイルが保存されます。個々のファイルの名前は、URLのSHA-1ハッシュ値になります。ログから画像ファイルがダウンロードされていることを確認できます。

```
(scraping) $ tree images/
images/
└── full
    ├── 077ff320b193fb6f1a615fe03dcdb1c50a1903b8.jpg
    ├── 0cb2c5eb42d2d89aa1d273f0ff79fde87b12dee5.jpg
    ├── 12145f1e160848c5d0ade6378bff1fa8a293ec6c.jpg
    ├── 171f7a04c98c00be459f08e10ae21cf33c58af79.jpg
...
```

```
2016-05-25 20:52:58 [scrapy] DEBUG: File (downloaded): Downloaded file from <GET https://farm5.
staticflickr.com/4141/4912089169_a9e68b92d3_b.jpg> referred in <None>
2016-05-25 20:52:58 [scrapy] DEBUG: Scraped from <200 https://api.flickr.com/services/rest/
?sort=relevance&text=people&method=flickr.photos.search&license=4%2C5%2C6%2C9&api_key=*********>
{'files': [{'path': 'full/e8c1fb1d505e5b41a1731bb45c01fd224f4103a4.jpg', 'url': 'https://farm5.
staticflickr.com/4141/4912089169_a9e68b92d3_b.jpg', 'checksum': '93409f285d98b4df85163dacf33988c1'}
], 'file_urls': ['https://farm5.staticflickr.com/4141/4912089169_a9e68b92d3_b.jpg']}
```

Files Pipelineは、`file_urls`フィールドで指定したURLのリストのファイルをダウンロードし終わると、`files`フィールドにそのファイルのメタ情報を表すdictのリストを書き込みます。メタ情報には次の値が含まれます。

- `url`: ファイルのURL
- `path`: ファイルを保存したパス。FILES_STOREからの相対パス
- `checksum`: ファイルのMD5チェックサム

このメタ情報を後続のPipelineで参照して何らかの処理をしたり、-oオプションで指定したファイルに保存しておいて別のプログラムで処理をしたりできます。dictではなくItemクラスを定義して使う場合は、`file_urls`フィールドだけでなく、`files`フィールドも定義しておく必要があるので注意してください。Files PipelineやImages Pipelineについて詳しくはドキュメント[39]を参照してください。

6.8.2 OpenCVによる顔画像の抽出

ディープラーニングで画像認識を行うためには、学習用に多くの画像が必要です。このような学習データとして、インターネットから収集した画像を使用できますが、そのまま使用できるとは限りません。例えば人の顔を認識できるようにするためには、人の顔の画像を学習データとして与える必要があります。

ここでは収集した画像からOpenCV[40]を使って人の顔を検出し、顔の画像のみを抜き出します。OpenCVはコンピュータービジョンのためのオープンソースのライブラリです。コンピュータービジョンとは、現実世界の画像や映像を処理・解析して情報を抜き出すための研究分野です。クローラーで収集した画像からOpenCVを使って顔を抜き出すことで、比較的簡単に大量の顔画像を得ることができます。

● OpenCVのインストール

OpenCVはC++で書かれたライブラリで、Pythonバインディングが提供されています。このPythonバインディングはpipではインストールできず、OpenCV自体をインストールして利用する必要があります。

---

[39] https://doc.scrapy.org/en/1.1/topics/media-pipeline.html
[40] http://opencv.org/

第6章 フレームワーク Scrapy

OS Xでは、OpenCV 3.x系列の執筆時点での最新版であるバージョン3.1.0を使用します。HomebrewでOpenCV 3をインストールします。デフォルトではPython 2向けのライブラリのみがインストールされるので、Python 3向けのライブラリもインストールするために--with-python3オプションをつけます。このオプションをつけるとコンパイルが必要になるので、インストールに数分かかります。

```
$ brew install homebrew/science/opencv3 --with-python3
```

Ubuntuでは、本書の執筆時点ではOpenCV 3.xのパッケージが提供されていないため、自分でソースからビルドする必要があります。ビルド方法は後のコラムで解説していますが、ビルドには時間がかかります。筆者が作成したUbuntu 14.04向けのPPA（Personal Package Archive）でインストールします。このPPAではOpenCV バージョン3.0をインストールします。

```
$ sudo add-apt-repository ppa:orangain/opencv  # 追加について確認される。
$ sudo apt-get update
$ sudo apt-get install -y python3-opencv opencv-data
```

OpenCVのPythonバインディングはpipでインストールできないので、仮想環境内で使用するには通常とは異なる操作が必要になります。具体的には、次のコマンドで仮想環境内にシンボリックリンクを張ります。なお、lnコマンドの第2引数は仮想環境内のsite-packagesディレクトリを指します。lnコマンドの第1引数、第2引数に含まれるpython3.xおよびcpython-3xmの部分は、使用しているPythonのバージョンに合わせて変更してください。

```
# OS Xの場合
$ ln -s /usr/local/opt/opencv3/lib/python3.5/site-packages/cv2.cpython-35m-darwin.so scraping/↵
lib/python3.5/site-packages/
# Ubuntuの場合
$ ln -s /usr/lib/python3.4/dist-packages/cv2.cpython-34m.so scraping/lib/python3.4/site-packages/
```

OpenCVのPythonバインディングはNumPyに依存しているので、仮想環境内にNumPyをインストールしておきます。

```
(scraping) $ pip install numpy
```

次のコマンドを実行して、エラーがなければインストール成功です。

```
(scraping) $ python -c 'import cv2'  # OpenCV 3だがcv2をインポートする。
```

6.8 画像の収集と活用

● 画像から顔を検出する

OpenCVで顔検出を行ってみましょう。顔検出の対象とする画像として、プログラミング言語COBOLの開発者であるグレース・ホッパー氏の画像（図6.12）をWikimedia Commons[*41]からダウンロードしておきます。

```
(scraping) $ wget https://upload.wikimedia.org/wikipedia/commons/5/55/Grace_Hopper.jpg
```

▼図6.12　Grace_Hopper.jpg ── 顔検出の対象とする画像

画像をダウンロードしたら、インタラクティブシェルでOpenCVを使ってみましょう。

```
>>> import cv2
# 特徴量ファイルのパスを指定して、分類器オブジェクトを作成する。あらかじめ学習した顔の特徴データが含まれて
いるもので、OpenCVに付属しているものを使用する。
# OS Xの場合
>>> classifier = cv2.CascadeClassifier('/usr/local/share/OpenCV/haarcascades/haarcascade_
frontalface_alt.xml')
# Ubuntuの場合
>>> classifier = cv2.CascadeClassifier('/usr/share/opencv/haarcascades/haarcascade_frontalface_
alt.xml')

>>> image = cv2.imread('Grace_Hopper.jpg')   # 画像ファイルを読み込む。
# 顔を検出する。
# 特徴量ファイルや画像ファイルが存在しない場合はこの時点でエラーが出るので注意。
>>> faces = classifier.detectMultiScale(image)
# 検出された顔のリストについて反復処理し、顔を囲む白い四角形を描画する。
# x、y、w、hはそれぞれ検出された顔のX座標、Y座標、幅、高さを表す。
>>> for x, y, w, h in faces:
...     cv2.rectangle(image, (x, y), (x + w, y + h), color=(255, 255, 255), thickness=2)
```

[*41] https://commons.wikimedia.org/wiki/File:Grace_Hopper.jpg

```
...
array([[[ 82,  26,  21],
...

>>> cv2.imwrite('faces.jpg', image)  # 顔検出の結果をfaces.jpgに保存する。
True
# 顔検出の結果をウィンドウに表示する。
# ウィンドウを表示できない環境では「cannot open display」というエラーが表示されるので、
# 上で保存したfaces.jpgを画像ビューアーで見る。
>>> cv2.imshow('Faces', image)
>>> cv2.destroyAllWindows()  # ウィンドウを閉じる
```

　実行すると、図6.13のように検出された顔が白い四角で囲われます。画像ファイルを変えて試してみると、うまく検出できる場合とできない場合があることがわかるでしょう。CascadeClassifier()の引数として指定する特徴量ファイルを変えると検出できるものが変わります。例えばhaarcascade_frontalface_alt.xmlからhaarcascade_eye.xmlに変更すると目を検出できるようになります[*42]。

▼図6.13　faces.jpg — 検出された顔が白い四角で囲われる

● Flickrから収集した画像から人の顔を抽出する

　OpenCVによる顔検出ができたので、6.8.1でFlickrSpiderを使って収集した人々の画像から顔の部分だけを抽出してみましょう。リスト6.20は画像ファイルから顔の部分だけを切り取った画像をfacesディレクトリに保存するスクリプトです。

[*42]　ただし、この画像で試すと左目しか検出できません。

▼ リスト6.20　extract_faces.py — 画像から顔を抽出して保存するスクリプト

```
import sys
import os

import cv2

try:
    cascade_path = sys.argv[1]  # 顔検出用の特徴量ファイルのパス。
except IndexError:
    # コマンドライン引数が足りない場合は使い方を表示して終了する。
    print('Usage: python extract_faces.py CASCADE_PATH IMAGE_PATH...', file=sys.stderr)
    exit(1)

# 顔画像の出力先のディレクトリが存在しない場合は作成しておく。
output_dir = 'faces'
if not os.path.exists(output_dir):
    os.makedirs(output_dir)

# 特徴量ファイルが存在することを確認する。
assert os.path.exists(cascade_path)
# 特徴量ファイルのパスを指定して、分類器オブジェクトを作成する。
classifier = cv2.CascadeClassifier(cascade_path)

# 第2引数以降のファイルパスについて反復処理する。
for image_path in sys.argv[2:]:
    print('Processing', image_path, file=sys.stderr)

    # コマンドライン引数で与えたパスの画像ファイルを読み込む。
    image = cv2.imread(image_path)
    # 顔検出を高速化するため、画像をグレースケールに変換する。
    gray_image = cv2.cvtColor(image, cv2.COLOR_BGR2GRAY)
    # 顔を検出する。
    faces = classifier.detectMultiScale(gray_image)

    # 画像ファイル名の拡張子を除いた部分を取得する。
    image_name = os.path.splitext(os.path.basename(image_path))[0]

    # 取得できた顔のリストについて反復処理する。
    # iは0からの連番を表す。
    for i, (x, y, w, h) in enumerate(faces):
        # 顔の部分だけを切り取った画像を取得する。
        face_image = image[y:y + h, x: x + w]
        # 出力先のファイルパスを組み立てる。
        output_path = os.path.join(output_dir, '{0}_{1}.jpg'.format(image_name, i))
        # 顔の画像を保存する。
        cv2.imwrite(output_path, face_image)
```

　リスト6.20をextract_faces.pyという名前で保存して実行します。第1引数はdetect_faces.pyを実行したときと同じように特徴量ファイルのパスを指定し、第2引数以降にFlickrSpiderでダウンロー

ドした画像のパスを*を使って指定します。

```
# OS Xの場合
(scraping) $ python extract_faces.py /usr/local/share/OpenCV/haarcascades/haarcascade_frontalface_
alt.xml myproject/images/full/*
# Ubuntuの場合
(scraping) $ python extract_faces.py /usr/share/opencv/haarcascades/haarcascade_frontalface_
alt.xml myproject/images/full/*
```

実行すると、図6.14のようにfacesディレクトリに顔の画像が保存されます。顔でないものも間違って抽出されていますが、概ね正しく抽出できています[*43]。

▼ 図6.14　抽出された顔の画像

OpenCVの公式ドキュメントは基本的にC++のインターフェイスについて書かれています。PythonのバインディングはC++のコードから生成されているので、インターフェイスもほぼ同じですが、わかりやすいとは言えません。OpenCV-Python Tutorials[*44]が参考になります。

[*43] 画像はCC BY 2.0に従い使用しています。
　　 0f2b〜: https://www.flickr.com/photos/33591211@N04/7493890724
　　 1afb〜: https://www.flickr.com/photos/13462081@N06/17288991712
　　 1faa〜: https://www.flickr.com/photos/90784784@N08/8268008683
　　 2b09〜: https://www.flickr.com/photos/30330906@N04/9906533494

[*44] http://docs.opencv.org/3.1.0/d6/d00/tutorial_py_root.html

column　UbuntuでのOpenCV 3のビルド

　本コラムではUbuntu 14.04でOpenCV 3をPython 3サポート付きでソースコードからビルドする方法を解説します。筆者の環境ではソースコードのダウンロードとビルドにそれぞれ数十分かかったので注意してください。インストール先は/usr/local/以下になるので、本文中で/usr/以下のパスを使用している箇所では、/usr/local/以下のパスに読み替えてください。

```
# 必要なライブラリをインストールする。
$ sudo apt-get install -y build-essential cmake pkg-config libjpeg8-dev libtiff4-dev ⏎
libjasper-dev libpng12-dev libavcodec-dev libavformat-dev libswscale-dev libv4l-dev ⏎
libgtk2.0-devlibatlas-
base-dev gfortran python3.4-dev python3-numpy
# ソースコードをダウンロードして解凍する。
$ cd ~
$ wget https://github.com/Itseez/opencv/archive/3.1.0.tar.gz
$ tar xvf 3.1.0.tar.gz
$ wget -O opencv_contrib-3.1.0.tar.gz https://github.com/Itseez/opencv_contrib/archive/ ⏎
3.1.0.tar.gz
$ tar xvf opencv_contrib-3.1.0.tar.gz
# ビルドの準備をする。
$ cd opencv-3.1.0/
$ mkdir build
$ cd build/
$ cmake -D CMAKE_BUILD_TYPE=RELEASE \
        -D CMAKE_INSTALL_PREFIX=/usr/local \
        -D INSTALL_C_EXAMPLES=OFF \
        -D INSTALL_PYTHON_EXAMPLES=ON \
        -D OPENCV_EXTRA_MODULES_PATH=~/opencv_contrib-3.1.0/modules \
        -D BUILD_EXAMPLES=ON ..
...
# このとき次のようにPython 3の項目にLibrariesとnumpyが表示されることを確認する。
--   Python 3:
--     Interpreter:                 /usr/bin/python3.4 (ver 3.4.3)
--     Libraries:                   /usr/lib/x86_64-linux-gnu/libpython3.4m.so (ver 3.4.3)
--     numpy:                       /usr/lib/python3/dist-packages/numpy/core/include ⏎
(ver 1.8.2)
--     packages path:               lib/python3.4/dist-packages
...
# ビルドしてインストールする。
$ make    # 時間がかかる。-j4 のようにオプションで並列度を指定できる。
$ sudo make install
$ sudo ldconfig
```

6.9 まとめ

　クローリング・スクレイピングのためのフレームワークScrapyとその後のデータ活用を紹介しました。フレームワークを使うことで、定型的な処理を書く必要がなく、Webサイトに応じた処理を書くことに集中できるのがおわかりいただけたでしょうか。また、Scrapyはイベント駆動型のフレームワークであるTwsitedをベースにしているため、クローリング・スクレイピングが非同期に実行され、特に注意しなくても効率よく実行される点も大きな魅力です。Webから簡単に大量のデータを収集できると、そのデータを活用してできることも広がります。ぜひご自身のアイデアで面白い活用方法を見つけてください。

　次章では、クローラーを継続的に運用するためのノウハウを紹介します。

第7章

Python Crawling & Scraping

クローラーの継続的な運用・管理

第7章 クローラーの継続的な運用・管理

これまでの章で作成したクローラーで思い通りにデータを取得できるようになったら、次に考えるのは運用です。必要なときに手動でクローラーを実行してデータを収集できれば十分な場合は運用について考えなくても良いですが、毎日自動でクローラーを実行して最新のデータを収集したいということも多いでしょう。

例えば、ECサイトに掲載されている商品の価格情報を毎日チェックして、値下げされたら通知するという使い道が考えられます。また、通常ECサイトには最新の価格情報しか掲載されていませんが、毎日クローラーを動かしてその日の価格をデータベースに保存しておけば、後から価格の推移がわかります。価格の推移を見て、商品の買い時を判断できるかもしれません。

本章では、クローラーを継続的に動かし続けるために必要な運用・管理の方法を紹介します。大きく分けて3つのトピックを扱います。

- サーバーでのクローラーの実行
- クローラーの大規模化への対応
- クラウド・外部サービスの活用

7.1 クローラーをサーバーで動かす

継続的に実行するクローラーはサーバーで動かすのがオススメです。サーバーを使うと、スケジュールを指定して定期的にクローラーを実行することが簡単にできます。もしクライアントマシンを使う場合、スケジュールした時刻にマシンを起動しておき、クローラーの実行中にマシンを終了しないよう注意する必要があります。サーバーは基本的に24時間稼働させ続けるものなので、そのような心配は不要です。

サーバーを用意する手段として、本書ではAmazon EC2でUbuntu 14.04を使用します。Amazon EC2（以下EC2）は、Amazon Web Services（以下AWS）が提供するサービスの中の1つで、仮想サーバーを従量課金制の料金体系で借りることができるサービスです。次のような要素について個別に課金があります。

- サーバーを起動している時間
- 確保しているディスクの容量
- EC2からインターネットへ出る方向のネットワークトラフィックの転送量

本書の執筆時点ではアカウント作成から12ヶ月間は一定の無料使用枠があり、小さなLinuxサーバーを1台起動しておくだけであれば無料使用枠に収まります。詳しくはECの料金表[*1]を参照してください。なお、AWSのアカウントの作成にはクレジットカードが必須です。

本書では比較的安価にUbuntuのサーバーを用意する手段としてEC2を使用するだけ（ただし**7.5**は除く）なので、以下のような手段で用意しても構いません。

- 余っているマシンにUbuntuをインストールする。
- VPS (Virtual Private Server) を借りる。
- Microsoft AzureやGoogle Compute EngineなどAWS以外のクラウドサービスを使用する。

24時間稼働できるというメリットは享受しにくくなりますが、VirtualBoxで仮想サーバーを立ち上げれば手元で無償で始めることもできます。Windowsを使用している場合は、本書を通して使ってきた仮想マシンをそのまま使っても構いません。OS XでVirtualBoxをインストールする手順は**Appendix**で解説しています。

サーバーを起動した後は、手元のコードをサーバーに転送して実行する方法を解説します。

7.1.1 仮想サーバーの立ち上げ

Amazon EC2で仮想サーバーを立ち上げるには、以下の手順が必要です。最初は面倒に感じるかもしれませんが、2回目以降は4の手順だけで必要に応じて簡単に仮想サーバーを起動できるので便利です。

1. AWSアカウントの作成
2. IAMユーザーの作成
3. キーペアの作成
4. 仮想サーバーの起動

本項ではこの手順を詳しく解説します。

● AWSアカウントの作成

Amazon EC2を使用するには、AWSのアカウントが必要です。アカウントを持っていない場合は、

[*1] http://aws.amazon.com/jp/ec2/pricing/

第 **7** 章 ｜ クローラーの継続的な運用・管理

以下のページを参考にアカウントを作成してください。アカウントの作成にはクレジットカードが必須です。

- AWS アカウント作成の流れ
  https://aws.amazon.com/jp/register-flow/

アカウントが作成できたら、マネジメントコンソールにログインします。ログインすると図7.1の画面が表示されます。このマネジメントコンソールにはAWSで使える様々なサービスが表示されます。

▼ 図7.1　AWSのマネジメントコンソール

● IAMユーザーの作成

AWSでは、メールアドレスとパスワードでログインする代わりに、IAMユーザーという権限を限定したユーザーを作成し、普段はIAMユーザーを使用することを推奨しています。

マネジメントコンソールで「Identity & Access Management」というリンクをクリックすると、Identity and Access Management（IAM）の画面が表示されます（図7.2）。画面に表示されている「IAMユーザーのサインインリンク」というURLは後ほど必要になるので控えておきます。

▼ 図7.2　Identity and Access Management

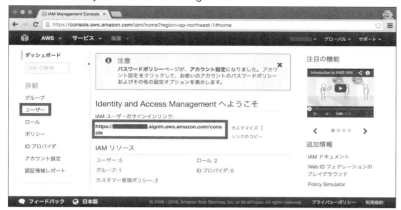

左側のメニューから「ユーザー」を開き、「新規ユーザーの作成」をクリックします。好きなユーザー名（ここではmyuser）を入力します。アクセスキーは必要に応じて作成することにして、今は作成しないでおきます。「ユーザーごとにアクセスキーを生成」のチェックを外して、「作成」ボタンをクリックします（図7.3）。

▼ 図7.3　IAMユーザーの作成

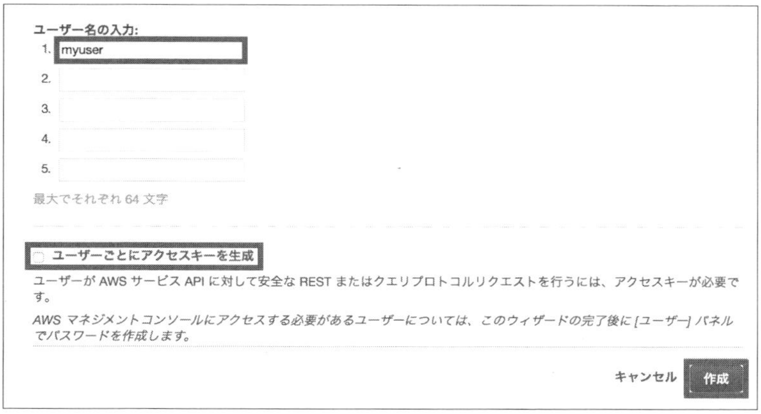

作成したユーザーは権限が何もなく、パスワードも設定されていない状態なので、権限とパスワードを設定します。

まず、作成したユーザーをクリックし、「アクセス許可」のタブからこのユーザーに権限を付与します。「ポリシーのアタッチ」ボタンをクリックすると、用意されているポリシーの一覧が表示されるので、「PowerUserAccess」というポリシーを選択してアタッチします。このポリシーは、請求情報やIAM以

第7章 クローラーの継続的な運用・管理

外の操作は何でもできるという権限を意味します。

続いて、パスワードを設定します。「認証情報」のタブで「パスワードの管理」というボタンをクリックし、カスタムパスワードを設定します。

これでユーザーの作成は完了です。図7.4のように、「PowerUserAccess」のポリシーがアタッチされており、作成したユーザーの「パスワードあり」という項目が「はい」となっていることを確認してください。以降の操作は作成したIAMユーザーで行うため、一旦ログアウトします。

▼ 図7.4　作成したIAMユーザーの確認

● キーペアの作成

IAMユーザーは、ルートアカウントとは異なるフォームからログインします。先ほど控えたIAMユーザーのサインインリンクのURLを開き、IAMユーザーのユーザー名とパスワードを入力して再度ログインします。

ログインして、マネジメントコンソールから「EC2」をクリックすると図7.5の画面が表示されます。上部のメニューからリージョンを「東京」に変更しておきます。AWSではサーバーなどの様々なリソースが「リージョン」という地理的に異なる場所で管理されます。日本で使用する場合は東京リージョンに作成するとレイテンシが少なくて済みます。

7.1 クローラーをサーバーで動かす

▼ 図7.5　EC2の管理画面

続いて、作成した仮想マシンにログインするためのキーペア（SSH秘密鍵・公開鍵のペア）を作成しておきます。左側のメニューから「キーペア」を開き、「キーペアの作成」ボタンをクリックします。キーペアの名前を入力して「作成」ボタンをクリックすると、キーペアが作成され、<キーペア名>.pemというファイルがダウンロードされます。これが秘密鍵です。

この秘密鍵をなくすと仮想マシンを作成してもログインできなくなってしまうので、なくさないように気をつけてください。また、秘密鍵を公開したりしないように気をつけてください。

● 仮想サーバーの起動

キーペアの作成が済んだら、いよいよ仮想サーバーを起動します。EC2では仮想サーバーをインスタンスと呼びます。ここでは表7.1のパラメーターでインスタンスを起動します。

▼ 表7.1　起動するEC2インスタンスのパラメーター

項目	値
AMI	Ubuntu Server 14.04 LTS
インスタンスタイプ	t2.micro

左側のメニューから「インスタンス」を開くと、AMIを選択する画面が表示されます（図7.6）。AMIとは、仮想マシンを作成するためのテンプレートです。Ubuntu Server 14.04を選択します。ここに表示されていない場合は「AWS Marketplace」という項目から検索してください。

▼ 図7.6　仮想サーバーの起動：AMIの選択

AMIを選択すると、インスタンスタイプを選択する画面が表示されます（図7.7）。インスタンスタイ

第7章 クローラーの継続的な運用・管理

プによってメモリやCPUなどの性能が変わり、性能が良い物ほど価格も高くなります。ここではt2.microという2番目に小さいインスタンスタイプを選びます。t2.microをチェックして「確認と作成」ボタンをクリックします。なお、「次の手順：インスタンスの詳細の設定」ボタンをクリックするとインスタンスについて細かく設定できますが、ここではデフォルトの設定を使用します。

▼ 図7.7　仮想サーバーの起動：インスタンスタイプの選択

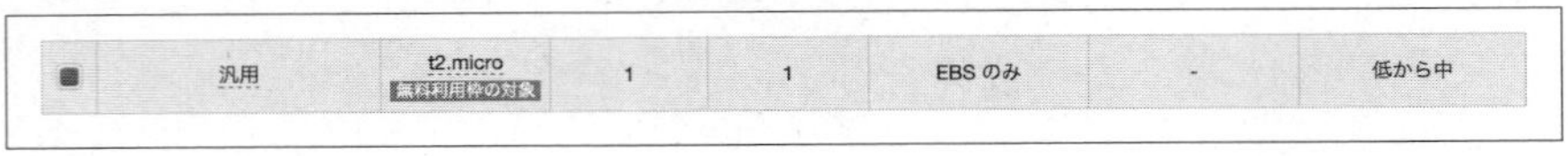

作成するインスタンスの設定を確認する画面が表示されます（図7.8）。

EC2ではセキュリティグループという機能でファイアウォールの設定が可能です。本書の手順通りに操作すると、すべてのホストからSSH接続（TCPポート22）を許可し、それ以外の通信は遮断する設定のセキュリティグループが新しく作成されます。

「作成」ボタンをクリックすると、キーペアを選択または作成する画面が表示されます。先ほど作成しておいたキーペアを選択し、「選択したプライベートキーファイル〜」にチェックをつけて「インスタンスの作成」ボタンをクリックします。

▼ 図7.8　仮想サーバーの起動：インスタンス作成の確認

インスタンス一覧の画面に戻り、起動するまで数分待ちます。図7.9のように、「インスタンスの状態」が「running」になり、「ステータスチェック」が「2/2のチェックに合格しました」となったら、起動完了

です。しばらく待っても表示に変化がない場合は、一覧の上部にある更新ボタンをクリックすると表示を更新できます。

▼ 図7.9　仮想サーバーの起動完了

起動が完了したらログインしましょう。WindowsではローカルマシンのゲストOSで以降の手順を実施することもできますが、ホストOSでTera Termを使ってSSH接続する方法を後のコラムで解説します。好みの手順を実施してください。

ログインする前に以下のようにダウンロードした秘密鍵（キーペア名.pem）のパーミッションを変更しておきます。この操作はダウンロードした秘密鍵に対して一度だけ行えば大丈夫です。パーミッションを変更しない場合、「UNPROTECTED PRIVATE KEY FILE!」という警告が表示されてログインできません。

```
$ chmod 600 <ダウンロードしたキーペア名.pemへのパス>
```

インスタンス一覧画面の下側にある「パブリックIP」の欄に表示されたIPアドレスをコピーして、以下のコマンドでログインします。

```
$ ssh -i <ダウンロードしたキーペア名.pemへのパス> ubuntu@<インスタンスのIPアドレス>
```

このコマンドは、ダウンロードした秘密鍵を使って、ユーザー名ubuntu[2]でインスタンスのIPアド

---

[2]　EC2で広く使われるAmazon Linuxではデフォルトのユーザー名はec2-userですが、Ubuntuではデフォルトのユーザー名はubuntuです。

第7章 クローラーの継続的な運用・管理

レスに接続するという意味になります。

毎回このコマンドを入力するのは面倒なので、~/.ssh/configというファイルに**リスト7.1**の設定を記述すると、以下のコマンドだけでログインできるようになります。以降では、この設定が行われていることを前提として解説します。

```
$ ssh ec2
```

▼ リスト7.1　~/.ssh/configの設定

```
Host ec2
  HostName <インスタンスのIPアドレス>
  User ubuntu
  IdentityFile <ダウンロードしたキーペア名.pemへのパス>
```

初回のログイン時に以下のように表示された場合はyesと入力して Enter を押します。

```
Are you sure you want to continue connecting (yes/no)
```

ログインに成功すると**図7.10**のように表示されます。

▼ 図7.10　SSHで接続

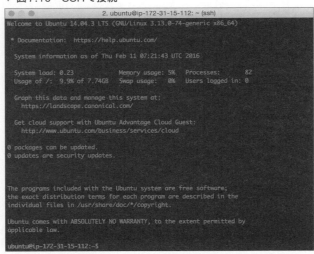

● 最低限の初期設定

EC2インスタンスのタイムゾーンはデフォルトでUTCになっているので、日本で使う場合JSTに変更しておくほうが使いやすいでしょう。以下のコマンドでタイムゾーンを変更できます。

7.1 クローラーをサーバーで動かす

```
$ sudo dpkg-reconfigure tzdata
```

図7.12のように地域を選択するウィザードが表示されるので、Asiaを選択して Enter 、Tokyoを選択して Enter を押します。これによってタイムゾーンがJSTに変更されます。

▼図7.12 タイムゾーンを変更するウィザード

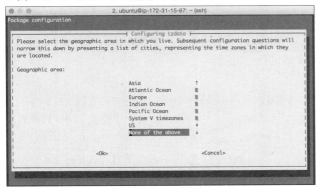

---

column　Windowsから公開鍵認証を使ってSSH接続する

WindowsからSSH接続する場合、**AppendixA.6**で解説しているようにTera TermなどのSSHクライアントが使えます。Appendixではパスワードを使ってログインする方法を解説していますが、EC2インスタンスではパスワードによるログインは無効化されており、公開鍵認証が必要です。

公開鍵認証を使用するには、図7.11のようにパスワードを指定する代わりに秘密鍵のパスを指定します。なお、「秘密鍵」ボタンをクリックして秘密鍵を選択する際は、ダイアログのファイルの形式で「すべてのファイル」を選択しないと、.pemファイルが表示されないので注意してください。

▼図7.11　Tera Termで公開鍵認証を使用する

315

起動中のデーモンにはタイムゾーンの変更が反映されない場合があります。後の節で使用するCronのデーモンを以下のように再起動しておきましょう。

```
$ sudo service crond restart
```

以下のコマンドを実行し、インストール済みのパッケージを最新にしておきます。

```
$ sudo apt-get update
$ sudo apt-get upgrade -y
```

● 仮想サーバーの停止と削除

インスタンスを停止するには、インスタンスにログインした状態で`sudo shutdown -h now`でシャットダウンするか、マネジメントコンソールから停止します。インスタンスを停止した後に再び起動するとパブリックIPアドレスが変わるので注意してください。Elastic IPアドレスという機能を使うとパブリックIPアドレスを固定できます。Elastic IPアドレスは実行中のEC2インスタンスに関連付けられている間は追加費用なく使用できますが、それ以外の時間は少額であるものの課金対象になります。

インスタンスが不要になったらマネジメントコンソールから削除できます。デフォルトでは、インスタンスを削除するとインスタンスに関連付けられたストレージ (EBS) も一緒に削除されます。

7.1.2　サーバーへのデプロイ

ローカルマシンで作成したスクリプトをサーバーで実行するためには、サーバーにもPython実行環境を整えた上で、サーバーにスクリプトを転送する必要があります。このようにプログラムを別の環境で実

---

column　AWS利用におけるセキュリティの注意点

AWSの認証情報を悪意ある第三者に知られると、サーバーを勝手に利用されて多額の請求が来たり、犯罪行為の踏み台として使われたりする可能性があります。AWSのパスワードやアクセスキーID、シークレットアクセスキー、SSH秘密鍵などの認証情報は絶対に公開してはいけません。ソースコードと一緒にGitHubなどに誤って公開しないように気をつけてください。できるだけ権限の制限されたIAMユーザーを使うことで、万が一漏れた場合の被害を最小化できます。

残念なことに、**5.2.2**で紹介したProduct Advertising APIを使用するのに必要なAccess KeyとSecret Access Keyは、AWSにおけるルートアカウントの権限を持っています。このキーが漏れるとAWSのほぼすべての操作を実行できてしまいます。AWSのサービスとProduct Advertising APIを同じアカウントで使用する場合は、このキーの扱いにも十分気をつけてください。

他にもマネジメントコンソールへのログインに他要素認証 (Multi-Factor Authentication：MFA) を必須とするなど、セキュリティを向上する設定が可能です。詳しくは以下のページを参照してください。

- IAMのベストプラクティス — AWS Identity and Access Management
  http://docs.aws.amazon.com/ja_jp/IAM/latest/UserGuide/best-practices.html

行できるようにする作業をデプロイと呼びます。本項では、サーバーへのデプロイ方法を解説します。

● Python実行環境の作成

ここではローカルマシンで構築したPython実行環境（venvモジュールで作成した仮想環境含む）と同等のものをサーバー上に構築し、ローカルマシンで使用したパッケージをそのまま利用できるようにします。まず**2.2**のUbuntuの手順に従って、サーバー側で以下の作業を行ってください。

- APTを使ってPythonをインストールする
- venvモジュールで仮想環境を作成する
- 作成した仮想環境に入る

続いて、ローカルマシンの仮想環境にpipでインストールしたライブラリと同じものをサーバー側に作成した仮想環境にもインストールします。`pip freeze`コマンドを使うと、ローカルマシンの仮想環境内にインストール済みのライブラリの厳密なバージョンつきのリストを得られます。

```
(scraping) $ pip freeze  # ローカルマシンでの操作
cssselect==0.9.1
lxml==3.4.2
requests==2.7.0
```

これを以下のようにテキストファイルに保存します。

```
(scraping) $ pip freeze > requirements.txt  # ローカルマシンでの操作
```

後ほど解説する方法でこのファイルをサーバーに転送します。サーバー側の仮想環境で、以下のように`pip install`コマンドの-rオプションにrequirements.txtを指定すると、同じバージョンのライブラリをインストールします。

```
(scraping) $ pip install -r requirements.txt  # サーバーでの操作
```

このように同じバージョンのライブラリを使うことで、手元では動いていたスクリプトがサーバーでは動かないという問題が発生する可能性を減らせます。

なお、C拡張ライブラリをコンパイルするのに必要な開発用のパッケージはあらかじめインストールしておく必要があります。この例であれば、lxmlはC拡張ライブラリなので、以下のように開発用のパッケージをインストールしておく必要があります。

```
$ sudo apt-get install -y libxml2-dev libxslt-dev libpython3-dev zlib1g-dev  # サーバーでの操作
```

● サーバーへのファイルの転送

手元で作成したスクリプトをサーバーに転送する方法としては、以下のようなものがあります。

- rsyncなどのファイル転送ツール
- Gitなどのバージョン管理ツール
- Capistranoなどのデプロイツール

ここでは、手軽に利用できる方法としてrsyncによるファイル転送方法を解説します。なお、WindowsでホストOSからTera Termで直接サーバーに接続している場合は、後のコラムに従ってファイルを転送してください。前項でローカルマシンのゲストOSからSSHで接続できるよう設定した場合は、以降の手順に従って進めることもできます。

rsyncはファイルを同期するためのツールです。転送元と転送先で変更のあったファイルのみを転送するため、高速に転送できます。OS Xでは標準でインストールされていますが、Ubuntuでインストールされていない場合は以下のようにしてインストールします。

```
$ sudo apt-get install -y rsync   # ローカルマシンでの操作
```

rsyncの基本的な使い方は以下の通りで、ファイルをコピーするcpコマンドと似ています。

```
$ rsync [オプション] 転送元 転送先
```

cpコマンドと大きく異なるのは、転送元か転送先のいずれかにサーバーを指定できる点です。以下のように実行すると、SSH接続を使って手元のマシンからサーバーにファイルを転送できます。

```
$ rsync [オプション] 転送元 [ユーザー@]転送先のホスト:転送先のパス
```

サーバー上のパスを相対パスで指定した場合、SSHでログインした際のディレクトリ（通常はホームディレクトリ）からの相対パスになります。例えば以下のように実行すると、カレントディレクトリのファイルをサーバー上のcrawlerディレクトリに転送できます。

```
$ rsync -av . ec2:crawler   # ローカルマシンでの操作
```

ここで、転送先のホストに指定しているec2という名前は、前項で~/.ssh/configのHostという項目に書いたものです。

rsyncの代表的なオプションは表7.2の通りです。

▼ 表7.2　rsyncの代表的なオプション

オプション	説明
-a, --archive	アーカイブモードでコピーする。-rlptgoDオプションと同等。多くの場合これを使用すると良い。
-v, --verbose	実行状況を詳細に表示する。
-r, --recursive	ディレクトリを再帰的にコピーする。
-l, --links	シンボリックリンクをシンボリックリンクとしてコピーする。
-p, --perms	パーミッションを保持したままコピーする。
-t, --times	ファイルの時刻を保持したままコピーする。
-g, --group	ファイルのグループを保持したままコピーする。ただし転送先の管理者権限がある場合のみ。
-o, --owner	ファイルのユーザーを保持したままコピーする。ただし転送先の管理者権限がある場合のみ。
-D	デバイスファイルや特別なファイルをそのままコピーする。
--exclude=*PATTERN*	*PATTERN*にマッチするファイルはコピーしない。
-c, --checksum	ファイルの変更を検出するのに変更日時とサイズではなく、ファイルのチェックサムを使用する。

　rsyncの注意点として、転送元にディレクトリを指定する場合、ディレクトリのパスの末尾に/がついているかどうかで挙動が変わることがあります。例えば、srcというディレクトリにtest.txtというファイルがある状況を考えます。以下のように/をつけない場合は、srcディレクトリ自体が転送されて、to/src/test.txtというディレクトリ構造になります。

```
$ rsync -av src ec2:to
```

　一方以下のように/をつけた場合は、srcディレクトリの中身が転送されて、to/test.txtというディレクトリ構造になります。

```
$ rsync -av src/ ec2:to
```

7.2　クローラーの定期的な実行

　作成したクローラーを定期的に実行することで、変化があったときに通知したり、時系列データを取得できたりします。Linux上でプログラムを定期的に実行するには、Cronというソフトウェアを使用できます。本節ではCronを使ってサーバー上でクローラーを定期的に実行し、エラーが起きたときにメールで通知する方法を解説します。

7.2.1　Cronの設定

　Cronは時刻や日付、曜日などを指定してプログラムを実行するソフトウェアです。Ubuntuをはじめ

第7章 クローラーの継続的な運用・管理

とする多くのLinuxディストリビューションにはデフォルトでインストールされているため、デファクトスタンダードになっています。

Cronの設定方法は、大きく分けてシステム全体の設定とユーザーごとの設定の2つがありますが、ここではシステム全体の設定を使用します。システム全体の設定では、/etc/crontabというファイルに設定を記述します。

/etc/crontabにはデフォルトで**リスト7.2**のような設定が書かれています。#で始まるコメント行を除くと、7～8行目の環境変数を指定している部分と、11～14行目の実行するジョブを指定している部分に分けられます。

環境変数は、**変数名=値**という形式で指定します。Crondから実行されるプログラムには最低限の環境変数しか渡されないので、必要な環境変数は明示的に指定する必要があります。

実行するジョブの指定は、スペースなどの空白文字で区切って以下のように指定します。

```
分 時 日 月 曜日 ユーザー コマンド
```

曜日までの5つの列では、ジョブを実行する時刻のパターンを指定します。各列に数値を指定するとその数値ちょうどの時に実行するという意味になり、*（アスタリスク）を指定するとその列の値に関わらず実行するという意味になります。曜日の列は0が日曜日、1が月曜日に対応し、6が土曜日、7が日曜日を表します。日曜日の指定は0と7のどちらを使用しても構いません。

つまり**リスト7.2**の11～14行目の設定は、それぞれ以下のタイミングにrootユーザーでコマンドを実行するという意味になります。

---

column Windowsでサーバーにファイルを転送する

Windowsでサーバーにファイルを転送するには、Tera TermのSCP機能を使うと便利です。サーバーに接続した状態で、Tera Termのウィンドウにファイルをドラッグ&ドロップすると、図7.13のウィンドウが表示されます。転送先のディレクトリ（デフォルトではホームディレクトリ）を指定して、「SCP」をクリックするとサーバーにファイルを転送できます。単純なファイルの転送であればTera Termの転送機能だけでも良いですが、作業内容によってはWinSCP*AのようなSCP/SFTP専用のアプリケーションを使うと効率的です。

▼ 図7.13 Tera Termによるファイル転送

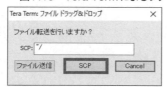

*A https://winscp.net/eng/docs/lang:jp

- 11行目：毎時17分
- 12行目：毎日6時25分
- 13行目：毎週日曜日の6時47分
- 14行目：毎月1日の6時52分

なお、1時間おきに実行するジョブは毎時0分を指定したくなりますが、特にクローラーを実行する場合は避けましょう。他の人と実行タイミングが重なりやすく、毎時0分だけ相手のサーバーの負荷が高くなってしまうことがあるためです。この例でも17分という中途半端な時刻になっているように、0分以外の適当な数字を選びましょう。

▼ リスト7.2　/etc/crontabのデフォルトの設定例

```
1  # /etc/crontab: system-wide crontab
2  # Unlike any other crontab you don't have to run the `crontab'
3  # command to install the new version when you edit this file
4  # and files in /etc/cron.d. These files also have username fields,
5  # that none of the other crontabs do.
6
7  SHELL=/bin/sh
8  PATH=/usr/local/sbin:/usr/local/bin:/sbin:/bin:/usr/sbin:/usr/bin
9
10 # m h dom mon dow user  command
11 17 *   * * *   root    cd / && run-parts --report /etc/cron.hourly
12 25 6   * * *   root    test -x /usr/sbin/anacron ||( cd / && run-parts --report /etc/cron.daily )
13 47 6   * * 7   root    test -x /usr/sbin/anacron ||( cd / && run-parts --report /etc/cron.weekly )
14 52 6   1 * *   root    test -x /usr/sbin/anacron ||( cd / && run-parts --report /etc/cron.monthly )
15 #
```

Cronで実行するプログラムは、通常のシェルから実行するプログラムとは異なる環境で実行されます。特に最低限の環境変数しか定義されていないため、シェルから実行すると問題なく実行できるのに、Cronから実行すると失敗するという問題が起こりがちです。

このようなトラブルを防ぐには環境変数を設定するなど様々な処理が必要です。Cronの行に設定を一つ一つ書いていくのは煩雑になるため、**リスト7.3**のようなシェルスクリプトを作成し、必要な設定を行うのがオススメです。

▼ リスト7.3　クローラーを実行するシェルスクリプト

```bash
#!/bin/bash

# このシェルスクリプトがあるディレクトリに移動する。
cd $(dirname $0)

# 仮想環境を有効にする。
. scraping/bin/activate
```

```
# Pythonスクリプトを実行する。
python crawler.py
```

このスクリプトを以下のディレクトリ構造になるよう run_crawler.sh という名前で保存します。

```
home/
└── ubuntu/
    └── crawler/
        ├── scraping/       # 仮想環境
        ├── crawler.py      # Pythonのスクリプト
        └── run_crawler.sh  # Cronから呼び出すシェルスクリプト
```

以下のコマンドで実行可能にしておきます。

```
$ chmod +x run_crawler.sh
```

/etc/crontab の末尾に以下のような設定を追加すると、毎日6時13分に実行されます。

```
13 6 * * * ubuntu /home/ubuntu/crawler/run_crawler.sh > /tmp/crawler.log 2>&1
```

> /tmp/crawler.log 2>&1 というのは実行したスクリプトの標準出力と標準エラー出力を /tmp/crawler.log に保存するという意味です。Cronで実行するプログラムは手元で実行するのと異なり、問題が起きてもすぐに気づくことができません。このため、実行時のログをファイルに保存しておき、問題が起きたときに確認できるようにすることが大切です。

Cronに登録したスクリプトが正しく実行されるか確認するためには、現在時刻より少し先の時刻を設定して、ログが出力されることを確認します。

また、Cronには実行結果をメールで送信する機能もあります。エラーが起きたときだけメールを送信することで、問題に気付きやすくなります。次項で設定方法を解説します。

7.2.2　エラーの通知

サーバー上で自動的に実行されるプログラムの場合、コマンドを打ち込んで実行するのに比べ、問題が起きたときに気づくのは難しくなります。特にクローラーは異常な動作をすると相手のサーバーに迷惑をかけることになるので、問題に素早く対応できるようにする必要があります。

エラーが起きたときにメールで通知する方法を解説します。4.4.2で解説したようにPythonスクリプトからメールを送っても良いですが、Cronにもメールを送信する機能があります。これでメールを送れば、個々のスクリプトにメールを送る処理を含めなくてもよくなります。

7.2 クローラーの定期的な実行

● Postfixのインストールと設定

Cronでメールを送信するには、MTA (Mail Transfer Agent)をインストールしておく必要があります。MTAはメールを送信するプログラム（ここではCron）から一旦メールを受け取って、他のSMTPサーバーにメールを転送します。UbuntuにはデフォルトでMTAがインストールされていないので、MTAの1つであるPostfixをインストールします。

ただし、単にMTAをインストールしただけではOP25B[*3]と呼ばれるスパムメール対策の影響で、メールが届かないことがあります。そこで、GmailのSMTPサーバーを経由してメールを送る方法を解説します。GmailのSMTPサーバーへの通信は、SMTP-AUTHと呼ばれる認証が必要なTCPポート587番を使用するので、OP25Bの対象となりません。Postfixとメール関連のユーティリティをインストールします。

```
$ sudo apt-get install -y postfix mailutils
```

インストール中にウィザード（図7.14）が表示されるので、表7.3を参考に設定していきます[*4]。

▼ 図7.14 Postfixインストール時の設定ウィザード

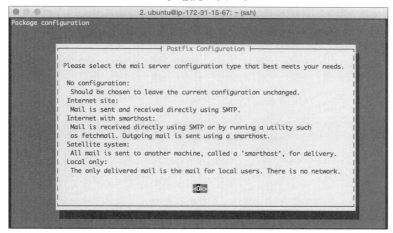

▼ 表7.3 Postfixインストール時の設定

項目名	設定する値
General type of mail configuration	Satellite systemを選択。
System mail names	デフォルトのまま（例：ip-172-31-15-67.ap-northeast-1.compute.internal）。
SMTP relay host	[smtp.gmail.com]:587と入力。

[*3] OP25B (Outbound Port 25 Blocking)とは、インターネットサービスプロバイダーがTCPポート25番によるSMTP通信をブロックするというもので、AWSでも同様の対策が行われています。AWSではTCPポート25番を使っても、ある程度は送信できる場合もあります。ですが、いざエラーが起きたときにメールが届かないようでは困るので、他のSMTPサーバーを経由してメールを送信するほうが無難です。

[*4] インストール後でも sudo dpkg-reconfigure --priority high postfix を実行すれば同じ設定が可能です。

インストールが完了しても、もう少し追加で設定が必要です。/etc/postfix/main.cfの末尾に設定を追加します。これらの設定は、SMTPサーバーにTLSで接続するために必要です。

```
smtp_sasl_auth_enable = yes
smtp_sasl_password_maps = hash:/etc/postfix/sasl_passwd
smtp_sasl_security_options = noanonymous
smtp_use_tls = yes
```

さらに/etc/postfix/sasl_passwdというファイルを次の内容で作成します。

```
[smtp.gmail.com]:587 <Googleアカウントのユーザー名>@gmail.com:<Googleアカウントのパスワード>
```

Googleアカウントで2段階認証を設定している場合は、Googleアカウントのパスワードの代わりにアプリパスワードを生成して設定します。このファイルをroot権限がないと読めないようにし、Postfixが読み込むためのデータベースファイルを作成します。

```
$ sudo chmod 600 /etc/postfix/sasl_passwd
$ sudo postmap /etc/postfix/sasl_passwd
```

これで設定は完了です。Postfixに設定をリロードさせます。

```
$ sudo service postfix reload
```

コマンドラインからメールを送り、正しく設定できたか確認します。

```
$ echo "Test mail from postfix" | mail -s "Test" <自分のメールアドレス>
```

メールが届かない場合は/var/log/mail.logや/var/log/mail.errなどのログファイルにエラーが書き込まれていないか確認してください。これらのログに問題がないにも関わらずメールが届かない場合は、受信側で迷惑メールと判定されていないか確認してみてください。

● Cronのメール通知

Cronで実行したプログラムが標準出力または標準エラー出力に何らかの出力をした場合、Cronはその出力の内容をメールで通知します。次の設定で、コマンドの出力結果がファイルに出力されるのではなく、メールで送信されるようになります。

```
13 6 * * * ubuntu /home/ubuntu/crawler/run_crawler.sh
```

デフォルトの通知先はジョブを実行したユーザーで、特に設定をしていない場合/var/spool/mail/<ユーザー名>というファイルに蓄積されます。ログイン時などにYou have mail.と表示され、mailコマンドで読むことができます。

しかし、サーバーにログインしないとメールが読めないのでは、問題に気づくのは難しいでしょう。Cronの環境変数の設定に次に記す内容を1行追加すると、ユーザー宛に通知する代わりに指定したメールアドレスに通知されます。

```
MAILTO=alice@example.com
```

コマンドの実行結果に日本語などASCII外の文字列が含まれているとメールが文字化けすることがあります。このような場合は、Cronの環境変数の設定でメール本文のエンコーディングがUTF-8であると宣言します。UTF-8の文字列を含むメールを文字化けせずに表示できます。

```
CONTENT_TYPE=text/plain; charset="utf-8"
```

ここまでの設定でCronの実行結果をメールで送信できるようになりました。この状態でも良いのですが、Cronで標準出力または標準エラー出力に何らかの出力があるスクリプトを実行すると、毎回メールが送られてきます。毎回メールが送られてくると次第に無視するようになってしまいがちなので、何らかの対策をしたほうが良いでしょう。

例えば、処理が成功したら最後に`Crawler successfully finished.`のような文字列を出力し、この文字列を含むメールは受信側のフィルターで自動で受信トレイをスキップするようにします。エラー発生時のみメールが受信トレイに表示され、エラーに気づくことができるでしょう。

7.3 クローリングとスクレイピングの分離

クローリングとスクレイピングを分離しておくと、運用が楽になります。クローリング処理では取得したHTMLをファイルやデータベースに保存するだけにして、スクレイピング処理ではそのHTMLからデータを抜き出すようにします。2つの処理を分離すると次のようなメリットがあります。

- スクレイピングの処理が失敗してもクロールし直す必要がない。
- 2つの処理のうち、一方の処理を止めたとしても、もう一方の処理を継続できる。
- 単純な2つの処理に分割できるのでコードの見通しが良くなる。
- クローリングとスクレイピングの処理をそれぞれ独立してスケールさせやすくなる。

クローリングの処理とスクレイピングの処理を比較すると、一般にスクレイピングの処理のほうが失敗する可能性が高いです。取得するつもりの要素がページによって存在しなかったり、想定外のデータが含まれていたりするためです。また、Webサイトのリニューアルによってページの構造が大きく変わってしまうこともあります。

クローリング処理とスクレイピング処理を分離しておけば、スクレイピングに失敗してもクロール処

理をやり直す必要はありません。失敗したスクレイピング処理のコードを修正し、保存したHTMLからスクレイピングしなおせば良いのです。処理にかかる時間が短くて済むだけでなく、相手のWebサイトに無駄な負荷を与えずに済むというメリットもあります。

　また、スクレイピング処理のコードを修正している間も、クローリングの処理は継続できます。特に、適切にリクエスト間隔を空けてクロールしている場合、多くのページをクロールするのには時間がかかるので、このことは大きなメリットになります。

　分離した2つの処理は、何らかの方法で結びつけてやる必要があります。クローリングにかかる時間が短い場合は、クローリングの処理が完全に終了してからスクレイピングの処理を実行しても構いません。クローリングに時間がかかる場合は、メッセージキューを使って2つの処理を結びつけると効率よく処理できます（図7.15）。本節では、クローリングとスクレイピングを分離し、メッセージキューを使って連携させる方法を解説します。メッセージキューとしてはRQというライブラリを使用します。

　処理を分離することによるデメリットもあります。メッセージキューというコンポーネントが増えることで、全体としてシステムは複雑になります。また、クローリング時に起きた問題にスクレイピングの時点まで気づかないこともあります。ある程度大規模にクロールする場合でないと、メリットが得られにくいかもしれません。

▼図7.15　メッセージキューによる連携

7.3.1　メッセージキューRQの使い方

　メッセージキューとは、キュー（待ち行列）を使ってメッセージを伝達する仕組みを指します。メッセージの送信側と受信側はそれぞれ別のスレッド、プロセス、ホストにある場合が多いです。送信側は非同期的にメッセージをキューに送信し、受信側はキューにあるメッセージを順次処理します。送信側も受信側もキューとだけ通信を行い、その先を知る必要はありません。

　このようなメッセージキューは、特にエンタープライズシステムの世界で広く使われており、様々なものがあります。オープンソースソフトウェアでPythonから利用しやすいという観点で考えると、以下の2つの組み合わせが代表的です。

- RQ + Redis
- Celery + RabbitMQ

RQ[*5]とCelery[*6]はPythonのライブラリ、Redis[*7]はkey-valueストア、RabbitMQ[*8]はメッセージングのためのミドルウェアです。RQ + Redisの組み合わせのほうがシンプルで気軽に使用できるため、本書ではこちらの組み合わせを紹介します。

● Redisのインストールと起動

Redisはインメモリ型のkey-valueストアです。値として文字列、リスト、ハッシュマップ、セット、ソート済みセットなど、ある程度複雑なデータ構造をサポートしているのが特徴です。インメモリ型というように、データをメモリ上に保持するため、高速に読み書きできます。加えて、データをディスクに永続化する方法もいくつか用意されており、処理の高速さとデータの堅牢性のバランスを取りながらデータを永続化できます。

OS XではHomebrewでインストールします。redis-serverでRedisがフォアグラウンドで起動します。

```
$ brew install redis
$ redis-server
```

UbuntuではAPTでインストールします。インストールと同時に起動します。

```
$ sudo apt-get install -y redis-server
```

本書では、OS Xではバージョン3.0.6を、Ubuntuではバージョン2.8.4を使用します。

> **column　Redisのデータの永続化に関する設定**
>
> 　消えても困らないデータを保存するだけであれば、Redisをデフォルトの設定で使用しても構いませんが、本格的に運用する場合はデータの永続化について考えたほうが良いでしょう。
> 　RedisにはRDBとAOFという2つの永続化方式があります。RDBは定期的にメモリのスナップショットを取る方式で、AOFは書き込みのログをファイルに追記していく方式です。デフォルトではRDBのみが使われますが、突然の電源断などでデータを失わないためには、AOFと併用することが推奨されています。詳しくはRedisのドキュメント (http://redis.io/topics/persistence) を参照してください。

● RQのインストール

RQはRedisを使用してメッセージキューを実現するPythonのライブラリです。

---

*5　http://python-rq.org/　本書ではバージョン0.5.6を使用します。
*6　http://www.celeryproject.org/　RabbitMQだけではなくRedisやその他のデータベースとも連携できます。
*7　http://redis.io/
*8　https://www.rabbitmq.com/

```
(scraping) $ pip install rq
```

インストールに成功するとrqコマンドが使えるようになります。

```
(scraping) $ rq
Usage: rq [OPTIONS] COMMAND [ARGS]...

  RQ command line tool.

Options:
  --help  Show this message and exit.

Commands:
  empty    Empty given queues.
  info     RQ command-line monitor.
  requeue  Requeue failed jobs.
  resume   Resumes processing of queues, that where...
  suspend  Suspends all workers, to resume run `rq...
  worker   Starts an RQ worker.
```

● RQで簡単なジョブを実行する

　RQの動作イメージは図7.16のようになります。送信側でジョブをキューに投入し、受信側のワーカーがそのジョブを処理します。

▼ 図7.16　RQの動作イメージ

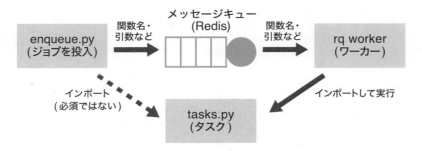

　ジョブが実行する処理をタスクと呼び、タスクはPythonの関数として定義します。**リスト7.4**のadd()関数は、2つの数値を足してその結果を表示する関数です。ワーカーからこの関数をインポートできる必要があるので、tasks.pyという名前のファイルに保存しておきます。

▼ リスト7.4　tasks.py ― タスクを関数として定義する

```
def add(x, y):
    print(x + y)
```

ジョブを投入するスクリプトは**リスト7.5**のようになります。

▼ リスト7.5　enqueue.py — ジョブを投入するスクリプト

```python
from redis import Redis
from rq import Queue

from tasks import add

# localhostのTCPポート6379で待ち受けているRedisに接続する。
# この2つの値はデフォルト値なので、省略しても良い。
conn = Redis('localhost', 6379)

# defaultという名前のQueueオブジェクトを取得する。
# この名前はデフォルト値なので、省略しても良い。
q = Queue('default', connection=conn)

# 関数と引数を指定して、ジョブを追加する。
q.enqueue(add, 3, 4)
```

なお、関数オブジェクト自体がRedisに書き込まれるわけではないため、add()関数をインポートせずに以下のように**モジュール名.関数名**という文字列を指定しても構いません。

```
q.enqueue('tasks.add', 3, 4)
```

これを保存して、次のようにジョブを投入します。

```
(scraping) $ python enqueue.py
```

何も表示されなければRedisのキューに関数名や引数の情報が書き込まれた状態になっています。`rq info`コマンドでキューやワーカーの状態を確認できます。defaultという名前のキューに1つのジョブが存在することがわかります。

```
(scraping) $ rq info
default         |■ 1
1 queues, 1 jobs total

0 workers, 1 queues

Updated: 2016-02-21 11:05:04.961180
```

別のターミナルを開き、以下のように`rq worker`コマンドでワーカーを起動します。コマンドの引数でキューの名前を指定できますが、何も指定しない場合はdefaultキューのジョブを処理します。

```
(scraping) $ rq worker
```

```
11:05:27 RQ worker 'rq:worker:*****.XXXX' started, version 0.5.6
11:05:27
11:05:27 *** Listening on default...
11:05:27 default: tasks.add(3, 4) (c72cada6-cc9b-488e-9e37-34cdfb2d42eb)
7
11:05:27 Job OK
11:05:27 Result is kept for 500 seconds
11:05:27
11:05:27 *** Listening on default...
```

ワーカーを起動すると、ジョブが実行されてログが表示されます。5行目に3と4を足した結果の7が表示されていることがわかるでしょう。

ワーカーを起動した状態で、再度python enqueue.pyを実行すると直ちにワーカー側でジョブが実行されることが確認できます。RQを使うと、このようにジョブを別のプロセスで非同期的に実行可能です。起動したワーカーは Ctrl + C で終了できます。

7.3.2 メッセージキューによる連携

RQを使い、**3.7.4**で作成したクローラーのクローリングとスクレイピングの処理を分離します。このクローラーは、技術評論社の電子書籍販売サイトから一覧・詳細パターンでクロールして、電子書籍のタイトルや価格、目次などをMongoDBに格納するというものでした。Webページの取得にはRequestsを、スクレイピングにはlxmlを、MongoDBへの保存にはPyMongoを使っています。

このクローラーをメッセージキューで分離すると、**リスト7.6**と**リスト7.7**のようになります。前者がクローリング処理、後者がスクレイピング処理を担当します。全体の構成は**図7.17**のようになります。

▼ 図7.17　RQを使ったクローリングとスクレイピングの分離

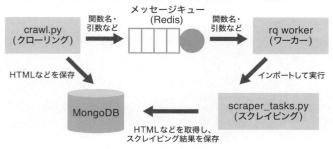

まずクローリング処理で大きく変わっているのは、main()関数のfor文の中でscrape_detail_page()関数を呼び出してスクレイピングしていたところが、MongoDBにHTMLやURLなどを格納してRQにジョブを投入するという処理に変わっている点です。

元々の処理ではスクレイピングして得られた電子書籍の情報をMongoDBのscrapingデータベースの

ebooksというコレクションに格納していました。しかし、ここではebooksコレクションに加えて、ebook_htmlsというコレクションを使用しています。ebook_htmlsにはクロールして得られたHTMLなどを格納します。

RQにジョブを投入する際は、引数としてkeyのみを指定しています。ワーカー側ではこのkeyを使ってMongoDBからHTMLを取得できます。HTMLをジョブの引数として直接RQに渡すことも可能ですが、このような構成にしておくとメリットがあります。

- Redisのメモリ消費が少なくて済む。
- 一度スクレイピングが成功した後でもHTMLからスクレイピングし直すことができる。
- キューにジョブを投入した後にHTMLに加えた変更をワーカー側から参照できる。

キーワード引数のresult_ttl=0はタスクの戻り値の有効期限を0秒とする、すなわち戻り値を保存しないことを意味します。これで処理が完了したジョブは直ちにRedisから取り除かれます。

▼ リスト7.6　crawl.py ─ クローリング処理

```python
import time
import re
import sys

import requests
import lxml.html
from pymongo import MongoClient
from redis import Redis
from rq import Queue


def main():
    """
    クローラーのメインの処理。
    """
    q = Queue(connection=Redis())

    client = MongoClient('localhost', 27017)  # ローカルホストのMongoDBに接続する。
    collection = client.scraping.ebook_htmls  # scrapingデータベースのebook_htmlsコレクションを得る。
    # keyで高速に検索できるように、ユニークなインデックスを作成する。
    collection.create_index('key', unique=True)

    session = requests.Session()
    response = session.get('https://gihyo.jp/dp')  # 一覧ページを取得する。
    urls = scrape_list_page(response)  # 詳細ページのURL一覧を得る。
    for url in urls:
        key = extract_key(url)  # URLからキーを取得する。

        ebook_html = collection.find_one({'key': key})  # MongoDBからkeyに該当するデータを探す。
```

```python
            if not ebook_html:  # MongoDBに存在しない場合だけ、詳細ページをクロールする。
                time.sleep(1)
                print('Fetching {0}'.format(url), file=sys.stderr)
                response = session.get(url)  # 詳細ページを取得する。

                # HTMLをMongoDBに保存する。
                collection.insert_one({
                    'url': url,
                    'key': key,
                    'html': response.content,
                })

                # キューにジョブを追加する。
                # result_ttl=0という引数はタスクの戻り値を保存しないことを意味する。
                q.enqueue('scraper_tasks.scrape', key, result_ttl=0)


def scrape_list_page(response):
    """
    一覧ページのResponseから詳細ページのURLを抜き出す。
    """
    root = lxml.html.fromstring(response.content)
    root.make_links_absolute(response.url)

    for a in root.cssselect('#listBook a[itemprop="url"]'):
        url = a.get('href')
        yield url


def extract_key(url):
    """
    URLからキー（URLの末尾のISBN）を抜き出す。
    """
    m = re.search(r'/([^/]+)$', url)
    return m.group(1)

if __name__ == '__main__':
    main()
```

　ワーカーで実行するのは、**リスト7.7**のscrape()関数です。この関数は引数としてkeyを取り、MongoDBのebook_htmlsコレクションからHTMLなどを取得し、そこからスクレイピングして得られた電子書籍の情報をebooksコレクションに保存します。

▼ リスト7.7　scraper_tasks.py — スクレイピング処理

```python
import re

import lxml.html
from pymongo import MongoClient


def scrape(key):
    """
    ワーカーで実行するタスク。
    """

    client = MongoClient('localhost', 27017)  # ローカルホストのMongoDBに接続する。
    html_collection = client.scraping.ebook_htmls  # scrapingデータベースのebook_htmlsコレクションを得る。

    ebook_html = html_collection.find_one({'key': key})  # MongoDBからkeyに該当するデータを探す。
    ebook = scrape_detail_page(key, ebook_html['url'], ebook_html['html'])

    ebook_collection = client.scraping.ebooks  # ebooksコレクションを得る。
    # keyで高速に検索できるように、ユニークなインデックスを作成する。
    ebook_collection.create_index('key', unique=True)
    ebook_collection.insert_one(ebook)  # ebookを保存する。


def scrape_detail_page(key, url, html):
    """
    詳細ページのResponseから電子書籍の情報をdictで得る。
    """
    root = lxml.html.fromstring(html)
    ebook = {
        'url': url,  # URL
        'key': key,  # URLから抜き出したキー
        'title': root.cssselect('#bookTitle')[0].text_content(),  # タイトル
        'price': root.cssselect('.buy')[0].text.strip(),  # 価格
        'content': [normalize_spaces(h3.text_content()) for h3 in root.cssselect('#content > h3')],  # 目次
    }
    return ebook


def normalize_spaces(s):
    """
    連続する空白を1つのスペースに置き換え、前後の空白は削除した新しい文字列を取得する。
    """
    return re.sub(r'\s+', ' ', s).strip()
```

それではこのクローラーを実行してみましょう。最初にRedisとMongoDBが起動していることを確認してください。scraping.ebooksコレクションが既に存在する場合は、削除しておいたほうが動作がわかりやすいでしょう。

第 7 章 | クローラーの継続的な運用・管理

リスト7.6をcrawl.pyという名前で、リスト7.7をscraper_tasks.pyという名前で保存します。ワーカーを実行しておきます。

```
(scraping) $ rq worker
```

別のターミナルでクローラーを実行します。

```
(scraping) $ python crawl.py
```

ワーカー側のターミナルに以下のように表示されて、スクレイピング処理が行われていることがわかります。

```
15:16:43 default: scraper_tasks.scrape('978-4-7741-8020-5') (1990b702-7ccf-4620-a2be-b4d4d357b344)
15:16:43 Job OK
15:16:43 Result discarded immediately
15:16:43
15:16:43 *** Listening on default...
...
```

MongoDBの中身を確認すると、スクレイピングできていることがわかるでしょう。実行中にワーカーを停止させてもクロール処理は問題なく継続します。再度ワーカーを起動するとキューに溜まっていたジョブが順次処理されていく様子が確認できるでしょう。元のクローラーに比べて、クローリング処理とスクレイピング処理を分割して見通しが良くなりました。

---

column　ScrapyからRQにジョブを投入する

Scrapyを使用している場合でも、クローリング処理とスクレイピング処理を分離する方法は有効です。クローリング処理はScrapyのSpiderで行い、スクレイピング処理はワーカーで行うのです。

まず、Spiderではリスト7.8のようにして、ItemにHTMLをそのまま格納します。response.textでstr型のHTMLを取得できます。

▼ リスト7.8　SpiderではItemにHTMLを格納する

```python
class MySpider(scrapy.Spider):
    # ...

    def parse(self, response):
        yield MyItem(
            url=response.url,
            key=extract_key(response.url),
            html=response.text)
```

Spiderで抽出したItemをPipelineで処理するようプロジェクトのsettings.pyで設定します。以下のように、

MongoPipelineでMongoDBに保存した後に、RQPipelineでキューにジョブを追加するという流れにします。

```
ITEM_PIPELINES = {
    'myproject.pipelines.MongoPipeline': 800,
    'myproject.pipelines.RQPipeline': 900,
}
```

RQPipelineはリスト7.9のようになります。

▼ リスト7.9　RQにジョブを投入するPipeline

```
from redis import Redis
from rq import Queue


class RQPipeline:
    """
    RQにジョブを投入するPipeline。
    """

    def open_spider(self, spider):
        """
        Spiderの開始時にRedisに接続してQueueオブジェクトを取得する。
        """

        self.queue = Queue(connection=Redis())

    def process_item(self, item, spider):
        """
        RQにジョブを投入する。
        """

        self.queue.enqueue('scraper_tasks.scrape', item['key'], result_ttl=0)
        return item
```

　このように設定した上で別途ワーカーを起動しておき、Spiderを実行すると、スクレイピング処理をワーカー側で行えます。
　なお、ItemにHTMLを格納するとSpider実行時にログにHTML全体が表示され、読みにくくなってしまいがちです。Itemの__repr__()メソッドを定義してHTMLを含むフィールドの表示を省略すると、ログが読みやすくなります。**6.7.2**で作成したPagesクラスの処理を参照してください。

7.3.3 メッセージキューの運用

メッセージキューを運用するにあたって必要な、ワーカーのデーモン化とエラー処理について解説します。

● ワーカーのデーモン化

サーバー上でメッセージキューを動作させる場合、ワーカーは常時に起動させておくことになります。Supervisor[9]を使うと、RQのワーカーのようにフォアグラウンドで動作するプロセスを簡単にデーモン化して管理できます。OSにもUpstartやSystemdなどのデーモン管理の仕組みがありますが、SupervisorはOSに依らずに利用できて設定もシンプルです。Ubuntuにインストールします。

```
$ sudo apt-get install -y supervisor
```

本書ではバージョン3.0b2-1を使用します。SupervisorはPythonで書かれているためpip[10]でインストールすることも可能ですが、Supvervisor自体を自動起動する設定が別途必要になるので、パッケージでインストールするほうが楽です。

Supervisorのメインの設定ファイルは/etc/supervisor/supervisord.confです。デーモン化したい個別のプログラムの設定ファイルは、/etc/supervisor/conf.d/内に.confという拡張子で置きます。

RQのワーカーをデーモン化するための設定は**リスト7.10**のようになります。デーモン化したいコマンドごとに[program:<プログラム名>]というセクションを記述します。ここではmyworkerがプログラム名です。これを/etc/supervisor/conf.d/rqworker.confに保存します。

▼ リスト7.10　rqworker.conf — SupervisorでRQのワーカーをデーモン化するための設定

```
[program:myworker]
; 起動するコマンドを指定する。
; 仮想環境内で実行するには仮想環境のbin/rqを指定する。
; 引数で待ち受けるキューの名前を指定することも可能。
command=/home/ubuntu/crawler/scraping/bin/rq worker

; コマンドを実行するユーザーを指定する。
user=ubuntu

; プロセス数を指定する。
; 数字を増やすと複数のワーカーを起動して処理を分散できる。
numprocs=1

; プロセス名を指定する。
```

---

[9] http://supervisord.org/
[10] 執筆時点ではSupervisorはPython 2のみに対応しているので、Python 2のpipを使う必要があります。

```
; デフォルトはプログラム名と同じだが、numprocsを2以上にする場合はprocess_numを含める必要がある。
;process_name=%(program_name)s.%(process_num)s

; 実行するディレクトリを指定する。
; ワーカーはこのパスからモジュールをインポートするので、適切なディレクトリを指定する必要がある。
directory=/home/ubuntu/crawler

; プログラムを停止させるためのシグナルを指定する。
; RQはTERMシグナルを受けると、実行中のジョブが終了するのを待って終了する。
; 10秒以内に終了しない場合、Supervisorが強制的に終了させる。
stopsignal=TERM

; Supervisorの起動時に自動的に起動させる。
autostart=true
```

設定ファイルを保存したらSupervisorを再起動します。

```
$ sudo service supervisor restart
```

再起動すると、autostart=trueの設定によってワーカーも起動します。以下のコマンドでSupervisorが管理しているプログラムの状態を確認できます。

```
$ sudo supervisorctl status
myworker                         RUNNING    pid 1910, uptime 0:00:38
```

myworkerがRUNNING以外の状態になっている場合は、/var/log/supervisor/以下にあるログファイルを確認します。特に先にRedisが起動していないと、ワーカーの起動に失敗するので注意してください。ワーカーが起動した状態でRedisのキューにジョブが追加されると、ワーカーでジョブが処理されます。

● エラー処理

スクレイピング処理ではしばしばエラーが起きるので、エラーの処理も大切です。RQでは、ワーカーでのタスク実行中に例外が発生した場合、デフォルトではfailedという名前のキューにジョブが移動されます。なお、タスクはワーカーの子プロセスで実行されるため、例外が発生してもワーカーごと停止してしまうことはありません。

以下のコマンドでfailedキューに入ったすべてジョブを元のキューに再投入できます。

```
(scraping) $ rq requeue --all
```

失敗したジョブは削除してしまったほうが扱いやすい場合もあります。以下のコマンドでfailedキューからすべてのジョブを取り除き、空にできます。

```
(scraping) $ rq empty failed
```

エラーになったことに気づくためには、Nagios[*11]やZabbix[*12]などの監視ツールでfailedキューの長さを監視し、長さが1以上になったらアラートを上げるようにすると良いでしょう。

以下のようにrq infoコマンドに--rawオプションと--only-queuesオプションをつけて、引数にキューの名前を指定して実行すると、そのキューに含まれるジョブの数が比較的処理しやすい形で得られます。--rawオプションは棒グラフを表示しないオプションで、--only-queuesオプションはキューの情報のみを表示するオプションです。

```
(scraping) $ rq info --raw --only-queues failed
queue failed 1
```

7.4　クローリングの高速化・非同期化

クローリング処理を高速化するための手法を解説します。ダウンロード速度自体を速くするのは難しいので、並行して処理することで全体として高速化することになります。一口に並行処理と言っても様々な方法があり、それぞれメリット・デメリットがあります。ここでは以下の3つの方法を解説します。

- マルチスレッド：複数のスレッドを使う
- マルチプロセス：複数のプロセスを使う
- 非同期I/O：1つのスレッドで複数のI/Oを行う

第6章で紹介したScrapyは非同期I/OフレームワークのTwistedをベースにしているため、ユーザーが意識しなくても非同期I/Oの恩恵を受けて高速にクロールできます。設定のチューニングについては、6.5.3を参照してください。

並行処理できるからと言って、1つのWebサイトに対して10や20も同時にアクセスしては相手側の迷惑になってしまいます。複数のWebサイトを対象にクロールするときに使うべきでしょう。

7.4.1　マルチスレッド化・マルチプロセス化

Pythonで並行処理をしようと思ったときに手軽に使えるのが、マルチスレッド化、マルチプロセス化です。

[*11] https://www.nagios.org/
[*12] http://www.zabbix.com/jp/

● スレッドとプロセス

　スレッドは1つのプロセス内で複数作成でき、別のスレッドとメモリ空間を共有します。プロセスを新しく作成するより、スレッドを新しく作成するほうが高速です。

　Pythonにはスレッドを管理するための`threading`モジュールや、マルチプロセスを管理するための`multiprocessing`モジュールがあります。さて、マルチスレッドとマルチプロセスのどちらを使えば良いのでしょうか。Python[*13]でマルチスレッドを使うときに知っておくべきこととして、Global Interpreter Lock（GIL）の存在があります。GILは、1つのプロセス内で同時に実行されるのは1つのスレッドのみであることを保証するためのロック機構です。

　一般に複数のスレッドから1つの変数を同時に書き換えると、予期しない結果が生じえます。このため、書き換え操作の時にロックを取り、一度に1つのスレッドからしか書き換えを行わないようにする必要があります。例えば言語レベルでスレッドをサポートしているJavaでは、synchronizedというキーワードでロックを取ることができます。一方PythonではGILがあるので、開発者が意識しなくても暗黙的にロックが取られます。GILを使うPythonのアプローチは、マルチスレッドによるバグを生みにくい代わりに、マルチスレッドの性能を十分に得られない場合があるというデメリットがあります。

　Pythonでマルチスレッドを使う場合は、並行して実行したい処理がCPUバウンドの処理であるかI/Oバウンドの処理であるかを見極める必要があります。CPUバウンドの処理とは数値計算のようにCPUで計算を行う時間が多くを占めている処理で、I/Oバウンドの処理とはディスクからの読み込みや通信のようなI/O（入出力）の時間が処理時間の多くを占めている処理です。クローラーでよくある処理は次のように分類できます。

- Webページの取得：I/Oバウンド
- Webページからのスクレイピング：CPUバウンド
- ファイルやデータベースの読み書き：I/Oバウンド

　GILを使うPythonでは、CPUバウンドの処理をマルチスレッドで実行しても処理時間の短縮を期待できないどころか、むしろシングルスレッドで実行するより遅くなることもあります。I/Oバウンドの処理であれば、I/Oを待っている間に他のスレッドの処理を実行できるので、処理時間の短縮を期待できます。CPUバウンドの処理は、CPUのコアが複数あれば、マルチプロセスで処理することで処理時間の短縮を期待できます。

　マルチプロセス処理にも弱点はあります。プロセスの生成コストはスレッドの生成コストよりも高いので、多くのプロセスに処理を細かく分割するのには向きません。また、各プロセスのメモリ空間は完全に独立しているので、プロセス間で状態を共有するには専用の処理を記述する必要があり、処理も遅

[*13] 本項でPythonと呼ぶのは、正確にはCPythonと呼ばれる標準のPython実装の話です。JythonやIronPythonなど他のPython実装ではGILを持たないものもありますが、本書では扱いません。

くなります*14。まとめると、表7.4のようになります。

▼ 表7.4　Pythonでのマルチスレッドとマルチプロセスの向き不向き

	マルチスレッド	マルチプロセス
CPUバウンドの処理	△	○
I/Oバウンドの処理	○	○
細かい処理の分割	○	△
状態の共有	○	△

※凡例　○：得意、△：不得意

threadingモジュールやmultiprocessingモジュールを直接使用しても構いませんが、これらをラップした高レベルのAPIも用意されています。単に並行処理を行いたいだけで、スレッドやプロセスの細かい制御が必要ない場合は、concurrent.futuresモジュールのThreadPoolExecutorクラスやProcessPoolExecutorクラスを使用すると便利です。これらのクラスを使うと、指定した数のスレッドやプロセスをプールとして用意しておき、空いたものに順次処理を割り当てて実行できます。

● マルチスレッド・マルチプロセスでのクローリング

リスト7.11は、はてなブックマークの人気エントリーのRSSからURLを取得し、個々のページをマルチスレッドでクロールするスクリプトです。

fetch_and_scrape()関数はRequestsやBeautiful Soupを使った普通の関数ですが、これがmain()関数とは別のスレッドで並行処理されます。fetch_and_scrape()関数で一番時間がかかるのはWebページを取得する処理なので、I/Oバウンドの処理と言えます。

ThreadPoolExecutorは指定した数（ここでは3つ）のスレッドで、与えられた関数を順次並行処理していくためのクラスです。executor.submit()メソッドで個々のURLを引数としてfetch_and_scrape()関数の実行をスケジューリングします。このメソッドは処理をスケジューリングするだけなので、fetch_and_scrape()関数の終了を待つことなく、直ちにFutureオブジェクトを返します。スケジューリングされた関数は、3つのスレッドで順次実行されます。

すべてのURLをスケジューリングし終えたら、あとは結果を待つだけです。future.result()メソッドはfetch_and_scrape()関数の実行が完了するまで待ち、その戻り値を返します。

▼ リスト7.11　crawl_with_multi_thread.py ── マルチスレッドでクロールするスクリプト

```
import sys
from concurrent.futures import ThreadPoolExecutor

import feedparser
```

*14　一般に、並行処理を行う場合は可能な限り状態を共有しないようにするのがコツです。

```python
import requests
from bs4 import BeautifulSoup


def main():
    # 人気エントリーのRSSからURLのリストを取得する。
    d = feedparser.parse('http://b.hatena.ne.jp/hotentry.rss')
    urls = [entry.link for entry in d.entries]

    # 最大3スレッドで並行処理するためのExecutorオブジェクトを作成。
    executer = ThreadPoolExecutor(max_workers=3)
    # Futureオブジェクトを格納しておくためのリスト。
    futures = []
    for url in urls:
        # 関数の実行をスケジューリングし、Futureオブジェクトを得る。
        # submit()の第2引数以降はfetch_and_scrape()関数の引数として渡される。
        future = executer.submit(fetch_and_scrape, url)
        futures.append(future)

    for future in futures:
        # Futureオブジェクトから結果（関数の戻り値）を取得して表示する。
        print(future.result())


def fetch_and_scrape(url):
    """
    引数で指定したURLのページを取得して、URLとタイトルを含むdictを返す。
    """

    print('Start downloading', url, file=sys.stderr)

    response = requests.get(url)
    soup = BeautifulSoup(response.content, 'lxml')
    return {
        'url': url,
        'title': soup.title.text.strip(),
    }

if __name__ == '__main__':
    main()
```

　リスト7.11をcrawl_with_multi_thread.pyという名前で保存して実行します。実行すると以下のように表示され、並行処理されていることがわかります。

```
(scraping) $ python crawl_with_multi_thread.py
Start downloading http://anond.hatelabo.jp/20160228001028
Start downloading http://himasoku.com/archives/51943087.html
Start downloading http://www.in-activism.com/entry/blood-type-statistics
Start downloading http://www3.nhk.or.jp/news/html/20160228/k10010424361000.html
Start downloading http://www.asahi.com/articles/ASJ2S6KGRJ2SUTIL04Y.html
Start downloading http://kyoumoe.hatenablog.com/entry/20160228/1456602263
{'url': 'http://anond.hatelabo.jp/20160228001028', 'title': 'ニッポンはもうIT大国になれない'}
{'url': 'http://himasoku.com/archives/51943087.html', 'title': '【動画あり】東京在住の中学3年生が
作ったSF映画「2045」が大絶賛 / 鑑賞者「これは素晴らしい!」: 暇人\(^o^)/速報 - ライブドアブログ'}
{'url': 'http://www.in-activism.com/entry/blood-type-statistics', 'title': '批難中傷が多いのは
A型?!血液型は関係ないと言いつつも統計結果が出てしまいました - 非アクティビズム。'}
Start downloading http://applembp.blogspot.com/2016/02/20-CD-for-1st-iPod-Introduction-Event-
Steve-Jobs-2001.html
...
```

リスト7.11のimport文とmain()関数で使用しているThreadPoolExecutorをProcessPoolExecutorに置き換えるだけで、マルチスレッドの代わりにマルチプロセスで処理を行えます。

筆者の環境で試したときには、1スレッドで実行すると15秒程度かかっていたのが、3スレッドまたは3プロセスで実行することで4秒程度で完了するようになりました。

7.4.2　非同期I/Oを使った効率的なクローリング

Python 3.4から標準モジュールとして導入されたasyncioで、非同期I/Oが使えます。非同期I/Oなら単一のスレッドで複数のI/Oを同時に処理できるため、効率よく実行できます。asyncioの上で動作するaiohttpというライブラリを使って、非同期にクロールする方法を解説します。

● asyncioとは

asyncioではコルーチンと呼ばれる軽量プロセスを使って非同期処理を実現します。コルーチンはプロセスやスレッドよりも生成コストが小さいため、処理を多くのコルーチンに細かく分割しても問題になりにくいメリットがあります。スレッドやプロセスで完全に分離するのは難しいような処理も、I/Oバウンドの処理を小さい単位で非同期に実行し、全体として効率よく処理できます。

Node.jsやWebサーバーのnginxなど非同期I/Oを活用したソフトウェアの性能の高さは広く認識されています。PythonにもScrapyがベースにしているTwistedを始めとして、WebサーバーのTornado、geventなど様々な非同期I/Oフレームワークがあります。しかし、これらのフレームワーク同士は互換性がなく、コールバック関数の多用でコードの可読性が低いなど問題がありました。

そこで、非同期I/Oを標準化するためにasyncioが導入されました。さらにPython 3.5から非同期I/Oのためのasync/await構文が追加され、よりわかりやすいコードを書けるようになっています。

● asyncioの使い方

簡単なサンプルを通してasyncioの使い方とasync/await構文を解説します。ここでは、Python 3.5から導入された構文を使用するので、Python 3.4では動きません。Python 3.4を使う場合は346ページのコラムを参照してコードを置き換えてください。asyncioの解説やソースコードではPython 3.4の構文が使われることもあるので、Python 3.4を使わない場合でも構文を知っておくと役立つでしょう。

リスト7.12は、非同期で3つのジョブを同時に実行するスクリプトです。これを実行します。

▼ リスト7.12　slow_jobs_async.py — asyncioを使って時間のかかる処理を非同期的に実行する

```python
import asyncio


async def slow_job(n):
    """
    引数で指定した秒数だけ時間のかかる処理を非同期で行うコルーチン。
    asyncio.sleep()を使って擬似的に時間がかかるようにしている。
    """
    print('Job {0} will take {0} seconds'.format(n))
    await asyncio.sleep(n)  # n秒sleepする処理が終わるまで待つ。
    print('Job {0} finished'.format(n))


loop = asyncio.get_event_loop()  # イベントループを取得。
coroutines = [slow_job(1), slow_job(2), slow_job(3)]  # 3つのコルーチンを作成。コルーチンはこの時点では実行されない。
loop.run_until_complete(asyncio.wait(coroutines))  # イベントループで3つのコルーチンを実行、終了まで待つ。
```

```
(scraping) $ python slow_jobs_async.py
Job 2 will take 2 seconds
Job 1 will take 1 seconds
Job 3 will take 3 seconds
Job 1 finished
Job 2 finished
Job 3 finished
```

3つのジョブはすぐに実行開始されますが、終わるタイミングはそれぞれ1秒後、2秒後、3秒後です。非同期I/Oを待つ時間（sleepしている時間）は別の処理を実行できるので、全体としては3秒で終了します。

同様の処理を非同期I/Oを使わずに同期的に書いたのが**リスト7.13**です。これを実行します。

▼ リスト7.13 slow_jobs_sync.py ― 時間のかかる処理を同期的に実行する

```
import time


def slow_job(n):
    """
    引数で指定した秒数だけ時間のかかる処理を行う関数。
    time.sleep()を使って擬似的に時間がかかるようにしている。
    """
    print('Job {0} will take {0} seconds'.format(n))
    time.sleep(n)    # n秒待つ。
    print('Job {0} finished'.format(n))


slow_job(1)
slow_job(2)
slow_job(3)
```

```
(scraping) $ python slow_jobs_sync.py
Job 1 will take 1 seconds
Job 1 finished
Job 2 will take 2 seconds
Job 2 finished
Job 3 will take 3 seconds
Job 3 finished
```

　3つのジョブは順番に実行され、sleepしている時間は他の処理を実行できないので、全体としては1+2+3=6秒かかります。つまりこの例では、非同期I/Oを活用したほうが2倍高速であると言えます。非同期I/Oのポイントは、I/O処理待ちというCPUが使われていない時間に他の処理を行うことで、全体として効率よく処理できるという点です。

　それでは**リスト7.12**のコードを詳しく見ていきましょう。**async def文**はコルーチン関数を宣言します。**コルーチン関数**とは、呼び出したときに中身がすぐには実行されず、コルーチンオブジェクトが得られる特殊な関数です。**コルーチンオブジェクト**は何らかの処理（典型的にはコルーチン関数の中身）を表し、実行するとしばらくして結果が得られるオブジェクトです。以降では厳密な区別が必要な場合を除き、コルーチン関数とコルーチンオブジェクトを総称して**コルーチン**と呼びます。

　コルーチンオブジェクトを実行するには、イベントループに登録する必要があります。**イベントループ**はすべてのコルーチンが実際に実行される場所で、asyncio.get_event_loop()関数で取得できます。asyncio.wait()は引数で指定した複数のコルーチンを実行し、すべて終わるまで待つ新しいコルーチンを返します。loop.run_until_complete()は、イベントループで引数のコルーチンを実行し、終わるまでブロックします。

　コルーチンslow_job()内では、await asyncio.sleep(n)としてn秒待っています。asyncio.sleep()

はtime.sleep()の非同期版です。**await文**はコルーチン内で指定した別のコルーチンを実行し、そのコルーチンの処理が完了するまでイベントループに処理を戻します。実行したコルーチンの処理が完了すると、await文はコルーチンの返した値を返し、元のコルーチンの処理を再開します。await文はasync def文で定義したコルーチン内にしか記述できません。

実行の様子を図で表すと図7.18のようになります。この図で灰色の矢印がイベントループを表します。コルーチンの処理はあくまで1スレッドのイベントループ上で順次実行されるという点が重要です。時間のかかる非同期I/O（ここではasyncio.sleep()）の完了を待っている間に他のコルーチンの処理を実行できるので、全体として複数の処理を効率よく実行できます。

▼ 図7.18　slow_jobs_async.pyの実行イメージ

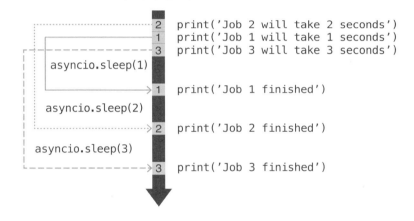

● asyncioを使ったクローリング

asyncioは非同期I/Oの基盤となる機能を提供するライブラリであり、Webページを取得する機能は含まれていません。そこでサードパーティライブラリのaiohttp[*15]を使用します。

```
(scraping) $ pip install aiohttp
```

aiohttpは非同期I/Oを使っていることを除けば、Requestsと似たようなAPIを提供しています。aiohttpを使ってはてなブックマークの人気エントリーのURLを非同期にクロールするスクリプトが**リスト7.16**です。

そのまま実行すると全リクエストが非同期的に同時に実行されてしまうので、セマフォで同時リクエスト数を3に制限しています。セマフォは、同時にロックを獲得できる数を指定した数に制限する仕組

[*15]　https://pypi.python.org/pypi/aiohttp　本書ではバージョン0.21.2を使用します。

みです。

リスト7.16をcrawl_with_aiohttp.pyという名前で保存して実行します。実行すると以下のように表示され、非同期にクロールできていることがわかります。

```
(scraping)$ python crawl_with_aiohttp.py
Start downloading http://togech.jp/2016/02/29/33102
Start downloading http://www.asahi.com/articles/ASJ2Y33P6J2YPLZB00K.html
Start downloading http://bylines.news.yahoo.co.jp/yamamotoichiro/20160229-00054907/
Start downloading http://news.denfaminicogamer.jp/column01/xevious-contribute
{'title': '京大の授業妨害容疑、中核派全学連委員長ら3人を逮捕：朝日新聞デジタル', 'url':
'http://www.asahi.com/articles/ASJ2Y33P6J2YPLZB00K.html'}
Start downloading http://tabroom.jp/contents/report/ranking2015/
{'title': '【速報】山手線全29駅、一日で食べ歩きすると死ぬほど疲れる事が判明 - トゥギャッチ',
'url': 'http://togech.jp/2016/02/29/33102'}
Start downloading http://yunazuno.hatenablog.com/entry/2016/02/29/090001
{'title': '「ラーメン食べ過ぎて大事故」一部報道の顛末(山本一郎) - 個人 - Yahoo!ニュース',
'url': 'http://bylines.news.yahoo.co.jp/yamamotoichiro/20160229-00054907/'}
...
```

ここでは同時ダウンロード数を3に制限しているので、マルチスレッド・マルチプロセスによるダウンロード処理との違いがあまり感じられないかと思います。しかし、同時実行数が増えるにつれて違い

> **column** Python 3.4でasyncioを使う
>
> Python 3.4ではasync def文とawait文を次のように置き換えます。
>
> ▼ **リスト7.14** async def文によるコルーチン関数の宣言
>
> ```
> # Python 3.5以降
> async def slow_job():
>     ...
>
> # Python 3.4
> @asyncio.coroutine
> def slow_job():
>     ...
> ```
>
> ▼ **リスト7.15** await文によるコルーチンオブジェクトの実行結果の取得
>
> ```
> # Python 3.5以降
> response = await get()
>
> # Python 3.4
> response = yield from get()
> ```

7.4 クローリングの高速化・非同期化

が明確になっていきます。スレッド数やプロセス数が増えると必要なメモリも増えていきますが、非同期I/Oを使うと1つのスレッドだけで効率よく処理できます。本来これらは対立する概念ではありません。非同期I/Oを使う処理を複数のスレッド・プロセスで実行すれば、より多くの処理を同時に実行できるようになります。

▼ リスト7.16　crawl_with_aiohttp.py — aiohttpを使って非同期にクロールする

```python
import sys
import asyncio

import aiohttp
import feedparser
from bs4 import BeautifulSoup

# 最大同時ダウンロード数を3に制限するためのセマフォを作成。
semaphore = asyncio.Semaphore(3)


async def main():
    # 人気エントリーのRSSからURLのリストを取得する。
    d = feedparser.parse('http://b.hatena.ne.jp/hotentry.rss')
    urls = [entry.link for entry in d.entries]

    # セッションオブジェクトを作成。
    with aiohttp.ClientSession() as session:
        # URLのリストに対応するコルーチンのリストを作成。
        coroutines = []
        for url in urls:
            coroutine = fetch_and_scrape(session, url)
            coroutines.append(coroutine)

        # コルーチンを完了した順に返す。
        for coroutine in asyncio.as_completed(coroutines):
            # コルーチンの結果を表示する。
            print(await coroutine)


async def fetch_and_scrape(session, url):
    """
    引数で指定したURLのページを取得して、URLとタイトルを含むdictを返す。
    """

    # セマフォでロックを獲得できるまで待つ。
    with await semaphore:
        print('Start downloading', url, file=sys.stderr)

        # 非同期にリクエストを送り、レスポンスヘッダを取得する。
        response = await session.get(url)
```

347

第7章 クローラーの継続的な運用・管理

```
        # レスポンスボディを非同期に取得する。
        soup = BeautifulSoup(await response.read(), 'lxml')

        return {
            'url': url,
            'title': soup.title.text.strip(),
        }

if __name__ == '__main__':
    # イベントループを取得。
    loop = asyncio.get_event_loop()
    # イベントループでmain()を実行し、完了するまで待つ。
    loop.run_until_complete(main())
```

> **column 複数のマシンによる分散クローリング**
>
> ここまで解説した高速化の手法はすべて1台のマシンだけを使うものでした。1台のマシンで十分な性能が得られない場合、複数のマシンを使います。クラウド環境であれば複数のマシンを用意するのは簡単です。
> 複数のマシンによる分散クローリングの実現方法としては大きく以下の2つに分けられます。
>
> - リクエスト対象のホストによってマシンを分割する
> - メッセージキューを使って複数のマシンを連携させる
>
> 前者の方法は、特に同時実行制御は行わず、それぞれのマシンが完全に別のホストを対象にクロールすることになります。それぞれのマシンでのクロール方法は、1台のマシンでクロールするときと変わりません。
> リクエスト対象のホストを複数のマシンに均等に分割できない場合や、リンクをたどった結果としてそれぞれのマシンが同じサイトをクロールしてしまう可能性がある場合には、この方法は向きません。このような場合は、後者のメッセージキューによって複数のマシンを連携させる方法が良いでしょう。
> 後者の方法では、クロール時にページから抽出したリンクをメッセージキューに追加し、次にクロールするリンクをメッセージキューから取得するようにします。1つのキューに複数のマシンから接続すれば、複数のマシンに処理を分散させられます。**7.3**では、クローリング処理とスクレイピング処理をメッセージキューによって分離する方法を解説しましたが、さらにクローリング処理にもメッセージキューを使うことで、複数のマシンで分散クローリングできるようになります。
> このように複数のマシンで分散処理する場合、マシンの数が増えるに従ってキューの負荷は高まります。また、クロール済みのURLを保持したり、スクレイピング結果を保存するためのデータベースも高い性能が要求されます。AWSであれば、スケーラブルなキューサービスであるAmazon SQSや、分散key-valueストアのDynamoDBを使うと良いでしょう。クローラーを自作することにあまりこだわらず、Apache Nutch[A]のような分散クローリング専用のソフトウェアを使うことを検討しても良いでしょう。
>
> [A] http://nutch.apache.org/

7.5 クラウドを活用する

本章では、サーバーの環境としてAmazon EC2を使ってきました。マネジメントコンソールに表示されているように、AWSには他にも様々なサービスが存在します。本節ではクラウドを使うメリットとPythonのスクリプトからクラウドストレージサービス（Amazon S3）を使う方法を紹介します。

本書では紹介しませんが、クローラー作成に役立つサービスとして以下のようなサービスもあります。

- リレーショナルデータベース（Amazon RDS）
- メモリキャッシュ（Amazon ElastiCache）
- メッセージキュー（Amazon SQS）
- メール送信（Amazon SES）

本書ではAWSのサービスを紹介しますが、他社のクラウドサービスでも概ね同等のサービスが提供されています。

7.5.1 クラウドを使うメリット

クラウドを使うことで、以下のようなメリットがあります。

- リソースを簡単に調達でき、増減させやすい
- クラウド事業者に運用を任せられる
- クラウドのサービスをAPIで操作できる

必要なときに必要な量のサーバーをすぐに用意できます。一時的に複数のサーバーを用意して、処理が終わったら削除するということも簡単です。従量課金なので、料金も使った分だけ支払えば良いです。

運用の多くをクラウド事業者に任せられるのもメリットです。例えばEC2では仮想サーバーが動作するハードウェアについて気にする必要はありません。EC2以外でも、マネージドサービスと呼ばれるサービスを使うと、運用の大部分をクラウド事業者に任せられます。例えばデータベースのマネージドサービスを使うと、そのデータベースが稼働するOSを管理せずにデータベースだけを使用できます。

このようなマネージドサービスは制約もあるものの、運用に多くの人的リソースを割けないような組織・チームでは特に効果的です。一方でマネージドサービスに依存し過ぎると、他のサービスを使いたくても乗り換えにくくなってしまうので、使いどころはよく考える必要があります。

クラウドのサービスはAPIを使ってコードから制御できるので、自動化も容易です。各種のサービスをプログラムの部品として組み合わせることができます。AWSでは、コマンドラインから使うCLIに加えて、Pythonを含む各種プログラミング言語から使えるSDKが提供されています。

クローリングという作業に注目すると、上記のメリットに加えて、異なるIPアドレスのサーバーを利用しやすいというメリットもあります。Webサイトによってはアクセスした国や地域によって異なるコンテンツを返すものがあります。全世界にデータセンターを持つクラウドサービスを使うと、手軽に海外のサーバーを使ってクロールできます。

一方で、IPアドレスはサーバーを立ち上げる度に割り振られるので、そのIPアドレスが運悪く相手のサーバーからBANされている（アクセスが拒否されている）可能性もあります。そのような場合は、サーバーを再起動してIPアドレスを変更しましょう。

7.5.2　AWSのSDKを使う

AWSでは各種プログラミング言語からAPIを呼び出すためのSDKが提供されています。PythonからAPIを使うには、AWS SDK for Python（Boto3）[*16]というライブラリを使用します。以下のコマンドでインストールします。

```
(scraping) $ pip install boto3
```

APIの呼び出しにはアクセスキー（アクセスキーIDとシークレットアクセスキー）が必要です。再びルートアカウントでログインし、IAMの画面でユーザーを選択します。認証情報のタブで「アクセスキーの作成」ボタンをクリックすると、アクセスキーを生成できます（図7.19）。

▼図7.19　アクセスキーを作成する

[*16]　http://aws.amazon.com/jp/sdk-for-python/　本書ではバージョン1.2.5を使用します。

シークレットアクセスキーは生成時にしか参照できないので、画面に表示させて控えるか、ダウンロードしておきます。忘れてしまった場合はアクセスキーを削除して再生成しましょう。

SDKで使用するアクセスキーは、個別のスクリプトで設定することも可能ですが、~/.aws/credentialsというファイルに保存しておくとCLIなどの他のツールでも使用できます。**リスト7.17**の内容でファイルを作成しておきます。

▼ リスト7.17　AWSの認証情報を格納する
```
[default]
aws_access_key_id = <アクセスキーID>
aws_secret_access_key = <シークレットアクセスキー>
```

次項でBoto3からAmazon S3を使う方法を解説します。他のサービスの使用方法についてはBoto3のドキュメント[*17]を参照してください。

7.5.3　クラウドストレージを使う

Amazon S3（Simple Storage Service）を使うと、クラウド上のストレージにファイルを保存できます。ファイルは地理的に分散した複数のデータセンターに複製されるため、データ消失の可能性を限りなく減らせます。S3上のファイルは、通常のファイルシステムのようにマウントするのではなく、API経由で読み書きします。クロールしたHTMLファイルや画像ファイルなどを格納しておくのに便利です。

S3では、バケットという入れ物を作り、その中にファイルに相当するオブジェクトを格納します。S3の管理画面から「バケットを作成」というボタンをクリックすると、**図7.20**の画面が表示され、バケット名とリージョンを指定します。バケット名は全世界でユニークな名前をつける必要があります。リージョンはEC2のリージョンと必ずしも同じである必要はありませんが、同じリージョンのほうが転送料金は安く済みます。

[*17] https://boto3.readthedocs.org/en/latest/

第7章　クローラーの継続的な運用・管理

▼図7.20　S3でバケットを作成する

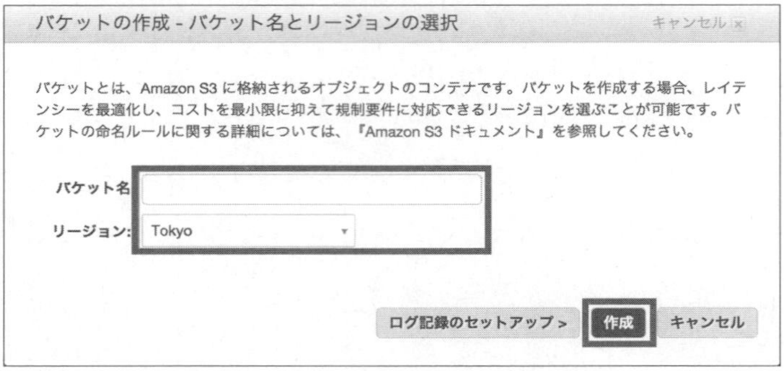

バケットを作成したら、ファイルをアップロードしたり、フォルダを作成したりできます（図7.21）。

▼図7.21　S3でバケットを操作する

インタラクティブシェルでBoto3を使うと以下のようになります。

```
(scraping) $ python
>>> import boto3
>>> s3 = boto3.resource('s3')
>>> list(s3.buckets.all())  # バケットを一覧する。
[..., s3.Bucket(name='scraping-book'), ...]
# Bucketオブジェクトを作成する。
# バケット名は自分で作成したものに置き換えてください。
>>> bucket = s3.Bucket('scraping-book')
# アップロードしたいファイルをバイナリ形式で開く。
>>> f = open('requirements.txt', 'rb')
# ファイルの中身をS3にアップロードする。Keyにはファイル名を、
# Bodyにはファイルオブジェクトまたはbytesオブジェクトを指定する。
>>> bucket.put_object(Key='requirements.txt', Body=f)
s3.Object(bucket_name='scraping-book', key='requirements.txt')
>>> list(bucket.objects.all())   # バケット内のオブジェクトを一覧する。
[s3.ObjectSummary(bucket_name='scraping-book', key='requirements.txt')]
```

Wikimedia Commons[*18]から画像ファイルをダウンロードしてS3に保存するスクリプトは**リスト 7.18**のようになります。これを`crawl_images.py`という名前で保存して実行します。実行すると以下のように表示され、ダウンロードした画像ファイルがS3に保存されます。

```
(scraping) python crawl_images.py
Downloading https://upload.wikimedia.org/wikipedia/commons/c/c8/2007-07-25_Morteratsch_04.jpg
Putting 2007-07-25_Morteratsch_04.jpg
Downloading https://upload.wikimedia.org/wikipedia/commons/0/02/Aosta_Kathedrale_-_Blick_zum_Mont_
Blanc.jpg
Putting Aosta_Kathedrale_-_Blick_zum_Mont_Blanc.jpg
...
```

[*18] https://commons.wikimedia.org/wiki/Main_Page

▼ リスト7.18　crawl_images.py — Wikimedia Commonsから画像ファイルをダウンロードしてS3に保存する

```python
import sys
import time

import requests
import lxml.html
import boto3

# S3のバケット名。自分で作成したバケットに置き換えてください。
S3_BUCKET_NAME = 'scraping-book'


def main():
    # Wikimedia Commonsのページから画像のURLを抽出する。
    image_urls = get_image_urls('https://commons.wikimedia.org/wiki/Category:Mountain_glaciers')

    # S3のBucketオブジェクトを取得する。
    s3 = boto3.resource('s3')
    bucket = s3.Bucket(S3_BUCKET_NAME)

    for image_url in image_urls:
        time.sleep(2)  # 2秒のウェイトを入れる。

        # 画像ファイルをダウンロードする。
        print('Downloading', image_url, file=sys.stderr)
        response = requests.get(image_url)

        # URLからファイル名を取得する。
        _, filename = image_url.rsplit('/', maxsplit=1)

        # ダウンロードしたファイルをS3に保存する。
        print('Putting', filename, file=sys.stderr)
        bucket.put_object(Key=filename, Body=response.content)


def get_image_urls(page_url):
    """
    引数で与えられたURLのページに表示されているサムネイル画像の元画像のURLのリストを取得する。
    """
    response = requests.get(page_url)
    html = lxml.html.fromstring(response.text)

    image_urls = []
    for img in html.cssselect('.thumb img'):
        thumbnail_url = img.get('src')
        image_urls.append(get_original_url(thumbnail_url))

    return image_urls
```

```python
def get_original_url(thumbnail_url):
    """
    サムネイルのURLから元画像のURLを取得する。
    """

    # 一番最後の/で区切り、ディレクトリに相当する部分のURLを得る。
    directory_url, _ = thumbnail_url.rsplit('/', maxsplit=1)
    # /thumb/を/に置き換えて元画像のURLを得る。
    original_url = directory_url.replace('/thumb/', '/')

    return original_url

if __name__ == '__main__':
    main()
```

7.6 まとめ

本章ではクローラーを継続的に運用・管理するためのコツを解説しました。

クローラーをサーバーで動かすことで、Cronによって定期的に実行できます。

サーバーで動かすとエラーに気づきにくくなるので、エラー時にメールを送るなどの通知は大切です。

クローラーの規模が大きくなってきたら、クローリング処理とスクレイピング処理を分離すると運用が楽になります。メッセージキューを使って2つの処理を連携させられます。

多くのWebサイトをクロールしようとするとどうしても時間がかかります。相手のサーバーに負荷をかけ過ぎないようにするのは前提として、マルチスレッド・マルチプロセス・非同期I/Oを使って並行処理すると高速にクロールできるようになります。

クラウドサービスでは、自前で用意するのは難しいサービス（データを複数のデータセンターに複製して保管できるクラウドストレージなど）が安価に提供されています。特に小さな組織では、これらのサービスを活用すると運用の多くをクラウド事業者に任せることができ、開発に集中できるでしょう。

ここで解説した内容を必ずしもすべて実践する必要はありません。クローラーを運用していく中で困ったときの助けになれば幸いです。

第7章 クローラーの継続的な運用・管理

column 外部サービスを活用したスクレイピング

本書ではPythonを使ったクローリング・スクレイピングの方法を解説してきましたが、あまり細かな処理が必要ない場合は、外部サービスを活用すると素早く目的を達成できることもあります。様々な手段を知っていれば、目的を達成するのに最適な手段を選択できるようになるでしょう。

本コラムでは外部サービスの活用例として、Import.ioというサービスを使い、iTunesの無料アプリのランキングをAPIとして取得できるようにする方法を紹介します。Import.ioは、WebページのURLを与えると、サービス側でクローリング・スクレイピングを行ってくれるサービスです。スクレイピング結果は、CSVファイルでダウンロードしたり、REST APIとして呼び出して取得したりできます。適切にマークアップされているWebページであれば、データが自動的に抜き出されます。

ブラウザーでImport.io (https://www.import.io/) を開くとURLの入力欄が表示されます。ここに http://www.apple.com/jp/itunes/charts/free-apps/ というURLを入力し、「Try it out」のボタンをクリックします。新しいタブが開き、図7.22の画面が表示されます。抜き出したいデータに関する指定は何もしていないにもかかわらず、ランキングの順位やアプリの画像、アプリの名前などが抜き出されていることがわかるでしょう。

▼図7.22 Import.ioでスクレイピングした結果

画面下部の「Save API」ボタンをクリックするとAPIを保存できます。保存するにはログインが必要なので、Facebookなどのソーシャルメディアのアカウントでログインするか、Import.ioのアカウントを作成してログインします。

ログインするとAPIの管理画面が表示されます。「Export」タブをクリックし、「Simple API integration」をクリックするとAPIのURLが表示されます。表示されたURLをcurlで取得し、jqを使って整形すると以下のように結果を取得できます。

```
$ curl -s 'https://api.import.io/store/connector/<id>/_query?input=webpage
/url:http%3A%2F%2Fwww.apple.com%2Fjp%2Fitunes%2Fcharts%2Fsongs%2F&&_apikey=<APIキー>' | jq .
{
  "offset": 0,
```

```
"results": [
  {
    "itunes_link/_text": "iTunesで今すぐ購入",
    "image": "http://images.apple.com/autopush/jp/itunes/charts/songs/images/2016/3/
55263a04d811a57e5479b2640b97ab44ac1697b54c38d3dbc2f3d6e4b42ebeb9.jpg",
    "link_3": "https://itunes.apple.com/jp/artist/ai/id74381958?uo=4&l=ja",
    "link_1": "https://itunes.apple.com/jp/album/minnagaminna-ying-xiong-furubajon/
id1084368235?i=1084368728&uo=4&v0=WWW-APJP-ITSTOP100-SONGS&l=ja",
    "link_2": "https://itunes.apple.com/jp/album/minnagaminna-ying-xiong-furubajon/
id1084368235?i=1084368728&uo=4&v0=WWW-APJP-ITSTOP100-SONGS&l=ja",
    "image/_alt": "みんながみんな英雄（フルバージョン）",
    "number": 1,
    "link_3/_text": "AI",
    "itunes_link": "https://itunes.apple.com/jp/album/minnagaminna-ying-xiong-furubajon/
id1084368235?i=1084368728&uo=4&v0=WWW-APJP-ITSTOP100-SONGS&l=ja",
    "number/_source": "1",
    "link_2/_text": "みんながみんな英雄（フルバージョン）"
  },
  ...
```

APIのURLを見ると、以下のような構造になっていることがわかります。

```
https://api.import.io/store/connector/<id>/_query?input=webpage/url:<クロールするURL>&_apikey=<APIキー>
```

<クロールするURL>が音楽のランキングのURL（URLエンコードされた状態）になっているので、音楽のランキングが取得できています。無料アプリのランキングを取得するには<クロールするURL>をhttp://www.apple.com/jp/itunes/charts/free-apps/に変更します。

このようにAPIが作成できたら、あとはRequestsなどを使ってこのAPIから情報を取得するだけでOKです。自分で1からプログラムを作成するのに比べて、簡単に結果を得られることがわかるでしょう。APIと言っても、裏でImport.ioのサーバーが代わりにクローリング・スクレイピングを行っているだけです。間隔を空けてリクエストするなど、相手のWebサイトに迷惑をかけないよう配慮してください。

ここでは、一覧ページに表示されているランキングを取得するだけの簡単なAPIを作成しましたが、Import.ioには他にも多くの機能があります。例えば、ページングされているページから2ページ目以降を取得したり、複数のAPIを組み合わせることで一覧・詳細パターンのクローリングも可能です。詳しくは、Import.ioのKnowledge Base[*A]やAPIドキュメント[*B]を参照してください。

このように便利なImport.ioですが、注意すべき点もあります。コーナーケースへの対応など細かな処理が必要な場合は、Import.ioの使い方を覚えるより、最初から自分でプログラムを書いたほうが結果的に早く処理できる場合があります。Webページの取得は（おそらく国外の）Import.ioのサーバーで行われるため、取得元のIPアドレスによって異なる結果を返すWebサイトでは、目的の結果を得られないかもしれません。また、サービスが障害で使えなくなったり、サービスが終了したりするリスクもあります。サービスに依存しすぎると、このようなときに困ります。使いどころはしっかりと検討しましょう。

*A　http://support.import.io/
*B　http://api.docs.import.io/

Appendix

Python Crawling & Scraping

Vagrantによる開発環境の構築

Appendix | Vagrantによる開発環境の構築

Vagrantの導入、基本操作を紹介します。Windowsでの操作を中心にOS Xについても一部補足します。

A.1 VirtualBoxとVagrant

本書ではWindows上でLinux（Ubuntu）を使い、クローリング・スクレイピングをするための環境として、仮想化ソフトウェアであるVirtualBoxと、仮想マシンの操作を簡略化するVagrantを利用します。VirtualBox、Vagrantともにオープンソースソフトウェアで、無償で利用できます。

A.1.1 VirtualBoxとは

VirtualBoxはWindowsやOS X、Linuxなどで利用できるオープンソースの仮想化ソフトウェアです。仮想化ソフトウェアとは、あるマシン（物理マシンと呼ぶ）上で別のマシン（仮想マシンと呼ぶ）を動かすためのソフトウェアです。物理マシンと仮想マシンで動作するOSをそれぞれホストOS、ゲストOSと呼びます（図A.1）。仮想化ソフトウェアには次のメリットがあり、開発・検証用途に便利です。

- ホストOSとは独立した環境を使用できるので、ホストOSを汚さなくて済む
- ホストOSと異なるOSを使用できる（例：Windows上でLinuxを使うなど）
- 仮想マシンを必要に応じて簡単に作成・削除・複製できる

▼図A.1 仮想化ソフトウェア

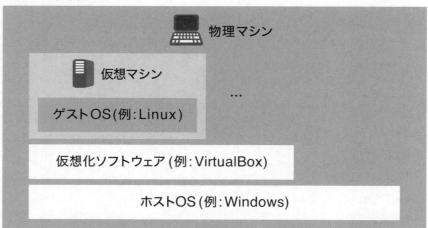

A.1.2 Vagrantとは

　Vagrantは仮想マシンを簡単に立ち上げ、削除、管理できるオープンソースソフトウェアです。Boxと呼ばれる仮想マシンのテンプレートをダウンロードすれば、仮想マシン作成時にOSのインストール作業をせずに済みます。ネットワークや共有フォルダなど仮想マシンに関する設定をVagrantfileというファイルに書いて、起動時に自動で適用できます。仮想マシンを削除して作りなおすのも簡単です。Vagrantはプロバイダーと呼ばれるライブラリを通して仮想化ソフトウェアを操作します。デフォルトではVirtualBoxプロバイダーが使用されます。

A.2　CPUの仮想化支援機能を有効にする

　VirtualBoxのゲストOSとしてUbuntu 14.04 64bitを使用します。VirtualBoxで64bitのゲストOSを使用する場合は、ホストマシンのCPUでIntel VT-xやAMD-Vと呼ばれる仮想化支援機能が有効になっている必要があります。仮想化支援機能の有効/無効の確認と、無効になっていた場合の有効化方法を解説します。これらのうちBIOS (UEFI)画面を表示するまではOSごとに操作が異なります。CPUによってはそもそも対応していないものもあるので、その場合は別のマシンを使う必要があります。VirtualBoxを使う代わりに **7.1.1** で解説するようにクラウド環境など使っても構いません。

A.2.1　Windows 10の場合

　まずはCPU仮想化が有効か確認します。スタートボタンを右クリックし、メニューからタスクマネージャーを起動します。タスクマネージャーが簡易表示の場合は、「詳細」をクリックして詳細表示に切り替えます。「パフォーマンス」タブを開き、CPUの仮想化の欄を確認します。「有効」の場合はCPU仮想化は有効になっています。次節に進みます。「無効」の場合はCPU仮想化を有効化にする必要があります[*1]。

　「スタートボタン」→「設定」→「更新とセキュリティ」→「回復」とたどり、「今すぐ再起動」をクリックするとPCがシャットダウンし、メニューが表示されます。このメニューで「トラブルシューティング」→「詳細オプション」→「UEFIファームウェア設定」→「再起動」とたどるとファームウェアの設定画面が表示されます。

　「UEFIファームウェア設定」という項目が表示されない場合は一旦戻り、PCを再起動してWindows 7の場合で紹介している有効化を試してください。BIOS (UEFI)画面が表示されたら **A.2.3** を参照して

※1　Windowsの仮想化機能であるHyper-Vが有効になっている場合は、これを無効にする必要があります。スタートボタンを右クリックし、メニューから「プログラムと機能」→「Windowsの機能の有効化または無効化」とたどり、「Hyper-V」→「Hyper-Vプラットフォーム」→「Hyper-V Hypervisor」のチェックを外します。

仮想化支援機能を有効にします。

▼図A.2　Windows 10で仮想化支援機能の状態を確認する

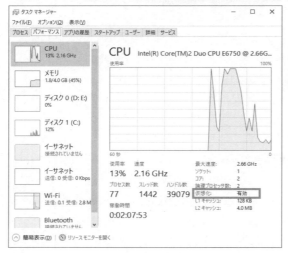

A.2.2　Windows 7の場合

Hardware-Assisted Virtualization Detection Tool（havdetectiontool.exe）をダウンロードします。

- Download Microsoft® Hardware-Assisted Virtualization Detection Tool from Official Microsoft Download Center
  https://www.microsoft.com/en-us/download/details.aspx?id=592

実行して表示された内容によって、次のように判断できます。

- 青色のiアイコン：This computer is configured with hardware-assisted virtualization
  仮想化支援機能が有効になっている。
- 黄色の!アイコン：Hardware-assisted virtualization is not enabled on this computer
  仮想化支援機能が無効になっているので有効にする必要がある。
- 赤色の×アイコン：This computer does not have hardware-assisted virtualization
  CPUが仮想化支援機能に対応していないため、別のマシンを使う必要がある。

無効の場合はBIOSから有効にします。PCを再起動して起動画面（メーカーロゴなどが表示される画面）が表示されたら、BIOS画面に入るキーを押します。このキーは起動画面に表示されますが、メーカーによって異なります。「F1」「F2」「F10」「Delete」「Esc」などがあります。BIOS画面が表示されたら、**A.2.3**

を参照して仮想化支援機能を有効にします。

A.2.3 ファームウェアの設定で仮想化支援機能を有効にする

　ファームウェアの設定画面が表示されたら、仮想化支援機能を有効にします。設定やその名称はファームウェアによって異なるため、次に記す手順で出てくる名称では表示されていないこともあります。詳しくは利用しているファームウェアのドキュメントなどを参照してください。

　CPUの設定画面（「Processor」や「Chipset」など）を開き、「Intel Virtualization Technology」を有効にします。

　有効にしたら「Save & Exit」など選択し、変更を保存してからBIOS画面を終了してPCを再起動します。起動したら、仮想化支援機能が有効になっていることを確認してください。

　なお、Macでは、通常CPUが仮想化支援機能に対応していれば有効になっています。`sysctl -a | grep machdep.cpu.features`とコマンドを実行して、「VMX」という表示があれば仮想化支援機能に対応したCPUです。

A.3　VirtualBoxのインストール

　CPU仮想化の設定が終わったら、VirtualBoxをインストールします。VirtualBoxのWebサイトを開き、左側のメニューにある「Downloads」というリンクをクリックします（図A.3）。

- Oracle VM VirtualBox
  https://www.virtualbox.org/

▼ 図A.3　VirtualBoxのWebサイト

Appendix | Vagrantによる開発環境の構築

ダウンロードページが表示されます。ホストOSに合わせて適切なインストーラーをダウンロードし、実行します。本書ではバージョン5.0.16を使います。

Windowsではインストール途中で、ネットワーク接続が一時切断されることがあるので注意してください。「このデバイスソフトウェアをインストールしますか？」というダイアログが表示された場合は、「"Oracle Corporation"からのソフトウェアを常に信頼する」にチェックを入れて「インストール」をクリックします。図A.4の画面が表示されたらインストール成功です。OS Xでは、アプリケーションディレクトリに作成されたVirtualBox.appをダブルクリックして起動すると同様の画面が表示されます。

▼図A.4　VirtualBoxのインストール完了

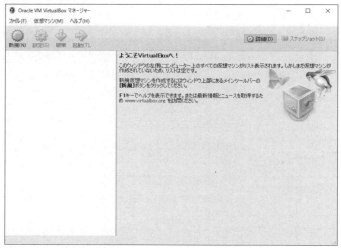

A.4　Vagrantのインストール

続いてVagrantをインストールします。WindowsでVagrantを使う場合、ユーザー名に日本語などASCII以外の文字列が含まれていると正常に動作しないことが知られています。日本語ユーザー名を使用している場合は、新しく英数字からなる名前のユーザーを作成して使用してください。

VagrantのWebサイトを開き、ダウンロードボタンをクリックします（図A.5）。

- Vagrant by HashiCorp
  https://www.vagrantup.com/

▼ 図A.5　VagrantのWebサイト

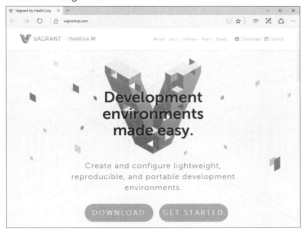

ダウンロードページが表示されるので、ホストOSに合わせて適切なインストーラーをダウンロードします。本書ではバージョン1.8.1を使います。

ダウンロードしたインストーラーを起動して、インストールします。Windowsで再起動を促すダイアログが表示されたら、「Yes」をクリックしてコンピューターを再起動します。

再起動後、コマンドプロンプト（またはPowerShell、OS Xではターミナル）を開いてvagrant versionと入力して実行します。バージョン番号が表示されたらインストール成功です。

```
>vagrant version
Installed Version: 1.8.1
Latest Version: 1.8.1

You're running an up-to-date version of Vagrant!
```

A.5　仮想マシンを起動する

コマンドプロンプトで適当なディレクトリ（ここではscraping-bookディレクトリ）を作成し、そこに移動します。

```
>mkdir scraping-book
>cd scraping-book
```

vagrant box addコマンドでBoxをダウンロードします。Ubuntu 14.04（Trusty Tahr）64bitのBox

名[*2]を指定しています。

```
scraping-book>vagrant box add ubuntu/trusty64
==> box: Loading metadata for box 'ubuntu/trusty64'
    box: URL: https://atlas.hashicorp.com/ubuntu/trusty64
==> box: Adding box 'ubuntu/trusty64' (v20160304.0.0) for provider: virtualbox
    box: Downloading: https://atlas.hashicorp.com/ubuntu/boxes/trusty64/versions/20160304.0.0/
providers/virtualbox.box
    box: Progress: 100% (Rate: 171k/s, Estimated time remaining: --:--:--)
==> box: Successfully added box 'ubuntu/trusty64' (v20160304.0.0) for 'virtualbox'!
```

ダウンロードにはしばらく時間がかかります[*3]。完了したら、次のように vagrant init コマンドの引数に Box 名を指定して、Vagrantfile を生成します。Vagrantfile は Vagrant で管理する仮想マシンの設定を記述するファイルです。

```
scraping-book>vagrant init ubuntu/trusty64
A `Vagrantfile` has been placed in this directory. You are now
ready to `vagrant up` your first virtual environment! Please read
the comments in the Vagrantfile as well as documentation on
`vagrantup.com` for more information on using Vagrant.
```

生成された Vagrantfile に 2 つの設定を追加します。次のように、config.vm.network で始まる設定と config.vm.provider で始まる設定を追加して保存してください。なお、このファイルは Ruby のスクリプトとして解釈されます。

```
...

Vagrant.configure(2) do |config|
  # The most common configuration options are documented and commented below.
  # For a complete reference, please see the online documentation at
  # https://docs.vagrantup.com.

  # Every Vagrant development environment requires a box. You can search for
  # boxes at https://atlas.hashicorp.com/search.
  config.vm.box = "ubuntu/trusty64"

  # 次の2つの設定を追加する。

  # ホストOSのTCPポート8000番をゲストOSのTCPポート8000番にフォワードする。
  # これによって、ゲストOSのサーバーに http://localhost:8000/ でアクセスできるようになる。
  config.vm.network "forwarded_port", guest: 8000, host: 8000
```

[*2] Box の名前は HashiCorp 社の Web ページ https://atlas.hashicorp.com/boxes/search で検索できます。

[*3] 筆者が試したときには途中でダウンロードが止まってしまうことがありましたが、適当にキーを押すとコマンドが終了し、再度同じコマンドを実行したらダウンロードが再開しました。

A.5 仮想マシンを起動する

```
# 割当メモリが少ないとC拡張モジュールのコンパイルに失敗する場合があるので、最低1GB程度割り当てる。
config.vm.provider :virtualbox do |vb|
  vb.memory = 1024
end

...
end
```

`vagrant up`コマンドで新しく仮想マシンを作成して起動します。

```
scraping-book>vagrant up
Bringing machine 'default' up with 'virtualbox' provider...
==> default: Checking if box 'ubuntu/trusty64' is up to date...
...
==> default: Mounting shared folders...
    default: /vagrant => C:/Users/*****/scraping-book
```

仮想マシンはヘッドレスモードで起動するため、画面は表示されません。VirtualBoxの仮想マシン管理画面であるVirtualBoxマネージャーで確認すると、図A.6のように仮想マシンが作成されていることがわかります。

▼ 図A.6　Vagrantで作成された仮想マシン

仮想マシンが正常に起動しない場合は、VirtualBoxマネージャーから仮想マシンを起動すると仮想マシンの画面が表示されるので、問題の解決に繋がる場合があります。

デフォルトではゲストOS専用のネットワークが作成され、NATを介してホストOSの外部（インターネットなど）に接続できます。また、ホストOSのTCPポート2222番がゲストOSのTCPポート22番にフォワードされ、ホストOSからゲストOSにSSH接続できます。

vagrant upを実行したコマンドプロンプトやシェルを終了しても、起動した仮想マシンは終了しません。仮想マシンを終了するには後述のvagrant haltコマンドを使います。

A.6　ゲストOSにSSH接続する

仮想マシンのゲストOSを操作するにはSSHで接続します。そのためにSSHで接続するゲストOSの情報と、SSHクライアントが必要になります。WindowsにはSSHクライアントが含まれていないので、次のようなサードパーティのソフトウェアを別途インストールする必要があります[4][5]。

- Tera Term (https://osdn.jp/projects/ttssh2/)
- PuTTY (http://www.chiark.greenend.org.uk/~sgtatham/putty/)

ここではゲストOSの情報を取得し、Tera Termで接続します。

● SSH接続情報を取得する

vagrant sshコマンドでSSH接続に必要な情報を取得できます。sshコマンドが使える場合はそのままSSH接続します。

```
scraping-book>vagrant ssh
`ssh` executable not found in any directories in the %PATH% variable. Is an
SSH client installed? Try installing Cygwin, MinGW or Git, all of which
contain an SSH client. Or use your favorite SSH client with the following
authentication information shown below:

Host: 127.0.0.1
Port: 2222
Username: vagrant
Private key: C:/Users/*****/scraping-book/.vagrant/machines/default/virtualbox/private_key
```

---

[4]　OS Xでは、sshコマンドが使えるので別途ソフトウェアをインストールする必要はありません。
[5]　Git for Windows (https://git-scm.com/) やCygwin (https://www.cygwin.com/) などで副次的にsshコマンドを使うこともできます。

A.6.1 Tera Termのインストール

Tera TermプロジェクトのWebページ（https://osdn.jp/projects/ttssh2/）上部のメニューから「ダウンロード」リンクをクリックします。ダウンロードページが表示されるので、ダウンロードパッケージ一覧にある「teraterm-X.XX.exe」をクリックして最新バージョンのexeファイルをダウンロードします。本書ではバージョン4.90を使います。ダウンロードが完了したら、exeファイルをダブルクリックし、インストーラーに従ってインストールします。

A.6.2 Tera TermでゲストOSにSSH接続する

インストールが完了したらTera Termを起動しゲストOSにSSHで接続します。Tera Termはターミナルエミュレーターと呼ばれるソフトウェアで、CLIでサーバーに接続し操作することを前提としています。見た目はコマンドプロンプトに似ています。SSHで接続するにはゲストOSが起動している必要があります。

● Tera TermでSSH接続する

Tera Termを起動すると図A.7の画面が表示されるので、次のようにvagrant sshコマンドで表示された通りに入力して、「OK」をクリックします。

- ホスト: 127.0.0.1
- TCPポート: 2222

▼ 図A.7　Tera TermでSSH接続する (1)

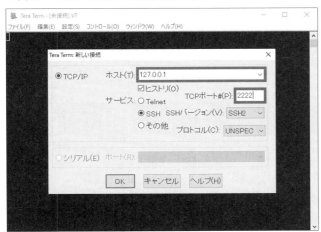

「known hostsリストにサーバー"127.0.0.1"のエントリはありません」というダイアログが表示された場合は、「このホストをknown hostsリストに追加する」にチェックを入れて「続行」をクリックします。
「SSH認証」というダイアログが表示されるので次のように入力して「OK」をクリックします。

- ユーザー名：vagrant
- パスフレーズ：vagrant

図A.8のように表示されたらログイン成功です。

▼図A.8　Tera TermでSSH接続する(2)

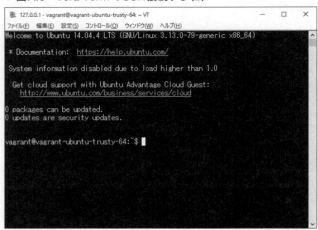

ls /vagrant/コマンドを実行すると、Vagrantfileが存在することがわかります。これはホストOSでVagrantfileの置かれているディレクトリが、ゲストOSの/vagrant/というパスに共有フォルダとしてマウントされているためです。これによって、ホストOSのテキストエディターで編集したスクリプトをゲストOSで実行したり、ゲストOSで出力されたファイルをホストOSのビューアーで確認したりできます。

```
$ ls /vagrant/
Vagrantfile
```

● Tera Termの便利な操作

Tera Termを使用する上で覚えておくと便利な操作として、コピー＆ペーストがあります。
Tera Term上でマウスを使ってテキストを選択すると、選択したテキストがクリップボードにコピーされます。また、画面上で右クリックするとクリップボードのテキストが貼り付けられます。複数行のテキストを貼り付けようとしたときには確認のためのダイアログが表示されるので「OK」をクリックします。

A.7　Linuxの基本操作

　Linuxのコマンドを簡単に紹介します。画面には入力を促すvagrant@vagrant-ubuntu-trusty-64:~$という表示がありますが、本書では特に必要な場合を除き、これを単に$と表します。ここで解説するのはごく基本的な操作なので、詳しくはLinuxの入門書を参考にしてください。『新しいLinuxの教科書』がオススメです（**参考文献**参照）。

　ディレクトリの移動やファイル一覧を表示するためのコマンドを紹介します。

```
$ pwd   # カレントディレクトリ名を表示する。
/home/vagrant
$ cd /vagrant/   # カレントディレクトリを移動する。
$ pwd   # カレントディレクトリが変わっていることを確認する。
/vagrant
$ ls   # ディレクトリにあるファイルの一覧を表示する。
Vagrantfile
$ ls -l   # -lオプションで詳細な情報を表示できる。
total 4
-rwxrwxrwx 1 vagrant vagrant 3098 Mar  9 03:32 Vagrantfile
$ ls -al   # -aオプションをつけると隠しファイル・ディレクトリも表示できる。
total 12
drwxrwxrwx  1 vagrant vagrant 4096 Mar 13 03:03 .
drwxr-xr-x 23 root    root    4096 Mar 13 02:58 ..
drwxrwxrwx  1 vagrant vagrant    0 Mar  9 05:25 .vagrant
-rwxrwxrwx  1 vagrant vagrant 3098 Mar  9 03:32 Vagrantfile
```

　ファイルやディレクトリを操作するためのコマンドを紹介します。

```
$ mkdir temp   # ディレクトリを作成する。
$ ls   # ディレクトリが作成されていることを確認する。
temp  Vagrantfile
# Helloという中身を持つテキストファイルをtemp/greeting.txtという名前で作成する。
$ echo 'Hello' > temp/greeting.txt
$ ls temp/   # greeting.txtが作成されていることを確認する。
greeting.txt
# cpコマンドでgreeting.txtをgreeting2.txtという名前でコピーする。
$ cp temp/greeting.txt temp/greeting2.txt
$ ls temp/   # greeting2.txtが作成されていることを確認する。
greeting2.txt  greeting.txt
# mvコマンドでgreeting.txtを移動してgreeting1.txtという名前にする。
$ mv temp/greeting.txt temp/greeting1.txt
$ ls temp/   # greeting1.txtという名前になっていることを確認する。
greeting1.txt  greeting2.txt
$ cat temp/greeting1.txt   # ファイルの中身を表示する。
```

```
Hello
$ rm temp/greeting1.txt    # ファイルを削除する。
$ ls temp/    # greeting1.txtが削除されていることを確認する。
greeting2.txt
$ rm -r temp/    # ディレクトリを削除する場合は-rオプションをつける。
$ ls    # tempディレクトリが削除されていることを確認する。
Vagrantfile
```

長いファイルはlessコマンドでスクロールしながら表示できます。次のように実行するとファイルの中身が表示され、**表A.1**のように操作できます。

```
$ less Vagrantfile
```

▼ 表A.1　lessコマンドでの操作

キー	操作
↓またはj	下に1行スクロールする。
↑またはk	上に1行スクロールする。
Ctrl-F	下に1画面分スクロールする。
Ctrl-B	上に1画面分スクロールする。
q	lessを終了する。
h	ヘルプを表示する。

● テキストエディターvi

共有フォルダ内のファイルはホストOSのエディターで編集すれば良いですが、それ以外のファイルを編集するためにはCLIのテキストエディターを使います。Linuxでは大抵vi（またはvim）というテキストエディターが標準でインストールされているので、使えると役立ちます。引数に編集したいファイルを指定して実行します。

```
$ vi Vagrantfile
```

viの特徴としてモードという概念が挙げられます。文字の入力を行うインサートモードとその他の操作を行うノーマルモードの2つが代表的なもので、これらのモードを切り替えて使用します。インサートモードでは入力した文字がそのまま表示されますが、ノーマルモードでは入力はコマンドとして扱われます。起動直後はノーマルモードになっています。主な操作方法は**表A.2**の通りです。viに慣れない場合、UbuntuにはnanoというWindowsのメモ帳に近い感覚で使えるテキストエディターも同梱されているので、これを使用してみてください。

A.8　Vagrantで仮想マシンを操作するコマンド

▼ 表A.2　viコマンドでの操作

入力	モード	操作
:q<Enter>	ノーマルモード	viを終了する。
:q!<Enter>	ノーマルモード	変更を破棄してviを終了する。
:w<Enter>	ノーマルモード	ファイルを保存する。
:wq<Enter>	ノーマルモード	ファイルを保存してviを終了する。
i	ノーマルモード	インサートモードに切り替える。
<Esc>	インサートモード	インサートモードを終了してノーマルモードに戻る。
↓	ノーマルモード・インサートモード	カーソルを下に移動する（ノーマルモードではjでも良い）。
↑	ノーマルモード・インサートモード	カーソルを上に移動する（ノーマルモードではkでも良い）。
←	ノーマルモード・インサートモード	カーソルを左に移動する（ノーマルモードではhでも良い）。
→	ノーマルモード・インサートモード	カーソルを右に移動する（ノーマルモードではlでも良い）。
u	ノーマルモード	操作を元に戻す。
Ctrl-r	ノーマルモード	元に戻した操作をやり直す。
dd	ノーマルモード	カーソルのある行を切り取る。
yy	ノーマルモード	カーソルのある行をコピーする。
p	ノーマルモード	切り取ったりコピーしたテキストを貼り付ける。

A.7.1　ソフトウェアをインストールする

　UbuntuではAPTリポジトリと呼ばれるサーバーに様々なソフトウェアがパッケージとして公開されており、APTというパッケージマネージャーでインストールできます。パッケージのインストールには管理者権限が必要です。sudoコマンドは引数で指定したコマンドを管理者権限で実行するためのコマンドです。通常はsudoを使用したユーザーのパスワードが求められますが、VagrantのBoxではパスワードなしでsudoを実行できるように設定されています。

```
$ sudo apt-get update   # リポジトリで公開されているパッケージの情報を更新する。
$ sudo apt-get install -y jq   # jqパッケージをインストールする。
$ apt-cache search python3   # apt-cache searchコマンドでパッケージを検索できる。
brltty - Access software for a blind person using a braille display
devscripts - scripts to make the life of a Debian Package maintainer easier
...
```

A.8　Vagrantで仮想マシンを操作するコマンド

　ここからは物理マシン（ホストOS）側から仮想マシン（ゲストOS）を操作するコマンドを紹介します。これらのコマンドはVagrantfileがあるディレクトリで実行します。

　その他のコマンドについては、vagrant helpのヘルプを参照してください。

A.8.1　仮想マシンを起動する (vagrant up)

`vagrant up`コマンドで仮想マシンを起動します。起動時にはカレントディレクトリのVagrantfileが読み込まれ、仮想マシンに設定が適用されます。仮想マシンが未作成の場合は新しく作成されます。

カレントディレクトリにVagrantfileが存在しない場合は、Vagrantfileの作成を促すエラーメッセージが表示されます。`vagrant init`コマンドでVagrantfileを作成してから再度実行してください。

A.8.2　仮想マシンを終了・再起動する (vagrant halt/reload)

`vagrant halt`コマンドは仮想マシンを終了します。終了前の確認などはなく、仮想マシン上で実行中のプロセスは終了されるので注意してください。仮想マシン上で編集中のファイルを必ず保存してから終了してください。

```
scraping-book>vagrant halt
==> default: Attempting graceful shutdown of VM...
```

`vagrant reload`コマンドは仮想マシンを再起動します。`vagrant halt`の後に`vagrant up`を実行するのと同じです。Vagrantfileを変更した後、その変更を仮想マシンに反映させるためによく使います。

A.8.3　仮想マシンを削除する (vagrant destroy)

`vagrant destroy`コマンドは仮想マシンを削除します。本当に削除しても良いか確認されるので、yを入力して Enter を押します。

仮想マシンを削除すると、仮想マシン上に保存したデータは失われ、元に戻せないので注意してください。失われると困るデータは、ホストOSとの共有フォルダ（デフォルトではゲストOSの/vagrant/ディレクトリ）内に保存するか、後述の`vagrant package`コマンドで仮想マシンごとエクスポートしておきましょう。

```
scraping-book>vagrant destroy
    default: Are you sure you want to destroy the 'default' VM? [y/N] y
==> default: Forcing shutdown of VM...
==> default: Destroying VM and associated drives...
```

A.8.4　仮想マシンの状態を表示する (vagrant status)

`vagrant status`コマンドは仮想マシンの状態を表示します。

```
scraping-book>vagrant status
Current machine states:

default                   running (virtualbox)
...
```

A.8.5 仮想マシンにSSH接続する (vagrant ssh)

vagrant sshコマンドはsshコマンドで仮想マシンにSSH接続します。sshコマンドが存在しない場合はSSH接続に必要な情報を表示します。

```
scraping-book>vagrant ssh
```

A.8.6 仮想マシンをエクスポートする (vagrant package)

vagrant packageコマンドは仮想マシンをBoxファイルとしてエクスポートします。仮想マシンが起動中の場合は、終了された後にエクスポートされます。デフォルトではpackage.boxという名前のファイルが作成されますが、--outputオプションでファイルパスを指定することも可能です。

```
scraping-book>vagrant package
==> default: Attempting graceful shutdown of VM...
...
```

エクスポートしたBoxファイルは、次のようにしてBoxとして追加できます。

```
>vagrant box add --name <Box名> <Boxファイル>
```

おわりに

　クローリング・スクレイピングはグレーなイメージを持たれることもありますが、筆者は改善を提案するための手段だと考えています。
　Web上にあっても使いづらいデータを収集して加工することで、新しい価値を示せます。

　例えば、アカウントアグリゲーションサービス（インターネットバンキングなどの明細を一元管理するサービス）では、APIを提供していない銀行からデータを収集するためにクローリング・スクレイピングが必要です。
　泥臭い作業ですが、そうして作られたサービスの価値を認められれば、銀行からAPIが提供されるようになることもあります。

　何も持たない個人であっても巨人の肩に乗って技術の力で世界を良くしていける、プログラミングの面白さが詰まった分野です。
　読者の皆さんが世界をより良くするお手伝いができたら何よりです。

参考文献

Python によるデータ分析入門——NumPy、pandas を使ったデータ処理 (ISBN: 978-4873116556)
Wes McKinney（著）、小林儀匡、鈴木宏尚、瀬戸山雅人、滝口開資、野上大介（訳）、O'Reilly Japan（2013）

Python プロフェッショナルプログラミング (ISBN: 978-4798032948)
株式会社ビープラウド（著）、秀和システム（2012）

Ruby によるクローラー開発技法 (ISBN: 978-4797380354)
佐々木拓郎、るびきち（著）、SB クリエイティブ（2014）

UNIX という考え方——その設計思想と哲学 (ISBN: 978-4274064067)
Mike Gancarz（著）、芳尾桂（訳）、オーム社（2001）

Web Scraping with Python——Collecting Data from the Modern Web (ISBN: 978-1491910290)
Ryan Mitchell（著）、O'Reilly Media（2015）

Web を支える技術——HTTP、URI、HTML、そして REST (ISBN: 978-4774142043)
山本陽平（著）、技術評論社（2010）

新しい Linux の教科書 (ISBN: 978-4797380941)
三宅英明、大角祐介（著）、SB クリエイティブ（2015）

エキスパート Python プログラミング (ISBN: 978-4048686297)
Tarek Ziade（著）、稲田直哉、渋川よしき、清水川貴之、森本哲也（訳）、アスキー・メディアワークス（2010）

オープンデータ時代の標準 Web API SPARQL (ISBN: 978-4802090438)
加藤文彦、川島秀一、岡別府陽子、山本泰智、片山俊明（著）、インプレスR&D（2015）

実践 Web スクレイピング＆クローリング——オープンデータ時代の収集・整形テクニック (ISBN: 978-4839956479)
nezuq（著）、マイナビ出版（2015）

正規表現技術入門——最新エンジン実装と理論的背景 (ISBN: 978-4774172705)
新屋良磨、鈴木勇介、高田謙（著）、技術評論社（2015）

入門 自然言語処理 (ISBN: 978-4873114705)
Steven Bird、Ewan Klein、Edward Loper（著）、萩原正人、中山敬広、水野貴明（訳）、O'Reilly Japan（2010）

バッドデータハンドブック——データにまつわる問題への19の処方箋 (ISBN: 978-4873116402)
Q. Ethan McCallum（著）、磯蘭水（監訳）、笹井崇司（訳）、O'Reilly Japan（2013）

プログラマのための文字コード技術入門 (ISBN: 978-4774141640)
矢野啓介（著）、技術評論社（2010）

Index 索引

記号

__init__() メソッド	40
__repr__() メソッド	278, 335
.（CSS セレクター）	68
''	35
"""~"""	57, 59
@（XPath）	68
@（デコレーター）	117
*（XPath）	68
//（XPath）	68
#（CSS セレクター）	68
^=（CSS セレクター）	68
>（CSS セレクター）	68
$=（CSS セレクター）	68

A

activate スクリプト	30
aiohttp	345
allowed_domains 属性	233
Allow ディレクティブ	109
Amazon EC2	306
Amazon Product Advertising API	143, 316
Amazon S3	247, 351
Amazon Web Services	306
Amazon.co.jp	143, 188
Amazon の注文履歴	188
Anaconda	172
API によるデータの取得	135
APT	6, 373
apt-cache search	373
apt-get build-dep	70
apt-get install	6, 372
ASIN	91, 144
assert 文	188
async def 文	343, 345
asyncio モジュール	342
Atom	50, 202
await 文	345
Awesome Python	102
awk コマンド	20
AWS	306
AWS SDK	350
AWS のセキュリティ	316

B

b''	36
base タグ	89
Basic Regular Expressions	15
Basic 認証	66, 268
Beautiful Soup	72, 186, 340
BigQuery	215
Bottle	287
break 文	39
bytes クラス	35, 44
bzip2 形式	127

C

Cache-Control ヘッダー	119, 265
CacheControl	119
cat コマンド	13, 371
cd コマンド	371
Celery	327
class 文	40
collections モジュール	42

378

Index 索引

concurrent.futures モジュール 340
contains()（XPath）..68
:contains（CSS セレクター）............................68
Content-Type ヘッダー 44
continue 文 39
Cookie 66, 105, 186, 263
CP932 55
cp コマンド 371
Crawl-delay ディレクティブ 109, 113
CrawlSpider 248, 274
Cron 319
Cron のメール通知 322
css() メソッド（Scrapy Response のメソッド）....238
cssselect 70
CSS セレクター 68
CSV 20, 53, 157
csv モジュール 54
cURL 5, 147, 207, 282, 292, 356
cut コマンド 14, 20
C 拡張ライブラリ 70, 227, 317

D

DATA GO JP 173
datetime モジュール 42, 162
DBpedia Japanese 180
deactivate コマンド 31
decode() メソッド 36, 44
Deflate 形式 66
def 文 40
del 文 36, 37
dict() 関数 37, 41
Disallow ディレクティブ 109
docstring 59
DOWNLOAD_DELAY 231, 261
Downloader Middleware 246, 267

E

echo コマンド 371
Elasticsearch 281
ElementTree モジュール 51, 69
email モジュール 123
encode() メソッド 35
ends-with()（XPath）...68
ETag ヘッダー 119
Excel 54, 163
except 節 40
Expires ヘッダー 119
Extended Regular Expressions 15
extract_first() メソッド 238
extract() メソッド 238

F

feedgenerator 202
Files Pipeline...292
Flickr..292
float クラス 34
forego コマンド 139
format() メソッド 35
for 文 39
FTP サーバーに保存する 247

G

GeoJSON..208
get() メソッド（dict）..38
Gmail 123, 323
GNU Wget 5
Google API Client for Python 149
Google API Console..146
Google Cloud Platform 215
Google Maps JavaScript API...........................213
Googlebot.. 107, 111, 114

379

Google 検索	187
grep コマンド	13, 19, 22
gzip 形式	66, 127

H

Homebrew	5
HTML エスケープ	223, 289
HTML のスクレイピング	67
HTTP Keep-Alive	66
http_proxy	120, 266
HTTP サーバーの起動	204, 215
HTTP ヘッダー	44, 65

I

IAM	307, 350
id()（XPath）	68
if 文	38
Images Pipeline	294
Import.io	356
import 文	42
in 演算子	36
int クラス	34
IPython	172
IP アドレス	313, 316, 350
Item	231, 246
Item Pipeline	246, 254
itemprop 属性	22
items() メソッド	38
Item を MongoDB に保存する	256
Item を MySQL に保存する	258
Item を検証する	255
iTunes のランキング	356

J

JavaScript を解釈するクローラー	106

JavaScript を実行する	199
JavaScript を使ったページのスクレイピング	106, 191, 270
join() メソッド	37
jQuery	75
jq コマンド	206
JSON	56, 66
JSON Lines	229
json モジュール	56
Jupyter	172

L

Last-Modified ヘッダー	119
len() 関数	35, 36, 41
less コマンド	127, 372
Linked Open Data	174, 179
LinkExtractor	249
list() 関数	38, 41
LOD	174, 179
ls コマンド	371
lxml	69, 92, 227, 330

M

make_links_absolute() メソッド	94
matplotlib	166
MeCab	130
mecab-python3	131
meta タグ	45
Microdata	22
mkdir コマンド	371
MongoDB	83, 99, 150, 256, 330
MTA	323
multiprocessing モジュール	339
mv コマンド	371
MySQL	78, 258
mysqlclient	80, 258

N

name属性（Scrapy Spiderの属性）..........................232
NoSQL..78
note 194

O

OAuth 123, 136
OP25B 323
open()関数 40, 41, 55
OpenCV 297
os.environ..139
osモジュール 42
os.pathモジュール 42

P

pandas..157
parse()メソッド 233
pass文 235
pdbモジュール 42, 243
PDF.. 174, 175, 176
PDFMiner.six..176
PhantomJS 106, 191
pip 64
pip freeze 65, 317
pip install.. 64, 317
pipelines.py..254
pjax 91
plot()関数 166
Portable Document Format 175
Postfix 323
Pragmaヘッダー 119
print()関数 33, 41
pwdコマンド 371
PyMongo.......................... 85, 92, 151, 256, 330
PyPI 64

pyquery..75
Python 3, 26
Python 2...27
Python 3...27
Python Database API 2.0 82
python-amazon-simple-product-api 144
Pythonによるクローラー 92

R

r'' 48
raw文字列..48
RDBMS 78
RDF.. 174, 179
re()メソッド..................................... 234, 238
reモジュール 47, 97
re_first()メソッド..238
read_csv()関数 160
read_excel()関数 163
Readability...276
Redis..326
Referer.. 105, 189, 263, 271
repr()関数 41, 278
Requests 65, 92, 116, 137, 186, 330, 340
Requests-OAuthlib..137
requirements.txt..317
retrying..117
return文 40
rmコマンド 372
RoboBrowser 186
robots metaタグ 111
robots.txt 109, 226, 250, 262, 268
RQ 326
RSS................................ 50, 76, 114, 202, 340
RSS 0.9...202
RSS 2.0... 50, 202
RSSフィードの作成 202
rsync 318

Rule オブジェクト 249, 274

S

SCP 320
Scrapy 226
scrapy crawl 233, 243
scrapy genspider 232
scrapy runspider 228
Scrapy Shell 236
scrapy startproject 230
Scrapy のアーキテクチャ 246
Scrapy の拡張 267
Scrapy の設定 260
Scrapy プロジェクト 230
sed コマンド 14, 19
SelectorList オブジェクト 238
Selenium 106, 191
self 40
Session オブジェクト 66, 97, 105, 119, 137
settings.py 231, 260
Shift_JIS 55
Single Page Application 191
SitemapSpider 252
Sitemap ディレクティブ 109, 113, 250
sleep() 関数 98
SMTP 123, 323
smtplib モジュール 123
SPARQL 180
SPARQLWapper 183
Spider 227, 246
Spider Middleware 246, 269
Spider の作成 232
Spider の実行 227, 243
Splash 270
split() メソッド 37
SQLite 3 57
sqlite3 モジュール 57

SSH 313, 368
stack() メソッド 164
start_urls 属性 233
starts-with()（XPath）................................ 68
strip() メソッド 36
str クラス 35
super() 関数 41
Supervisor 336
sys モジュール 42

T

Tera Term 315, 320, 369
text()（XPath）.. 68
::text（Scrpy の CSS セレクター）............. 239
threading モジュール 339
try 文 40
TSV 53
Turtle 180
Tweepy 140, 219
Twitter 136
Twitter の REST API 136
Twitter の Straming API 136, 219
type() 関数 34

U

Ubuntu 4, 311, 364
Unicode 文字列 35
unittest モジュール 42
Unix コマンド 11
URL 87
urljoin() 関数 89
urljoin() メソッド（Scrapy Response のメソッド）... 235
urllib モジュール 43
User-Agent ディレクティブ 109
User-Agent ヘッダー 114, 189, 263, 268
UTF-8 44

Index 索引

V

Vagrant 4, 361, 364, 373
Vagrantfile 366
values() メソッド 38
venv 28, 317
VirtualBox 4, 360, 363
virtualenv 29
vi コマンド 372
Voluptuous 122

W

wc コマンド 23
Wget 5
which コマンド 30
while 文 39
WikiExtractor 129
Wikipedia のデータセット 126
WIRED.jp 250
with 文 40

X

xlrd 163
xls 163, 174
xlsx 163
XML サイトマップ 111, 250
XML パーサーによるスクレイピング 47
XPath 52, 68
xpath() メソッド（Scrapy Response のメソッド）....239

Y

Yahoo! ジオコーダ API 205
Yahoo! ニュース 229
yield 文 95
YouTube 145

YouTube Data API 145

あ行

アマゾン ウェブサービス 36
一覧・詳細パターン 90
一覧のみパターン 91
イベントループ 344
インタラクティブシェル 31
インデックス（Elasticsearch）............................ 283
インデックス（pandas）...................................... 158
インデント 33
エラー処理 114
エラーの通知 322
エンコーディング 44, 55, 65, 160, 237, 325
エンコーディングの推定 46, 186
オーソリティ 88
オープンデータ 173

か行

改行コード 54
開発者ツール 17, 69
外部サービスを活用したスクレイピング 356
顔検出 299
仮想環境 28, 64
仮想サーバー 307
仮想マシン 360
画像の収集 291
為替データ 153
環境変数 120, 137, 139, 321
キーペア 310
キーワード引数 40
キャプチャ 48
クエリ（URL）... 88
組み込み関数 41
クラウド 306, 349
クラウドストレージ 351

383

グラフによる可視化	166
繰り返しを前提とした設計	118
クローラー	2
クローラーの定期的な実行	319
クローラーの分類	104
クローラーをサーバーで動かす	306
クローリング	3
クローリング・スクレイピングフレームワーク	226
クローリングとスクレイピングの分離	325
クロール間隔	113
クロール先の負荷	113
継承	41
形態素解析	130
形態素解析API	135
検索エンジン	2
検索エンジンサービスを目的としたクロール	108
検索サイト	287
更新されたデータのみの取得	118
高速化	338
国債金利データ	155
コマンド	11
コルーチン	344
コレクション（MongoDB）	83
コンストラクター	40

さ行

サードパーティライブラリ	64
サーバーへのデプロイ	316
サーバーへのファイル転送	318
サイトマップインデックス	112, 251
シーケンス	36
ジオコーディング	205
時系列データの収集	153
辞書	37
辞書（IPA辞書）	131, 135
自然言語処理技術	130
自動操作	186

シビックテック	185
住所から位置情報を取得する	205
証券コード	91
条件式	38
状態を持つクローラー	104, 186
ジョブ（Cron）	320
ジョブ（メッセージキュー）	326
シリーズ	158
数値	34
スキーム	88
スクリーンショット	193
スクレイピング	3
ステータスコード	115
ストリームインサート	219
スライス	35, 36
正規表現	15, 47
制御構造	38
絶対URL	88
全文検索	281
相対URL	88

た行

タイムゾーンの変更	314
大量のデータの処理	215
タプル	37
食べログのレストラン情報の収集	271
地図上に可視化する	213
著作権	107
データ構造	34
データセット	126
データフレーム	158
データベースへの保存	57, 78, 256
データを識別するキー	91
転置インデックス	281
同時接続数	113
ドライバー（Selenium）	191
トリプル	179

な行

認証情報の取り扱い 138

は行

パーマリンク 89
バイト列 35
パイプ 12
パス 88
バックエンド（matplotlib） 167
非同期I/O 342
標準エラー出力 11
標準出力 11
標準ストリーム 11
標準入力 11
標準ライブラリ 42
頻出単語 130
複数行文字列リテラル 57
複数マシンによる分散クローリング 348
不特定多数のサイトを対象としたクローラー
　.. 107, 275
フラグメント 88
プレースホルダー 58, 81
プロキシサーバー 120
プロンプト 31
ヘッドレスブラウザー 106, 191
変化を検知する 121
変化を通知する 123
本文を抽出する 276

ま行

マルチスレッド 338
マルチプロセス 338
メールを送信する 123, 322
メタ文字 16, 49
メッセージキュー 326

索引

文字コード 44
文字参照 23, 49
文字化け 55
モジュール 42
文字列 35

や行

有効求人倍率データ 156
欲張り型のマッチ 21

ら行

ライブラリ 42, 64
リージョン 310
リスト 36
リスト内包表記 97
リダイレクト 12
リトライ 115
利用規約 107
リレーショナルデータベース 78
連絡先の明示 114
ログイン 188

◆装丁：西岡裕二
◆本文デザイン：BUCH⁺
◆図版：加藤槙子
◆組版：五野上恵美・高瀬美恵子（技術評論社）
◆編集：野田大貴

Python クローリング&スクレイピング
データ収集・解析のための実践開発ガイド

2017年 1月25日　初　版　第1刷発行
2017年12月14日　初　版　第5刷発行

著　者　加藤 耕太
発行者　片岡 巌
発行所　株式会社技術評論社
　　　　東京都新宿区市谷左内町 21-13
　　　　電話 03-3513-6150　販売促進部
　　　　　　 03-3513-6160　書籍編集部
印刷／製本　昭和情報プロセス株式会社

定価はカバーに印刷してあります

本書の一部または全部を著作権法の定める範囲を越え、無断で複写、複製、転載、テープ化、ファイルに落とすことを禁じます。

©2017　加藤耕太

造本には細心の注意を払っておりますが、万一，乱丁（ページの乱れ）や落丁（ページの抜け）がございましたら、小社販売促進部までお送りください。送料小社負担にてお取り替えいたします。

ISBN978-4-7741-8367-1 C3055
Printed in Japan

●問い合わせについて
ご質問は本書記載の内容のみとさせていただきます。本書の内容以外のご質問には一切お答えできませんのでご了承ください。お電話でのご質問は受け付けておりませんので書面、FAX、もしくは下記のWebサイトよりお問い合わせください。情報は回答にのみ利用します。

◆問い合わせ先
〒162-0846
東京都新宿区市谷左内町 21-13
株式会社技術評論社　書籍編集部
「Python クローリング&スクレイピング
データ収集・解析のための実践開発ガイド」係
FAX: 03-3513-6167
Web:gihyo.jp/site/inquiry/book